全国高等职业教育计算机类规划教材·实例与实训教程系列

网页设计与制作教程
（HTML+CSS+JavaScript）

张晓蕾　主编

电子工业出版社
Publishing House of Electronics Industry
北京·BEIJING

内 容 简 介

本教材面向网页制作的读者,采用全新流行的 Web 标准,以 HTML 技术为基础,由浅入深、完整详细地介绍 HTML、CSS 和 JavaScript 网页制作内容。本教材将知识介绍与实例制作融于一体,以网络书城网站(包括主页、栏目页、内容页、后台管理等页面)作为案例讲解,配以家具商城网站的实训练习,两条主线互相结合、相辅相成,自始至终贯穿于本书的主题之中。本书采用案例驱动的教学方法,以案例为引导,结构上采用点面结合,引导读者学习网页设计、制作、规划的基本知识以及项目开发、测试的完整流程。

本书适合作为高等职业院校计算机、网络、电子商务及相关专业或培训班的网站开发与网页制作教材。

本书配套授课电子课件,需要者可从华信教育资源网(www.hxedu.com.cn)下载。

未经许可,不得以任何方式复制或抄袭本书之部分或全部内容。
版权所有,侵权必究。

图书在版编目(CIP)数据

网页设计与制作教程:HTML+CSS+JavaScript/张晓蕾主编. —北京:电子工业出版社,2014.7
全国高等职业教育计算机类规划教材·实例与实训教程系列
ISBN 978-7-121-23360-9

Ⅰ.①网… Ⅱ.①张… Ⅲ.①超文本标记语言-程序设计-高等职业教育-教材②网页制作工具-高等职业教育-教材③JAVA 语言-程序设计-高等职业教育-教材 Ⅳ.①TP312②TP393.092

中国版本图书馆 CIP 数据核字(2014)第 109903 号

策划编辑:程超群
责任编辑:程超群
印　　刷:北京京师印务有限公司
装　　订:北京京师印务有限公司
出版发行:电子工业出版社
　　　　　北京市海淀区万寿路 173 信箱　邮编　100036
开　　本:787×1092　1/16　印张:18.25　字数:467 千字
版　　次:2014 年 7 月第 1 版
印　　次:2018 年 1 月第 6 次印刷
定　　价:38.00 元

凡所购买电子工业出版社图书有缺损问题,请向购买书店调换。若书店售缺,请与本社发行部联系,联系及邮购电话:(010)88254888,88258888。
质量投诉请发邮件至 zlts@phei.com.cn,盗版侵权举报请发邮件至 dbqq@phei.com.cn。
本书咨询联系方式:(010)88254577,ccq@phei.com.cn。

前　　言

随着国家信息化发展策略的贯彻实施，信息化建设已进入了全方位、多层次推进应用的新阶段。作为高校的学生，不仅要具备一般的信息处理能力，更应该具备较高的信息素养。本书就是根据面向 21 世纪培养高技能人才的需求，结合高职高专学生的学习特点，依据职业教育培养目标的要求，严格按照教育部提出的高职高专教育"以应用为目的，以必需、够用为度"的原则而设计、开发的系列教材之一。

本书主要围绕 Web 标准的三大关键技术（HTML、CSS 和 JavaScript）来介绍网页编程的必备知识及相关应用。传统方式制作的网页内容与外观交织在一起，代码量大，难以维护。而 Web 标准的最大优点是采用 HTML+CSS+JavaScript，将网页内容、外观样式及动态效果彻底分离，从而可以大大减少页面代码，更便于分工设计、代码重用。其中，HTML 负责网页结构，CSS 负责网页样式及表现，JavaScript 负责网页行为和功能。本书采用全新流行的 Web 标准，通过简单的"记事本"工具，以 HTML 技术为基础，由浅入深，系统、全面地介绍 HTML、CSS、JavaScript 的基本知识及常用技巧。

本书详细全面系统地介绍了网页制作、设计、规划的基本知识以及网站设计、开发的完整流程。本书采用案例驱动的教学方法，首先展示案例的运行结果，然后详细讲述案例的设计步骤，循序渐进地引导读者学习和掌握相关知识点。本书以网站建设和网页设计为中心，以实例为引导，把介绍知识与实例设计、制作、分析融于一体，结构上采用点面结合，以网络书城网站作为案例讲解，配以家具商城网站的实训练习，两条主线互相结合、相辅相成，自始至终贯穿于本书的主题之中。本书所有例题、习题及上机实训均采用案例驱动的讲述方式，并配备运行效果图，能够有效地帮助读者理解所学习的理论知识，系统全面地掌握网页制作技术。本书在每章之后附有大量的实践操作习题，并在教学课件中给出习题答案，供读者在课外巩固所学的内容。全书共分 10 章，主要内容包括：HTML 基本概念，编辑网页元素，表格和表单，网页样式表 CSS，使用 DIV+CSS 布局页面，使用 CSS 实现常用的样式修饰，使用 CSS 设置链接、列表与菜单，使用 JavaScript 制作网页特效，网络书城前台页面，网络书城后台管理页面。

为了便于教师教学，本书配有教学课件，可从华信教育资源网（www.hxedu.com.cn）免费获取。**扫描每章末尾的二维码，可对该章部分知识点进行测验。**本书适合作为高等学校、职业院校计算机及相关专业或培训班的网站开发与网页制作教材，也可作为网页制作爱好者与网站开发维护人员的学习参考书。

本书由张晓蕾主编，参加编写的作者有张晓蕾（第 1、5、6、7 章），王克仁（第 2 章），张静（第 3 章），马海洲（第 4、9 章），田金雨、骆秋容、王如雪、曹媚珠、陈文焕、刘有荣、李刚、孙明建、李索、刘大学、刘克纯、沙世雁、缪丽丽、田金凤、陈文娟、李继臣、王如新、赵艳波、王茹霞、田同福、徐维维、徐云林（第 8 章），谷硕（第 10 章）。全书由张晓蕾统编定稿，刘瑞新主审。由于作者水平有限，书中疏漏和不足之处难免，敬请广大师生指正。

编　者

目　　录

第1章　HTML 基本概念························(1)
1.1　HTML 简介····························(1)
1.2　HTML 基本结构·····················(2)
1.2.1　HTML 语法结构···············(2)
1.2.2　HTML 语法规范···············(2)
1.2.3　HTML 文档结构···············(3)
1.3　创建 HTML 文档·····················(4)
1.4　页面摘要信息·························(5)
1.4.1　<title>标签·······················(5)
1.4.2　<meta>标签······················(5)
1.4.3　案例——制作网络书城页面摘要信息·······(6)
1.5　网页结构·······························(7)
1.6　注释和特殊符号·····················(8)
1.6.1　注释·································(8)
1.6.2　特殊符号·························(8)
1.7　实训——制作家具商城页面的版权信息·········(8)
习题 1 ··(9)

第2章　编辑网页元素························(10)
2.1　文字与段落排版·····················(10)
2.1.1　标题标签<h#>…</h#>·······(10)
2.1.2　段落标签<p>…</p>···········(10)
2.1.3　换行标签
····················(11)
2.1.4　水平线标签<hr/>···············(12)
2.1.5　案例——制作网络书城服务指南页面·······(14)
2.2　列表···(15)
2.2.1　无序列表·····························(15)
2.2.2　有序列表·····························(16)
2.2.3　嵌套列表·····························(17)
2.3　超链接·······································(18)
2.3.1　超链接的基本概念···············(18)
2.3.2　超链接的应用·······················(19)
2.3.3　案例——制作网络书城购物向导·············(23)
2.4　图像···(24)
2.4.1　网页图像的格式及使用原则·················(24)
2.4.2　图像标签<img>····················(25)

  2.4.3 用图像作为超链接热点 ……………………………………………………… (26)
  2.4.4 案例——制作网络书城图文简介 ………………………………………… (26)
 2.5 <div>标签 …………………………………………………………………………… (27)
 2.6 <span>标签 ………………………………………………………………………… (28)
  2.6.1 基本语法 ………………………………………………………………………… (29)
  2.6.2 span 与 div 的区别 ……………………………………………………………… (29)
 2.7 实训——制作家具商城简介页面 ……………………………………………………… (30)
 习题 2 …………………………………………………………………………………………… (30)
第 3 章 表格和表单 …………………………………………………………………………… (32)
 3.1 表格 …………………………………………………………………………………… (32)
  3.1.1 表格的结构 ……………………………………………………………………… (32)
  3.1.2 表格的基本语法 ………………………………………………………………… (32)
  3.1.3 不规范表格 ……………………………………………………………………… (33)
  3.1.4 表格数据的分组标签 …………………………………………………………… (36)
  3.1.5 表格数据的对齐方式 …………………………………………………………… (38)
  3.1.6 表格在网页中的对齐方式 ……………………………………………………… (38)
  3.1.7 表格的应用 ……………………………………………………………………… (38)
 3.2 表单 …………………………………………………………………………………… (41)
  3.2.1 表单的工作机制 ………………………………………………………………… (41)
  3.2.2 表单标签 ………………………………………………………………………… (41)
  3.2.3 表单元素 ………………………………………………………………………… (42)
  3.2.4 表单的高级用法 ………………………………………………………………… (49)
  3.2.5 案例——制作网络书城会员注册表单 ………………………………………… (50)
  3.2.6 表单布局 ………………………………………………………………………… (51)
 3.3 实训——制作家具商城客服中心表单 ……………………………………………… (53)
 习题 3 …………………………………………………………………………………………… (54)
第 4 章 网页样式表 CSS ……………………………………………………………………… (56)
 4.1 初识 CSS ……………………………………………………………………………… (56)
  4.1.1 什么是 CSS ……………………………………………………………………… (56)
  4.1.2 CSS 的优点 ……………………………………………………………………… (56)
  4.1.3 CSS 的版本 ……………………………………………………………………… (57)
  4.1.4 CSS 的工作环境 ………………………………………………………………… (57)
  4.1.5 CSS 设计与编写原则 …………………………………………………………… (58)
  4.1.6 感受 CSS 的设计风格 …………………………………………………………… (59)
 4.2 网页中引用 CSS 的方法 ……………………………………………………………… (59)
  4.2.1 内部样式表 ……………………………………………………………………… (60)
  4.2.2 行内样式表 ……………………………………………………………………… (61)
  4.2.3 链入外部样式表 ………………………………………………………………… (63)
  4.2.4 导入外部样式表 ………………………………………………………………… (64)
 4.3 CSS 语法基础 ………………………………………………………………………… (66)

  4.3.1 构造样式规则 (66)
  4.3.2 常用的 CSS 选择符 (67)
 4.4 元素的显示类型 (79)
 4.5 CSS 的属性单位 (80)
  4.5.1 长度、百分比单位 (80)
  4.5.2 色彩单位 (81)
 4.6 样式表的层叠、特殊性与重要性 (82)
  4.6.1 样式表的层叠 (82)
  4.6.2 样式表的特殊性 (83)
  4.6.3 样式表的重要性 (84)
 4.7 案例——制作网络书城相关图书局部信息 (84)
 4.8 实训——使用 CSS 制作家具商城简介页面 (87)
 习题 4 (89)

第 5 章 使用 DIV+CSS 布局页面 (91)

 5.1 DIV 布局技术简介 (91)
  5.1.1 什么是 DIV 布局 (91)
  5.1.2 将页面用 DIV 分块 (91)
 5.2 盒模型 (92)
  5.2.1 盒模型简介 (93)
  5.2.2 外边距、边框与内边距 (93)
  5.2.3 盒模型的宽度与高度 (99)
  5.2.4 外边距的合并 (100)
  5.2.5 案例——制作网络书城关于页的局部信息 (100)
 5.3 CSS 的定位 (103)
  5.3.1 和定位相关的属性 (103)
  5.3.2 定位方式 (105)
 5.4 浮动与清除浮动 (110)
  5.4.1 浮动 (110)
  5.4.2 清除浮动 (113)
  5.4.3 案例——商城登录页面整体布局 (114)
 5.5 典型的 CSS 布局样式 (116)
  5.5.1 两列布局样式 (116)
  5.5.2 三列布局样式 (119)
 5.6 综合案例——制作网络书城畅销图书局部页面 (123)
  5.6.1 页面布局规划 (123)
  5.6.2 页面的制作过程 (123)
 5.7 实训——制作家具商城产品明细局部页面 (128)
  5.7.1 页面布局规划 (128)
  5.7.2 页面的制作过程 (128)
 习题 5 (132)

第 6 章 使用 CSS 实现常用的样式修饰 (133)

6.1 设置文字样式 (133)
6.1.1 设置文字的字体 (133)
6.1.2 设置字体的大小 (134)
6.1.3 设置字体的粗细 (135)
6.1.4 设置字体的倾斜 (136)
6.1.5 设置字体的修饰 (137)
6.1.6 设置文本的颜色 (138)

6.2 文本的排版 (139)
6.2.1 设置文字的对齐方式 (140)
6.2.2 设置首行缩进 (140)
6.2.3 设置首字下沉 (141)
6.2.4 设置行高 (141)
6.2.5 设置字间距 (142)
6.2.6 设置字符间距 (143)
6.2.7 设置文本的大小写 (144)

6.3 设置图片样式 (145)
6.3.1 设置图片边框 (146)
6.3.2 设置图片缩放 (147)

6.4 设置背景样式 (148)
6.4.1 设置背景颜色 (148)
6.4.2 设置背景图像 (149)
6.4.3 设置背景重复 (149)
6.4.4 设置背景图片位置 (151)
6.4.5 设置背景大小 (153)

6.5 设置表格样式 (153)
6.5.1 常用的 CSS 表格属性 (153)
6.5.2 案例——使用隔行换色表格制作畅销图书排行榜 (156)

6.6 设置表单样式 (158)
6.6.1 使用 CSS 美化常用的表单元素 (158)
6.6.2 案例——制作网络书城联系我们表单 (159)

6.7 图文混排 (162)

6.8 综合案例——制作网络书城环保社区页面 (163)
6.8.1 页面布局规划 (163)
6.8.2 页面的制作过程 (164)

6.9 实训——制作家具商城会员注册页面 (171)

习题 6 (175)

第 7 章 使用 CSS 设置链接、列表与菜单 (176)

7.1 设置链接 (176)
7.1.1 设置文字链接 (176)

7.1.2　设置图文链接 (178)
　　　7.1.3　设置按钮链接 (179)
　7.2　设置列表 (180)
　　　7.2.1　表格布局与列表布局的对比 (180)
　　　7.2.2　设置列表类型 (182)
　　　7.2.3　设置列表项图片符号 (184)
　　　7.2.4　设置列表项位置 (185)
　　　7.2.5　设置图文信息列表 (186)
　7.3　设置导航菜单 (190)
　　　7.3.1　普通的链接导航菜单 (190)
　　　7.3.2　纵向列表导航菜单 (192)
　　　7.3.3　横向列表导航菜单 (197)
　7.4　综合案例——使用 CSS 设置链接与导航菜单 (201)
　　　7.4.1　页面布局规划 (201)
　　　7.4.2　页面的制作过程 (201)
　7.5　实训——制作家具商城关于页面 (207)
　习题 7 (213)

第 8 章　使用 JavaScript 制作网页特效 (215)

　8.1　JavaScript 概述 (215)
　8.2　在网页中调用 JavaScript (215)
　　　8.2.1　直接加入 HTML 文档 (215)
　　　8.2.2　引用脚本文件 (216)
　　　8.2.3　在 HTML 标签内添加脚本 (217)
　8.3　制作网页特效 (218)
　　　8.3.1　Flash 幻灯片广告 (218)
　　　8.3.2　循环滚动的图文字幕 (220)
　8.4　实训——制作二级纵向列表模式的导航菜单 (223)
　习题 8 (226)

第 9 章　网络书城前台页面 (228)

　9.1　网站的开发流程 (228)
　　　9.1.1　需求分析 (228)
　　　9.1.2　站点规划 (228)
　　　9.1.3　网站制作 (230)
　　　9.1.4　测试发布 (230)
　9.2　设计首页布局 (230)
　　　9.2.1　使用 Dreamweaver 创建站点 (230)
　　　9.2.2　页面布局规划 (233)
　9.3　首页的制作 (233)
　9.4　制作商品展示页 (247)
　9.5　制作商品详细信息页 (250)

  9.6 制作查看购物车页··(254)
  习题 9 ···(256)
第 10 章 网络书城后台管理页面 ···(258)
  10.1 制作后台管理登录页面···(258)
  10.2 图书查询页面的制作··(262)
  10.3 图书添加页面的制作··(271)
  10.4 图书修改页面的制作··(276)
  10.5 页面的整合···(279)
  习题 10···(279)
参考文献 ··(281)

第1章　HTML 基本概念

HTML 是一种通用的用于建立网页文件的排版语言，使用这样的语言代码，可以将网页的文字、图片或数据等信息进行分类、排版，最终呈现给浏览者。虽然现在有许多所见即所得的网页制作工具，但是这些工具生成的代码仍然是以 HTML 为基础的，所以学习 HTML 代码对设计网页依然非常重要。

1.1　HTML 简介

HTML 是 HyperText Markup Language 的缩写，其含义是超文本标记语言，主要负责将网页内容进行格式化，使内容更具逻辑性。它通过标记符号来标记要显示的网页中的各个部分。浏览器在阅读网页文件时，根据不同标记符来解释和显示其标记的内容。

HTML 最早源于 SGML（Standard General Markup Language，标准通用标记语言），它由 Web 的发明者 Tim Berners-Lee 和其同事 Daniel W. Connolly 于 1990 年创立。在互联网发展的初期，由于没有一种网页技术呈现的标准，所以多家软件公司就合力打造了 HTML 标准。HTML 标准规定网页如何处理文字，如何安排图画等等，其中最著名的就是 HTML4。这是一个具有跨时代意义的标准，在 HTML4 标准提出之前，互联网上的标准非常混乱，当时的微软、网景等公司都提出了需要制定新的标准来规范互联网，所以 W3C 组织就于 1997 年提出了 HTML4 标准。

HTML 语言是建立网页的规范或标准，从它出现发展到现在，规范不断完善，功能越来越强。但是依然有缺陷和不足，人们仍在不断地改进它，使它更加具有可控制性和弹性，以适应网络上的应用需求。2000 年，W3C 组织公布发行了 XHTML 1.0 版本。

XHTML 1.0 是一种在 HTML 4.0 基础上优化和改进的新语言，目的是基于 XML 应用，其可扩展性和灵活性将适应未来网络应用更多的需求。XHTML 就是 HTML 4.0 的重新组织（确切地说它是 HTML 4.01，是一个修正版本的 HTML 4.0，只不过以 XHTML 1.0 命名发行），它们依然非常相似，可以把 XHTML 看做是 HTML 4.0 基础上的延续。不过 XHTML 并没有成功，大多数的浏览器厂商认为 XHTML 作为一个过渡化的标准并没有太大必要，所以 XHTML 并没有成为主流，而 HTML5 便因此孕育而生。

HTML5 的前身名为 Web Applications 1.0，由 WHATWG 在 2004 年提出，于 2007 年被 W3C 接纳。W3C 随即成立了新的 HTML 工作团队，包括 AOL、Apple、Google、IBM、Microsoft、Mozilla、Nokia、Opera 以及数百个其他的开发商。这个团队于 2009 年公布了第一份 HTML5 正式草案，HTML5 将成为 HTML 和 HTMLDOM 的新标准。

用 HTML 的语法规则建立的文档可以运行在不同操作系统的平台上。HTML 文档属于纯文本文件（它能用任意的文本编辑器书写），因此，可以通过阅读、分析优秀网页的 HTML 代码，学习别人设计网页的方法和技巧。

1.2 HTML 基本结构

每个网页都有其基本的结构,包括 HTML 文档的结构、标签的格式等。HTML 文档包含 HTML 标签和纯文本,它被 Web 浏览器读取并解析后以网页的形式显示出来,所以 HTML 文档又被称为网页。

1.2.1 HTML 语法结构

HTML 语法主要由标签、属性和元素组成,其语法结构为:

```
<标签 属性1="属性值1" 属性2="属性值2" …>元素的内容</标签>
```

1．标签

标签(tag,也称标记)是用一对尖括号"<"和">"括起来的单词或单词缩写,它是 HTML 文档的主要组成部分。每个标签都有特定的描述功能,HTML 文档就是通过不同功能的标签来控制 Web 页面内容的。

各种标签的效果差别很大,但总的表示形式却大同小异,大多数都成对出现。在 HTML 中,通常标签都是由开始标签和结束标签组成的,开始标签用"<标签>"表示,结束标签用"</标签>"表示。

例如,一级标题标签<h1>表示为:

```
<h1>学习网页制作</h1>
```

需要注意以下两点:

(1)每个标签都要用"<"(小于号)和">"(大于号)括起来,如<p>、<img>,以表示这是 HTML 代码而非普通文本。注意,"<"、">"与标签名之间不能留有空格或其他字符。

(2)标签也有不用</标签>结尾的,称之为单标签。例如,换行标签

2．属性

属性在开始标签中指定,用来表示该标签的性质和特性。通常都是以"属性名="值""的形式来表示,用空格隔开后还可以指定多个属性,并且在指定多个属性时不用区分顺序。

例如,一级标题标签<h1>有属性 align,align 表示文字的对齐方式,表示为:

```
<h1 align="left">学习网页制作</h1>
```

3．元素

元素指的是包含标签在内的整体,元素的内容是开始标签与结束标签之间的内容。没有内容的 HTML 元素被称为空元素,空元素是在开始标签中关闭的。

例如,以下代码片段所示:

```
<h1>学习网页制作</h1>        <!--该 h1 元素为有内容的元素-->
<hr/>                       <!--该 hr 元素为空元素,在开始标签中关闭-->
```

1.2.2 HTML 语法规范

页面的 HTML 代码书写必须符合 HTML 规范,这是用户编写拥有良好结构文档的基础,这些文档可以很好地工作于所有的浏览器,并且可以向后兼容。

1．标签的规范

（1）标签分单标签和双标签，双标签往往是成对出现，所有标签（包括空标签）都必须关闭，如
、<img/>、<p>…</p>等。

（2）标签名和属性建议都用小写字母。

（3）多数 HTML 标签可以嵌套，但不允许交叉。

（4）HTML 文件一行可以写多个标签，一个标签也可以分多行写，但标签中的一个单词不能分两行写。

（5）HTML 源文件中的换行、回车符和空格在显示效果中是无效的。

2．属性的规范

（1）并不是所有的标签都有属性，如换行标签就没有。

（2）属性值都要用半角双引号括起来。

3．代码的缩进

HTML 代码并不要求在书写时缩进，但为了文档的结构性和层次性，建议初学者使用标记时首尾对齐，内部的内容向右缩进几格。

1.2.3　HTML 文档结构

HTML 文档是一种纯文本格式的文件，文档的基本结构为：

```
<!doctype html>
<html>
  <head>
    <meta charset="gb2312" />
    <title>文档标题</title>
  </head>
  <body>
      网页内容
  </body>
</html>
```

1．HTML 文档标签<html>…</html>

HTML 文档标签的格式为：

<html> HTML 文档的内容 </html>

<html>处于文档的最前面，表示 HTML 文档的开始，即浏览器从<html>开始解释，直到遇到</html>为止。每个 HTML 文档均以<html>开始，以</html>结束。

2．HTML 文档头标签<head>…</head>

HTML 文档包括头部（head）和主体（body）。HTML 文档头标签的格式为：

<head> 头部的内容 </head>

文档头部内容在开始标签<html>和结束标签</html>之间定义，其内容可以是标题名或文本文件地址、创作信息等网页信息说明。

3．文档编码

HTML 文档使用 meta 元素的 charset 属性指定文档编码，格式如下：

<meta charset="gb2312" />

为了被浏览器正确解释和通过 W3C 代码校验，所有的 HTML 文档都必须声明它们所使用的编码语言。文档声明的编码应该与实际的编码一致，否则就会呈现为乱码。对于中文网页的设计者来说，用户一般使用 gb2312（简体中文）。

4．HTML 文档主体标签\<body>…\</body>

HTML 文档主体标签的格式为：

```
<body>
    网页的内容
</body>
```

主体位于头部之后，以\<body>为开始标签，\</body>为结束标签。它定义网页上显示的主要内容与显示格式，是整个网页的核心，网页中要真正显示的内容都包含在主体中。

1.3 创建 HTML 文档

创建 HTML 文档是网站制作的基础。用任何文本编辑器（如记事本、UltraEdit、EditPlus 等）都能编辑制作 HTML 文件。下面使用 Windows 自带的记事本快速编辑一个 HTML 文件，通过它来学习网页的编辑、保存过程。

（1）打开记事本。单击 Windows 的"开始"按钮，在"程序"菜单的"附件"子菜单中单击"记事本"。

（2）创建新文件，并按 HTML 语言规则编辑。在"记事本"窗口中输入 HTML 代码，具体的内容如图 1-1 所示。

（3）保存网页。打开"记事本"的"文件"菜单，选择"保存"命令，此时将出现"另存为"对话框，在"保存在"下拉列表框中选择文件要存放的路径，在"文件名"文本框输入以.html 或.htm 为后缀的文件名，如 first.html，在"保存类型"下拉列表框中选择"文本文档（*.txt）"项，如图 1-2 所示。最后单击"保存"按钮，将记事本中的内容保存在磁盘中。

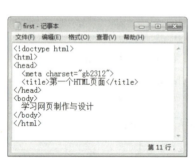
图 1-1 输入 HTML 代码

图 1-2 "记事本"的"另存为"对话框

（4）在"我的电脑"相应的存盘文件夹中双击 first.html 文件启动浏览器，即可看到网页的显示结果。

在保存时如果是以非.html 或.htm 的文件后缀名存储的文件，用浏览器打开后，看到的可能是乱码。所以，必须将文件存储为.html 或.htm 的形式。

网页在浏览后会有不满意的地方，此时可重新在"记事本"中打开该.html文件进行修改；或者在浏览器中直接打开源文件（在IE中，从"查看"菜单的"源文件"命令打开）。修改后，单击"文件"菜单中的"保存"命令。如果浏览器没有关闭，要在浏览器中看到修改后的效果，不必重新打开该文件，直接单击浏览器工具栏上的"刷新"按钮即可。

如果希望将该网页作为网站的首页（主页），当浏览者输入网址后，就显示该网页的内容，可以把这个文件设为默认文档，文件名为 index.html 或 index.htm。

1.4 页面摘要信息

在网页的头部中，通常存放一些介绍页面内容的信息，例如页面标题、描述、关键词、页面大小、日期、更新日期和网页快照等。其中，页面标题及页面描述称为页面的摘要信息。如果希望自己发布的网页能被百度、谷歌等搜索引擎搜索到，那么在制作网页时就需要注意编写网页的摘要信息。

摘要信息的生成在不同的搜索引擎中会存在比较大的差别，即使是同一个搜索引擎也会由于页面的实际情况而有所不同。一般情况下，搜索引擎会提取页面标题标签中的内容作为摘要信息的标题，而描述则常来自页面描述标签的内容或直接从页面正文中截取。

下面讲解用于设计页面摘要信息的两个标签。

1.4.1 <title>标签

如果文章没有标题，读者就必须通过阅读部分内容才能了解其主题。对于网页来说，也必须有标题来归纳要点。网页的标题能给浏览者带来方便，如果浏览者喜欢该网页，将它加入书签中或保存到磁盘上，标题就作为该页面的标志或文件名。另外，使用搜索引擎时显示的结果也是页面的标题。可见，标题是相当重要的。

<title>标签位于<head>与</head>中，用于标示文档标题。格式如下：

<title> 标题名 </title>

例如，搜狐网站的主页，对应的网页标题为：

<title>搜狐-中国最大的门户网站</title>

打开网页后，将在浏览器窗口的标题栏显示"搜狐-中国最大的门户网站"网页标题。

需要说明的是，在网页文档头部定义的标题内容不在浏览器窗口中显示，而是在浏览器的标题栏中显示。尽管文档头部定义的信息很多，但能在浏览器标题栏中显示的信息只有标题内容。

1.4.2 <meta>标签

<meta>标签共有两个属性，分别是 http-equiv 属性和 name 属性，不同的属性又有不同的参数值，这些不同的参数值就实现了不同的网页功能。本节主要讲解 name 属性，用于设置搜索关键字和描述。<meta>标签的 name 属性的语法格式为：

<meta name="参数" content="参数值">。

name 属性主要用于描述网页摘要信息，与之对应的属性值为 content，content 中的内容主要是便于搜索引擎查找信息和分类信息用的。

name 属性主要有以下两个参数：keywords 和 description。

1．keywords（关键字）

keywords 用来告诉搜索引擎网页使用的关键字。例如，国内著名的搜狐网，其主页的关键字设置如下：

```
<meta name="keywords" content="搜狐,门户网站,新媒体,网络媒体,新闻,财经,体育,娱乐,时尚,汽车,房产,科技,图片,论坛,微博,博客,视频,电影,电视剧"/>
```

2．description（网站内容描述）

description 用来告诉搜索引擎网站主要的内容。例如，搜狐网站主页的内容描述设置如下：

```
<meta name="Description" content="搜狐网是全球最大的中文门户网站，为用户提供24小时不间断的最新资讯，及搜索、邮件等网络服务。内容包括全球热点事件、突发新闻、时事评论、热播影视剧、体育赛事、行业动态、生活服务信息，以及论坛、博客、微博、我的搜狐等互动空间。"/>
```

当浏览者通过百度搜索引擎搜索"搜狐"时，就可以看到搜索结果中显示出网站主页的标题、关键字和内容描述，如图 1-3 所示。

图 1-3　网页的摘要信息

1.4.3　案例——制作网络书城页面摘要信息

【例 1-1】 制作网络书城页面摘要信息。由于摘要信息不能显示在浏览器窗口中，因此这里只给出本例文件 1-1.html 的代码。

1-1.html 的代码如下：

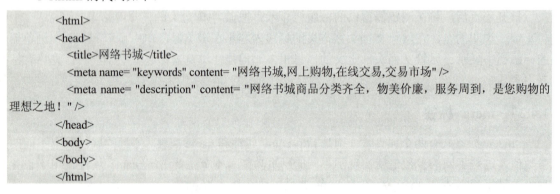

【说明】 用户可以登录百度搜索引擎 http://www.baidu.com/search/url_submit.html 收录网页，以便浏览者访问到自己的网站。

1.5 网页结构

网页结构即网页内容的布局，布局是否合理直接影响页面的用户体验及相关性，并在一定程度上影响网站的整体结构。

从页面布局和显示外观的角度看，一个页面的布局就类似一篇文章的排版，需要分为多个区块，较大的区块又可再细分为小区块。块内为多行逐一排列的文字、图片、超链接等内容，这些区块一般称为块级元素；而区块内的文字、图片或超链接等一般称为行级元素，如图 1-4 所示。

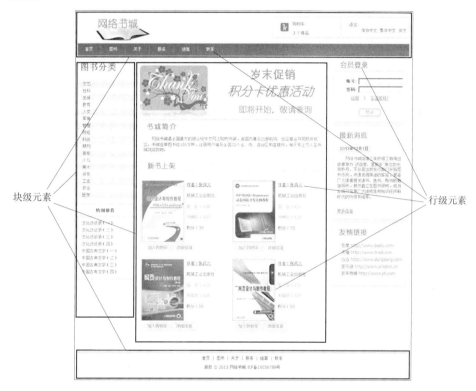

图 1-4　页面中的块级元素和行级元素

页面的这种布局结构，其本质上是由各种 HTML 标签组织完成的，HTML 标签分为块级标签和行级标签（也可以称为块级元素和行级元素）。

1. 块级元素

块级元素显示的外观按"块"显示，生成一个元素框，具有一定的宽度和高度。它会填充其父级元素的内容，旁边不能有其他元素。换句话说，块级元素在元素框之前和之后生成了"分隔"符。例如，<div>块标签、<p>段落标签等。

2. 行级元素

行级元素显示的外观按"行"显示，在一个文本行内生成元素框，而不会打断这行文本。例如，<img>图片标签、<a>超链接标签等。

3. 块级元素与行级元素的区别

（1）块级元素与行级元素外观上的区别：块级元素各占据一行，垂直方向排列；行级元素在一条直线上排列，都是同一行的，水平方向排列。

（2）块级元素与行级元素包含关系的区别：块级元素可以包含块级元素和行级元素；行级元素不能包含块级元素。

（3）块级元素与行级元素属性的区别：块级元素具有一定的宽度和高度，可以通过设置 width、height 属性来控制；而行级元素设置 width、height 属性无效。

1.6 注释和特殊符号

1.6.1 注释

可以在 HTML 文档中添加注释，增加代码的可读性，便于以后维护和修改。访问者在浏览器中是看不见这些注释的，只有在用文本编辑器打开文档源代码时才可见。

注释标签的格式为：

```
<!-- 注释内容 -->
```

注释并不局限于一行，长度不受限制。结束标签与开始标签可以不在一行上。例如以下代码将在页面中显示段落的信息，而加入的注释不会显示在浏览器中，如图 1-5 所示。

图 1-5 注释的运行结果

```
<!--这是一段注释。注释不会在浏览器中显示。-->
<p>好好学习，天天向上。</p>
```

1.6.2 特殊符号

由于大于号 ">" 和小于号 "<" 等已作为 HTML 的语法符号，因此，如果要在页面中显示这些特殊符号，就必须使用相应的 HTML 代码表示，这些特殊符号对应的 HTML 代码被称为字符实体。

常用的特殊符号及对应的字符实体见表 1-1。这些字符实体都以 "&" 开头，以 ";" 结束。

表 1-1 常用的特殊符号及对应的字符实体

特殊符号	字符实体	示 例
空格		\<a href="#"\>家具商城\</a\>. 热线：800-860-1234
大于（>）	&gt;	30>20
小于（<）	&lt;	20<30
引号（"）	&quot;	HTML 属性值必须使用成对的"括起来
版权号（©）	&copy;	© Copyright 网络书城有限公司

1.7 实训——制作家具商城页面的版权信息

【实训】制作家具商城页面的版权信息，页面中包括版权符号、空格，本例文件 1-2.html 在浏览器中显示的效果如图 1-6 所示。

· 8 ·

图 1-6 家具商城页面的版权信息

1-2.html 的代码如下：

```
<html>
<head>
   <title>版权信息</title>
</head>
<body>
   <hr>         <!--水平分隔线-->
   <p style="font-size:12px;text-align:center">Copyright &copy; 2013 家具商城 All rights reserved.  热线：800-860-1234 </p>
</body>
</html>
```

【说明】 HTML 语言忽略多余的空格，最多只空一个空格。在需要空格的位置，既可以用" "插入一个空格，也可以输入全角中文空格。另外，这里对段落使用了行内 CSS 样式 style="font-size:12px;text-align:center"来控制段落文字的大小及对齐方式。关于 CSS 样式的应用将在后面的章节中详细讲解。

习题 1

1．制作家具商城页面的摘要信息。其中，网页标题为"家具商城-通向幸福生活的桥梁"；搜索关键字为"家具商城，供求信息，项目合作，企业加盟"；内容描述为"家具商城多年从事家具的商机发布与产品推广，始终奉行质量第一、诚信为本、客户至上的经营理念为宗旨"。

2．制作网络书城的版权信息，如图 1-7 所示。

图 1-7 题 2 图

3．扫描二维码（如图 1-8 所示），对本章部分知识点进行测验。

图 1-8 题 3 二维码

第 2 章 编辑网页元素

网页中包含的网页元素有许多类型，本章主要讲述文本和图像两部分内容，对于网页中包含的表格、表单等其他元素，在后续章节会逐一讲解。

2.1 文字与段落排版

本节将详细讲解在网页制作过程中，文字与段落的基本排版，进而制作出简单的网页。

2.1.1 标题标签<h#>…</h#>

图 2-1 各级标题

在页面中，标题是一段文字内容的核心，所以总是用加强的效果来表示。标题使用<h1>至<h6>标签进行定义。<h1>定义最大的标题，<h6>定义最小的标题，HTML 会自动在标题前后添加一个额外的换行。标题文字标签的格式为：

<h# align="left|center|right"> 标题文字 </h#>

属性 align 用来设置标题在页面中的对齐方式，包括 left（左对齐）、center（居中）和 right（右对齐），默认为 left。

【例 2-1】 列出 HTML 中的各级标题，本例文件 2-1.html 在浏览器中显示的效果如图 2-1 所示。

2-1.html 的代码如下：

```
<html>
<head>
    <title>标题示例</title>
</head>
<body>
    <h1>这是一级标题</h1>
    <h2>这是二级标题</h2>
    <h3>这是三级标题</h3>
    <h4>这是四级标题</h4>
    <h5>这是五级标题</h5>
    <h6>这是六级标题</h6>
</body>
</html>
```

2.1.2 段落标签<p>…</p>

浏览器忽略用户在 HTML 编辑器中输入的回车符，所以段落标签<p>…</p>在编辑网页的时候经常会用到，段落标签会在段落前后加上额外的空行。段落标签的格式为：

 文字

属性 align 用来设置段落文字在网页上的对齐方式：left（左对齐）、center（居中）、right（右对齐）和 justify（两端对齐），默认为 left。格式中的"|"表示"或者"，即多项选其一。

【例 2-2】 列出包含<p>标签的多种属性，本例文件 2-2.html 在浏览器中显示的效果如图 2-2 所示。

2-2.html 的代码如下：

```
<html>
<head>
    <title>段落 p 标签示例</title>
</head>
<body>
    <p>段落元素由 p 标签定义。</p>
    <p align="left">这里是左对齐的段落。</p>
    <p align="center">这里是居中对齐的段落。</p>
    <p align="right">这里是右对齐的段落。</p>
    <p align="justify">这里是两端对齐的段落。</p>
</body>
</html>
```

【说明】 由<p>标签所标识的文字，代表同一个段落的文字。不同段落间的间距等于连续加了两个换行标签
，用以区别文字的不同段落。

2.1.3 换行标签

网页内容并不都像段落那样，有时候没有必要用多个<p>标签去分割内容。如果编辑网页内容只是为了换行，而不是从新段落开始的话，可以使用
标签。

标签将打断 HTML 文档中正常段落的行间距和换行。
放在任意一行中都会使该行换行，如果
放在一行的末尾，可以使后面的文字、图像、表格等显示于下一行，而又不会在行与行之间留下空行，即强制文本换行。换行标签的格式为：

> 文字

浏览器解释时，从该处换行。换行标签单独使用，可使页面清晰、整齐。

【例 2-3】 制作网络书城联系方式的页面，本例页面 2-3.html 的显示效果如图 2-3 所示。

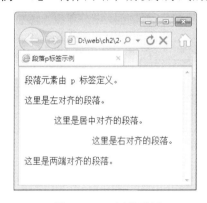 

图 2-2　<p>标签示例　　　　　　图 2-3　页面的显示效果

2-3.html 的代码如下：

```
<html>
  <head>
    <title>br 标签</title>
  </head>
  <body>
    <h3>联系方式</h3>
    联系人：海阔天空<br />
    邮政编码：475000<br />
    联系地址：开封市解放大道 3 号<br /><br />     <!--两个<br/>标签相当于一个段落标签-->
    联系电话：800-820-1234<br />
    Email: <a href="mailto:info@bookcity.com">info@bookcity.com</a><br/>
  </body>
</html>
```

【说明】 用户可以使用段落标签<p>制作页面中"联系地址"和"联系电话"之间较大的空隙，也可以使用两个
标签实现这一效果。

2.1.4 水平线标签<hr/>

水平线可以作为段落与段落之间的分隔线，使得文档结构清晰，层次分明。当浏览器解释到 HTML 文档中的<hr/>标签时，会在此处换行，并加入一条水平线段。水平线标签的格式为：

```
<hr align="left|center|right" size="横线粗细" width="横线长度" color="横线色彩" noshade="noshade" />
```

其中，属性 size 设定线条粗细，以像素为单位，默认值为 2。

属性 width 设定线段长度，可以是绝对值（以像素为单位）或相对值（相对于当前窗口的百分比）。所谓绝对值，是指线段的长度是固定的，不随窗口尺寸的改变而改变。所谓相对值，是指线段的长度相对于窗口的宽度而定，窗口的宽度改变时，线段的长度也随之增减，默认值为 100%，即始终填满当前窗口。

属性 color 设定线条色彩，默认为黑色。色彩可以用相应的英文名称或以"#"引导的一个十六进制代码来表示，见表 2-1。

表 2-1 色彩代码表

色　彩	色彩英文名称	十六进制代码
黑色	black	#000000
蓝色	blue	#0000ff
棕色	brown	#a52a2a
青色	cyan	#00ffff
灰色	gray	#808080
绿色	green	#008000
乳白色	ivory	#ffff0
橘黄色	orange	#ffa500
粉红色	pink	#ffc0cb
红色	red	#ff0000
白色	white	#ffffff
黄色	yellow	#ffff00

续表

色 彩	色彩英文名称	十六进制代码
深红色	crimson	#cd061f
黄绿色	greenyellow	#0b6eff
水蓝色	dodgerblue	#0b6eff
淡紫色	lavender	#dbdbf8

【例2-4】 <hr/>标签的基本用法,本例文件 2-4.html 在浏览器中显示的效果如图 2-4 所示。2-4.html 的代码如下:

```
<html>
<head>
    <title>hr 标签示例</title>
</head>
<body>
    <p>网络书城岁末促销<br />
    <hr />
    积分卡优惠活动即将开始,敬请垂询! <br />
    </p>
</body>
<html>
```

【说明】 <hr/>标签强制执行一个简单的换行,将导致段落的对齐方式重新回到默认值设置(左对齐)。

在 HTML 中,所有<hr>标签的呈现属性可以使用,但不推荐使用。要想更灵活地控制并美化外观,需要通过 CSS 去实现。

【例2-5】 使用两种方法控制水平线的外观,本例文件 2-5.html 在浏览器中显示的效果如图 2-5 所示。

图 2-4 <hr/>标签示例

图 2-5 对比效果

2-5.html 的代码如下:

```
<html>
<head>
    <title>hr 标签示例</title>
</head>
<body>
    <p>通过 HTML 代码实现:</p>
    <hr noshade="noshade" color="gray"/>
    <p>通过 CSS 样式实现:</p>
    <hr style="height:2px;border-width:0;color:gray;background-color:gray" />
```

```
        </body>
<html>
```

【说明】 代码中的 style="height:2px;border-width:0;color:gray;background-color:gray"表示水平线为高度 2px 无边框无阴影的灰色实线，恰好与<hr/>标签设置的显示效果一致。

2.1.5 案例——制作网络书城服务指南页面

【例 2-6】 使用文字与段落的基本排版知识制作网络书城服务指南页面，本例文件 2-6.html 在浏览器中显示的效果如图 2-6 所示。

图 2-6 页面显示效果

2-6.html 的代码如下：

```
<html>
<head>
    <title>网络书城服务指南</title>
</head>
<body>
    <h1 align="center">服务指南</h1>           <!--一级标题居中对齐-->
    <hr />                                     <!--水平分隔线-->
    <h2>卖家发货后一直没有收到货怎么办？</h2>    <!--二级标题-->
    <p>    请问如果卖家已经标记为发货，但是我一直没有收到货怎么办啊？</p>
    <h2>解决方法</h2>                          <!--二级标题-->
    <p align="left">                           <!--段落左对齐-->
        方案 1：在卖家已经操作发货后，一直未收到货的，可能由于活动量大造成物流延误，建议您进入"我的订单"页面找到对应交易点击"查看物流"，关注您商品的运输流转记录。<br /><br />                    <!--换行-->
        方案 2：如交易即将超时打款前您还未收到商品，避免出现钱货都不在您手中的情况，建议及时进入"我的订单"页面找到对应交易点击"退货/退款"。
    </p>
</body>
</html>
```

【说明】 在本例中，段落的开头为了实现首行缩进的效果，在段落标签<p>后面连续加上 4 个" "空格符号。

2.2 列表

在制作网页时，列表经常被用来写提纲和品种说明书。通过列表标记的使用，能使这些内容在网页中条理清晰、层次分明、格式美观地表现出来。本节将重点介绍列表标签的使用。

列表的存在形式主要分为无序列表、有序列表以及嵌套列表等。

2.2.1 无序列表

所谓无序列表就是列表中列表项的前导符号没有一定的次序，而是用黑点、圆圈、方框等一些特殊符号标识。无序列表并不是使列表项杂乱无章，而是使列表项的结构更清晰，更合理。

当创建一个无序列表时，主要使用 HTML 的<ul>标签和<li>标签来标记。其中<ul>标签标识一个无序列表的开始；<li>标签标识一个无序列表项。格式为：

```
<ul type="符号类型">
    <li type="符号类型 1"> 第一个列表项
    <li type="符号类型 2"> 第二个列表项
    ...
</ul>
```

从浏览器上看，无序列表的特点是，列表项目作为一个整体，与上下段文本间各有一行空白；表项向右缩进并左对齐，每行前面有项目符号。

<ul>标签的 type 属性用来定义一个无序列表的前导字符，如果省略了 type 属性，浏览器会默认显示为 "disc" 前导字符。type 取值可以为 disc（实心圆）、circle（空心圆）、square（方框）。设置 type 属性的方法有两种。

1．在<ul>后指定符号的样式

在<ul>后指定符号的样式，可设定直到</ul>的加重符号。例如：

<ul type="disc">　　　　　符号为实心圆点●
<ul type="circle">　　　　符号为空心圆点○
<ul type="square">　　　　符号为方块■
<ul img src="mygraph.gif">　符号为指定的图片文件

2．在<li>后指定符号的样式

在<li>后指定符号的样式，可以设置从该<li>起直到</ul>的项目符号。格式就是将前面的 ul 换为 li。

【例 2-7】 制作网络书城支付方式的无序列表，本例文件 2-7.html 在浏览器中显示的效果如图 2-7 所示。

2-7.html 的代码如下：

图 2-7　页面显示效果

```
<html>
    <head>
    <title>无序列表</title>
    </head>
    <body>
```

```
        <h2 align="center">网络书城的支付方式</h2>
        <ul type="circle">        <!--列表样式为空心圆点-->
            <li>货到付款
            <li>财付通
            <li>支付宝
            <li>网银在线
        </ul>
    </body>
</html>
```

【说明】 由于在<ul>后指定符号的样式为 type="circle"，因此每个列表项显示为空心圆点。

2.2.2 有序列表

有序列表是一个有特定顺序的列表项的集合。在有序列表中，各个列表项有先后顺序之分，它们之间以编号来标记。使用<ol>标签可以建立有序列表，表项的标签仍为<li>。格式为：

```
<ol type="符号类型">
    <li type="符号类型 1"> 表项 1
    <li type="符号类型 2"> 表项 2
    …
</ol>
```

在浏览器中显示时，有序列表整个表项与上下段文本之间各有一行空白；列表项目向右缩进并左对齐；各表项前带顺序号。

有序列表的符号标识包括：阿拉伯数字、小写英文字母、大写英文字母、小写罗马数字、大写罗马数字。<ol>标签的 type 属性用来定义一个有序列表的符号样式，在<ol>后指定符号的样式，可设定直到</ol>的表项加重记号。格式为：

<ol type="1">	序号为数字
<ol type="A">	序号为大写英文字母
<ol type="a">	序号为小写英文字母
<ol type="I">	序号为大写罗马数字
<ol type="i">	序号为小写罗马数字

在<li>后指定符号的样式，可设定该表项前的加重记号。格式只需把上面的 ol 改为 li。

【例 2-8】 制作网络书城网银在线支付步骤的有序列表，本例文件 2-8.html 在浏览器中显示的效果如图 2-8 所示。

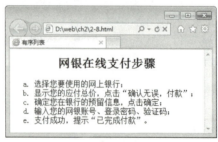

图 2-8 页面显示效果

2-8.html 的代码如下：

```
<html>
    <head>
    <title>有序列表</title>
    </head>
    <body>
        <h2 align="center">网银在线支付步骤</h2>
        <ol type="a"><!--列表样式为小写英文字母-->
            <li>选择您要使用的网上银行；
            <li>显示您的应付总价，点击"确认无误，付款"；
            <li>确定您在银行的预留信息，点击确定；
            <li>输入您的网银账号、登录密码、验证码；
            <li>支付成功，提示"已完成付款"。
        </ol>
    </body>
</html>
```

【说明】 在<ol>后指定列表样式为小写英文字母，因此每个列表项显示为小写英文字母。

2.2.3 嵌套列表

所谓嵌套列表就是无序列表与有序列表嵌套混合使用。嵌套列表可以把页面分为多个层次，给人以很强的层次感。有序列表和无序列表不仅可以自身嵌套，而且彼此可互相嵌套。嵌套方式可分为：无序列表中嵌套无序列表、有序列表中嵌套有序列表、无序列表中嵌套有序列表、有序列表中嵌套无序列表等方式，读者需要灵活掌握。

【例 2-9】 制作网络书城客服中心页面，在无序列表中嵌套无序列表和有序列表，本例文件 2-9.html 在浏览器中显示的效果如图 2-9 所示。

图 2-9 页面显示效果

2-9.html 的代码如下：

```
<html>
    <head>
    <title>网络书城客服中心</title>
    </head>
    <body>
        <h2>网络书城客服中心</h2>
        <ul type="circle">         <!--无序列表空心圆点-->
            <li>网络书城的支付方式
                <ul type="disc">    <!--实心圆点-->
                    <li>货到付款
                    <li>财付通
                    <li>支付宝
                    <li>网银在线
                </ul>
            <hr />              <!--水平分隔线-->
```

```
            <li>网银在线支付步骤
                <ol type="1">  <!-- 嵌套有序列表序号为数字-->
                    <li>选择您要使用的网上银行；
                    <li>显示您的应付总价，点击"确认无误，付款"；
                    <li>确定您在银行的预留信息，点击确定；
                    <li>输入您的网银账号、登录密码、验证码；
                    <li>支付成功，提示"已完成付款"。
                </ol>
        </ul>
    </body>
</html>
```

2.3 超链接

HTML 的核心就是能够轻而易举地实现互联网上的信息访问、资源共享。HTML 可以链接到其他的网页、图像、多媒体、电子邮件地址、可下载的文件等。可以说只要浏览器能够显示的内容，都可以从一个 HTML 文件中得到。

2.3.1 超链接的基本概念

1．超链接的定义

所谓的超链接（hyperlink）是指从一个网页指向一个目标的连接关系，这个目标可以是另一个网页，也可以是相同网页上的不同位置，还可以是一个图片、一个电子邮件地址、一个文件，甚至是一个应用程序。

超链接是一个网站的精髓，超链接在本质上属于网页的一部分，通过超链接将各个网页链接在一起后，才能真正构成一个网站。

超链接除了可链接文本外，也可链接各种媒体，如声音、图像和动画等，通过它们可以将网站建设成一个丰富多彩的多媒体世界。当网页中包含超链接时，其外观形式为彩色（一般为蓝色）且带下画线的文字或图像。单击这些文本或图像，可跳转到相应位置。鼠标指针指向超链接时，将变成手形。

2．超链接的分类

根据超链接目标文件的不同，超链接可分为页面超链接、锚点超链接、电子邮件超接链等；根据超链接单击对象的不同，超链接可分为文字超链接、图像超链接、图像映射等。

3．路径

创建超链接时必须了解链接与被链接文本的路径。在一个网站中，路径通常有 3 种表示方式：绝对路径、根目录相对路径和文档目录相对路径。

（1）绝对路径。绝对路径就是主页上的文件或目录在硬盘上真正的路径（URL 和物理路径）。例如，D:\web\index.html 代表了 index.html 文件的物理绝对路径；http://www.hao123.com/index.html 代表了一个 URL 绝对路径。

（2）根目录相对路径。根目录相对路径是指从站点根文件夹到被链接文档经过的路径。站点上所有公开的文件都存放在站点的根目录下。站点根目录相对路径以一个正斜杠（/）开始，例如，/support/tips.htm 是文件（tips.htm）的站点根目录相对路径，该文件位于站点根文件夹的 support 子文件夹中。

（3）文档目录相对路径。文档目录相对路径就是相对与某个基准目录的路径。相对路径适合于创建网站内部链接。它以当前文件所在的路径为起点，进行相对文件的查找。

2.3.2 超链接的应用

1．锚点标签<a>…</a>

HTML 使用<a>标签来建立一个链接，通常<a>标签又称为锚。建立超链接的标签以<a>开始，以</a>结束。锚可以指向网络上的任何资源：一张 HTML 页面，一幅图像，一个声音或视频文件等。<a>标签的格式为：

<a href="url" title="指向链接显示的文字" target="窗口名称">文本文字</a>

用户可以单击<a>和</a>标签之间的文本文字来实现网页的浏览访问，通常<a>和</a>标签之间的文本文字用颜色和下画线加以强调。

建立链接时，href 属性定义了这个链接所指的目标地址，也就是路径。如果要创建一个不链接到其他位置的空超链接，可用"#"代替 URL。

target 属性设定链接被单击后所要打开窗口的方式，有以下 4 种方式。

_blank：在新窗口中打开被链接文档。

_self：默认。在相同的框架中打开被链接文档。

_parent：在父框架集中打开被链接文档。

_top：在整个窗口中打开被链接文档。

2．指向其他页面的链接

创建指向其他页面的链接，就是在当前页面与其他相关页面之间建立超链接。根据目标文件与当前文件的目录关系，有 4 种写法。注意，应该尽量采用相对路径。

（1）链接到同一目录内的网页文件。格式为：

<a href="目标文件名.html"> 热点文本 </a>

其中，"目标文件名"是链接所指向的文件。

（2）链接到下一级目录中的网页文件。格式为：

<a href="子目录名/目标文件名.html"> 热点文本 </a>

（3）链接到上一级目录中的网页文件。格式为：

<a href="../目标文件名.html"> 热点文本 </a>

其中，"../"表示退到上一级目录中。

（4）链接到同级目录中的网页文件。格式为：

<a href="../子目录名/目标文件名.html"> 热点文本 </a>

表示先退到上一级目录中，然后再进入目标文件所在的目录。

【例 2-10】制作商城页面之间的链接，链接分别指向注册页和登录页，本例文件 2-10.html 在浏览器中显示的效果如图 2-10 所示。

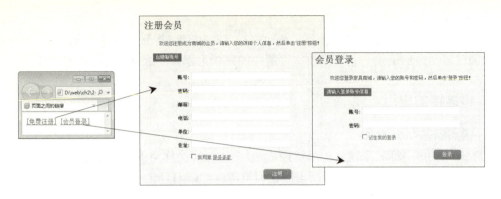

图 2-10　页面之间的链接

2-10.html 的代码如下：

```
<html>
<head>
<title>页面之间的链接</title>
</head>
<body>
    <a href="register.html">[免费注册]</a>        <!--链接到同一目录内的网页文件-->
    <a href="login.html">[会员登录]</a>           <!--链接到同一目录内的网页文件-->
</body>
</html>
```

3．指向书签的链接

在浏览页面时，如果页面篇幅很长，要不断地拖动滚动条，给浏览带来不便。要是浏览者既可以从头阅读到尾，又可以很快寻找到自己感兴趣的特定内容进行部分阅读，这个时候就可以通过书签链接来实现。当浏览者单击页面上的某一"标签"时，就能自动跳到网页相应的位置进行阅读，给浏览者带来方便。

书签就是用<a>标签对网页元素作一个记号，其功能类似于用来固定船的锚，所以书签也称锚记或锚点。如果页面中有多个书签链接，对不同目标元素要设置不同的书签名。书签名在<a>标签的 name 属性中定义，格式为：

　　　　<a name="记号名">　目标文本附近的内容　</a>

（1）指向页面内书签的链接。要在当前页面内实现书签链接，需要定义两个标签：一个为超链接标签，另一个为书签标签。超链接标签的格式为：

　　　　<a href="#记号名">　热点文本　</a>

即单击"热点文本"，将跳转到"记号名"开始的网页元素。

【例 2-11】　制作指向页面内书签的链接，在页面下方的"关于书城"文本前定义一个书签"about"，当单击网络书城顶部的"关于书城"链接时，将跳转到页面下方的关于书城位置处。本例文件 2-11.html 在浏览器中显示的效果如图 2-11 所示。

图 2-11 指向页面内书签的链接

2-11.html 的代码如下:

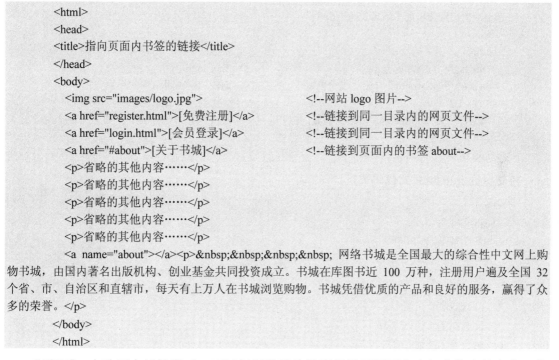

【说明】 在验证本例效果时,可以把浏览器缩放到只显示页面上半部分信息的大小,然后单击顶部的"关于书城"链接,就可以看到页面自动定位到下方的关于书城位置处。

(2)指向其他页面书签的链接。书签链接还可以在不同页面间进行链接。当单击书签链接标题时,页面会根据链接中的 href 属性所指定的地址,将网页跳转到目标地址中书签名称所表示的内容。要在其他页面内实现书签链接,需要定义两个标签:一个为当前页面的超链接标签,另一个为跳转页面的书签标签。当前页面的超链接标签的格式为:

```
<a href="目标文件名.html#记号名"> 热点文本 </a>
```

即单击"热点文本",将跳转到目标页面"记号名"开始的网页元素。

【例 2-12】 制作指向其他页面书签的链接,在页面 info.html 的"关于书城"文本前定义一个书签"about",当单击当前页面中的"关于书城"链接时,将跳转到页面 info.html 中关于书城位置处。本例文件 2-12.html 在浏览器中显示的效果如图 2-12 所示。

图 2-12　指向其他页面书签的链接

当前页面 2-12.html 的代码如下：

```
<html>
<head>
<title>指向其他页面书签的链接</title>
</head>
<body>
   <img src="images/logo.jpg">              <!--网站 logo 图片-->
   <a href="register.html">[免费注册]</a>    <!--链接到同一目录内的网页文件-->
   <a href="login.html">[会员登录]</a>       <!--链接到同一目录内的网页文件-->
   <a href="info.html#about">[关于书城] </a> <!--链接到页面 info.html 内的书签 about-->
</body>
</html>
```

跳转页面 info.html 的代码如下：

```
<html>
<head>
<title>跳转页面</title>
</head>
<body>
    <h1 align="center">关于书城</h1>
    <p>省略的其他内容……</p>
    <p>省略的其他内容……</p>
    <p>省略的其他内容……</p>
    <p>省略的其他内容……</p>
    <p>省略的其他内容……</p>
    <a name="about"></a><p>    网络书城是全国……（此处省略文字）</p>
</body>
</html>
```

4．指向下载文件的链接

如果希望制作下载文件的链接，只需在链接地址处输入文件所在的位置即可。当浏览器用户单击链接后，浏览器会自动判断文件的类型，以做出不同情况的处理。

指向下载文件的链接格式为：

```
<a href="下载文件名"> 热点文本 </a>
```

例如，下载一个购物向导的压缩包文件 guide.rar，可以建立如下链接：

下载：<a href="guide.rar">购物向导</a>

5．指向电子邮件的链接

网页中电子邮件地址的链接，可以使网页浏览者将有关信息以电子邮件的形式发送给电子邮件的接收者。通常情况下，接收者的电子邮件地址位于网页页面的底部。

指向电子邮件链接的格式为：

<a href="mailto:E-mail 地址"> 热点文本 </a>

例如，E-mail 地址是 bookcity@163.com，可以建立如下链接：

信箱：<a href="mailto:bookcity@163.com">和我联系</a>

2.3.3 案例——制作网络书城购物向导

【例 2-13】 制作网络书城购物向导及下载的页面，本例文件包括 2-13.html、2-6.html 两个展示网页和 guide.rar 下载文件。在浏览器中显示的效果如图 2-13 和图 2-14 所示。

图 2-13 页面之间的链接

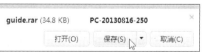

图 2-14 下载链接

2-13.html 的代码如下：

```
<html>
  <head>
  <title>网络书城购物向导</title>
  </head>
  <body>
    <h2><a name="top">购物向导</a></h2>
```

```
            <a href="#" target="_blank">1、注册个人账户成为商城会员</a><br/>
            <a href="#">2、登录商城</a><br/>
            <a href="#">3、选购商品</a><br/>
            <a href="#">4、提交订单</a><br/>
            <a href="2-6.html">5、服务指南</a><br/>
            <hr>
            <h2>请下载购物向导电子文档</h2>
            下载：<a href="guide.rar">购物向导</a> <br/><br/>
            和我联系:<a href="mailto:bookcity@163.com">网络书城客服中心</a>  <a href="#top">返回页顶</a>
        </body>
    </html>
```

【说明】

（1）当把鼠标指针移到超链接上时，鼠标指针变为手形，单击"服务指南"链接则打开指定的网页 2-6.html。如果在<a>标签中省略属性 target，则在当前窗口中显示；当 target="_blank"时，将在新的浏览器窗口中显示。

（2）在如图 2-14 所示的网页中单击下载热点"购物向导"，将打开下载文件对话框。单击"保存"按钮，将该文件下载到指定位置。

2.4 图像

HTML 的一个重要特性就是可以在文本中加入图片，既可以把图片作为文档的内在对象加入，又可以通过超链接的方式加入，同时还可以将图片作为背景加入到文档中。在文档中合理地使用图片会使浏览器显示的网页更活泼、引人入胜。

2.4.1 网页图像的格式及使用原则

1．网页图像的格式

网页图像有 3 种常用格式：GIF、JPEG 和 PNG。

（1）GIF。GIF（图形交换格式）文件最多使用 256 种颜色，最适合显示色调不连续或具有大面积单一颜色的图像，例如导航条、按钮、图标或其他具有统一色彩和色调的图像。

（2）JPEG。JPEG（联合图像专家组标准）文件格式是用于摄影或连续色调图像的高级格式。随着 JPEG 文件品质的提高，文件的大小和下载时间也会随之增加。通常可以通过压缩 JPEG 文件在图像品质和文件大小之间达到良好的平衡。

（3）PNG。PNG（可移植网络图形）文件格式是一种替代 GIF 格式的无专利权限制的格式，它包括对索引色、灰度、真彩色图像以及 Alpha 通道透明的支持。

2．网页图像的使用原则

（1）高质量的图像因其图像体积过大，不太适合网络传输。一般在网页设计中选择的图像不要超过 8KB，如必须选用较大图像时，可先将其分成若干小图像，显示时再通过表格将这些小图像拼合起来。

（2）如果在同一文件中多次使用相同的图像时，最好使用相对路径查找该图像。

2.4.2 图像标签<img>

在 HTML 中，用<img>标签在网页中添加图像，图像是以嵌入的方式添加到网页中的。图像标签的格式为：

<img src="图像文件名" alt="替代文字" title="鼠标悬停提示文字" width="图像宽度" height="图像高度" border="边框宽度" align="环绕方式|对齐方式" />

标签中的属性说明如下。

src：指出要加入图像的文件名，即"图像文件的路径\图像文件名"。

alt：在浏览器尚未完全读入图像或显示的图像不存在时，在图像位置显示的文字。

title：为浏览者提供额外的提示或帮助信息，方便用户使用。

width：宽度（像素数或百分数）。通常只设为图像的真实大小以免失真。若需要改变图像大小，最好事先使用图像编辑工具进行修改。百分数是指相对于当前浏览器窗口的百分比。

height：图像的高度（像素数或百分数）。

border：图像的边框，用数字表示，默认单位为像素，默认情况下图片没有边框，即border=0。

align：图像与文本混合排放时，设定图像在水平（环绕方式）或垂直方向（对齐方式）上的位置，包括 left（图像居左，文本在图像的右边）、right（图像居右，文本在图像的左边），top（文本与图像在顶部对齐）、middle（文本与图像在中央对齐）或 bottom（文本与图像在底部对齐）。

【例 2-14】 图像的基本用法，本例文件 2-14.html 在浏览器中正常显示的效果如图 2-15 所示；当显示的图像路径错误时，效果如图 2-16 所示。

图 2-15 正常显示的图像效果　　　　图 2-16 图像路径错误时的显示效果

2-14.html 的代码如下：

```
<html>
<head>
<title>图像的基本用法</title>
</head>
<body>
  <h1 align="center">图书简介</h1>
  <p align="center"><img src="images/book.jpg" alt="网页制作" title="网页制作" /></p>
```

```
       <p>    本书作为网页制作的系列教材,……(此处省略文字)</p>
   </body>
</html>
```

【说明】

(1) 当显示的图像不存在时,页面中图像的位置将显示出网页图片丢失的信息,但由于设置了 alt 属性,因此在 ⊠ 的右边显示出替代文字"网页制作";同时,由于设置了 title 属性,因此在替代文字附近还显示出提示信息"网页制作"。

(2) 在使用<img>标签时,最好同时使用 alt 属性和 title 属性,避免因图片路径错误带来的错误信息;同时,增加了鼠标提示信息也方便了浏览者的使用。

2.4.3 用图像作为超链接热点

图像也可作为超链接热点,单击图像则跳转到被链接的文本或其他文件。格式为:

    <a href="URL"> <img src="图像文件名" /> </a>

例如制作书籍图片的超链接,代码如下:

```
<a href="book.html">              <!-- 单击图像则打开 book.html -->
   <img src="images/book.jpg" alt="网页制作" title="网页制作" />
</a>
```

需要注意的是,当用图片作为超链接热点时,图片按钮会因为超链接而加上超链接的边框,如图 2-17 所示。

去除图片超链接边框的方法是为图片标签添加样式"style="border:none"",代码如下:

```
<a href="book.html">              <!-- 单击图像则打开 shoe.html -->
   <img src="images/book.jpg" alt="网页制作" title="网页制作" style="border:none" />
</a>
```

去除图片超链接边框后的链接效果如图 2-18 所示。

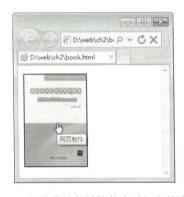 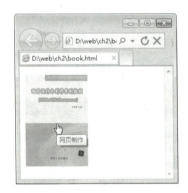

图 2-17　图片作为超链接热点时加上的边框　　图 2-18　去除图片超链接边框后的链接效果

2.4.4 案例——制作网络书城图文简介

【例 2-15】 使用图文混排技术制作网络书城简介页面,本例文件 2-15.html 在浏览器中显示的效果如图 2-19 所示。

图 2-19 页面的显示效果

2-15.html 的代码如下：

```
<html>
<head>
<title>使用图文混排技术制作网络书城简介</title>
</head>
<body>
    <p><a href="info.html"><img src="images/book_left.jpg" alt="网络书城简介" align="left" style="border:none"/></a>    网络书城是全国最大……（此处省略文字）</p>
    <br><br><br><br>
    <p><a href="info.html"><img src="images/book_right.jpg" alt="网络书城简介" align="right" style="border:none"/></a>    网络书城是全国最大……（此处省略文字）</p>
</body>
</html>
```

【说明】 如果不设置文本对图像的环绕，图像在页面中将占用一整片空白区域。利用<img>标签的 align 属性，可以使文本环绕图像。使用该标签设置文本环绕方式后，将一直有效，直到遇到下一个设置标签为止。

2.5 <div>标签

前面讲解的几类块级标签一般用于组织小区块的内容。为了方便管理，许多小区块还需要放到一个大区块中进行布局。<div>标签用来定义文档中的分区或节，把文档分割为独立的、不同的部分，是一个容器标签，其中的内容可以是任何 HTML 元素。如果有多个<div>标签把文档分成多个部分，可以使用 id 或 class 属性来区分不同的<div>。由于<div>标签没有明显的外观效果，所以需要为其添加 CSS 样式属性，才能看到区块的外观效果。

<div>标签的格式为：

<div align="left|center|right"> HTML 元素 </div>

其中，属性 align 用来设置文本块、文字段或标题在网页上的对齐方式，取值为 left、center

和 right，默认为 left。

【例2-16】 使用<div>标签组织网页内容，通过为其添加"style"样式设置标签的宽度、高度及背景色区块的外观效果。本例文件 2-16.html 在浏览器中显示的效果如图 2-20 所示。

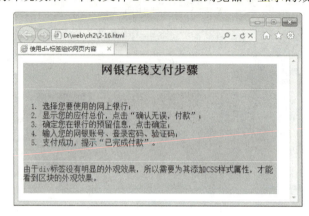

图 2-20 使用<div>标签组织网页内容

2-16.html 的代码如下：

```
<html>
    <head>
        <title>使用 div 标签组织网页内容</title>
    </head>
    <body>
        <div style="width:520px; height:260px; background:#f96">
        <h2 align="center">网银在线支付步骤</h2>
        <hr/>
        <ol>                         <!--列表样式为默认的数字-->
            <li>选择您要使用的网上银行；
            <li>显示您的应付总价，点击"确认无误，付款"；
            <li>确定您在银行的预留信息，点击确定；
            <li>输入您的网银账号、登录密码、验证码；
            <li>支付成功，提示"已完成付款"。
        </ol>
        <hr/>
        由于 div 标签没有明显的外观效果，所以需要为其添加 CSS 样式属性，才能看到区块的外观效果。
        </div>
    </body>
</html>
```

【说明】 本例中设置标签的样式为 style="width:520px; height:260px; background:#f96"，表示标签的宽度为 520px、高度为 260px 及背景色为桔红色。

2.6 <span>标签

<div>标签主要用来定义网页上的区域，通常用于较大范围的设置，而<span>标签被用来组合文档中的行级元素。

2.6.1 基本语法

<span>标签用来定义文档中一行的一部分,是行级元素。行级元素没有固定的宽度,根据<span>元素的内容决定。<span>元素的内容主要是文本,其语法格式为:

<span>内容</span>

例如,显示图书的定价,特意将定价一行中的价格数字设置为桔黄色显示,以吸引浏览者的注意,如图2-21所示。

代码如下:

图2-21 范围标签<span>

```
<span style="color:#e27c0e;">定  价: &yen;34</span>
```

图2-22 页面的显示效果

其中,<span>…</span>标签限定页面中某个范围的局部信息,style="color:#e27c0e;"用于为范围添加突出显示的样式(桔黄色)。

2.6.2 span 与 div 的区别

span 与 div 在网页上的使用,都可以用来产生区域范围,以定义不同的文字段落,且区域间彼此是独立的。不过,两者在使用上还是有一些差异。

1. 区域内是否换行

div 标签区域内的对象与区域外的上下文会自动换行,而 span 标签区域内的对象与区域外的对象不会自动换行。

2. 标签相互包含

div 与 span 标签区域可以同时在网页上使用,一般在使用上建议用 div 标签包含 span 标签;但 span 标签最好不包含 div 标签,否则会造成 span 标签的区域不完整,形成断行的现象。

【例 2-17】 span 标签与 div 标签的区别,本例页面 2-17.html 的显示效果如图 2-22 所示。

2-17.html 的代码如下:

```
<html>
<head>
<title>span 标签与 div 标签的区别</title>
</head>
<body>
    <p>Div 标签不同行</p>
    <div><img src="images/bookspan.jpg"/></div>
    <div><img src="images/bookspan.jpg"/></div>
    <div><img src="images/bookspan.jpg"/></div>
    <p>Span 标签同一行</p>
    <span><img src="images/bookspan.jpg"/></span>
    <span><img src="images/bookspan.jpg"/></span>
    <span><img src="images/bookspan.jpg"/></span>
</body>
</html>
```

2.7 实训——制作家具商城简介页面

【实训】 本实训练习通过<div>标签组织网页元素，制作家具商城简介页面。本例文件 2-18.html 在浏览器中显示的效果如图 2-23 所示。

图 2-23 家具商城简介页面

2-18.html 的代码如下：

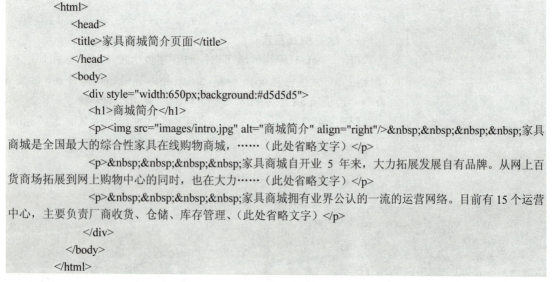

【说明】 由于页面中的内容并未设置 CSS 样式，因此整个页面看起来并不美观，在后续章节的练习中将利用 CSS 样式对该页面进行美化。

习题 2

1. 使用文本与段落的基本排版技术制作如图 2-24 所示的页面。
2. 使用嵌套的列表制作如图 2-25 所示的图书分类列表。

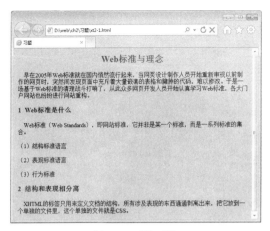

图 2-24　题 1 图　　　　　　　图 2-25　题 2 图

3. 使用图文混排技术制作如图 2-26 所示的网络书城网银支付简介页面。

图 2-26　题 3 图

4. 使用锚点链接和电子邮件链接制作如图 2-27 所示的网页。
5. 使用<div>标签组织段落、列表等网页元素，制作网络书城经营模式页面，如图 2-28 所示。

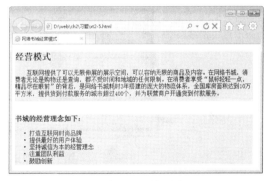

图 2-27　题 4 图　　　　　　　图 2-28　题 5 图

6. 扫描二维码（如图 2-29 所示），对本章部分知识点进行测验。

图 2-29　题 6 二维码

第 3 章　表格和表单

表格除了用来显示数据外，还用于搭建网页的结构。表单是网站管理者与访问者之间进行信息交流的桥梁。本章主要从表格和表单两个方面讲解它们在网页设计中的基本操作和具体应用。

3.1　表格

表格在网站开发中应用广泛，几乎所有 HTML 页面都或多或少地采用了表格。表格可以灵活地控制页面的排版，使整个页面层次清晰。学好网页制作，熟练掌握表格的各种属性是很有必要的。

3.1.1　表格的结构

表格是由行和列组成的二维表。每个表格均有若干行，每行有若干列，行和列围成的区域是单元格。单元格的内容是数据，也称数据单元格，数据单元格可以包含文本、图片、列表、段落、表单、水平线或表格等元素。表格中的内容按照相应的行或列进行分类和显示，如图 3-1 所示。

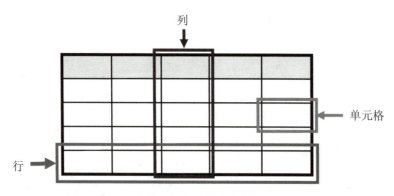

图 3-1　表格的基本结构

3.1.2　表格的基本语法

在 HTML 语法中，表格主要通过 3 个标签来构成：<table>、<tr>和<td>。表格的标签为<table>，行的标签为<tr>，表项的标签为<td>。表格的语法格式为：

```
<table border="n" width="x|x%" height="y|y%" cellspacing="i" cellpadding="j">
    <caption align="left|right|top|bottom valign=top|bottom">标题</caption>
    <tr> <th>表头 1</th> <th>表头 2</th> <th>…</th> <th>表头 n</th></tr>
    <tr> <td>表项 1</td> <td>表项 2</td> <td>…</td> <td>表项 n</td></tr>
    …
```

```
<tr> <td>表项1</td> <td>表项2</td> <td>…</td> <td>表项n</td></tr>
</table>
```

在上面的语法中，使用 caption 标签可为每个表格指定唯一的标题。一般情况下标题会出现在表格的上方，caption 标签的 align 属性可以用来定义表格标题的对齐方式。在 HTML 标准中规定，caption 标签要放在打开的 table 标签之后，且网页中的表格标题不能多于一个。

表格是按行建立的，在每一行中填入该行每一列的表项数据。表格的第一行为表头，文字样式为居中、加粗显示，通过<th>标签实现。

在浏览器中显示时，<th>标签的文字按粗体显示，<td>标签的文字按正常字体显示。

表格的整体外观由<table>标签的属性决定。

border：定义表格边框的宽度，单位是像素。设置 border="0"，可以显示没有边框的表格。

width：定义表格的宽度。

height：定义表格的高度。

cellspacing：定义单元格之间的空白。

cellpadding：定义单元格边框与内容之间的空白。

【例 3-1】 在页面中添加一个 2 行 3 列的表格，本例文件 3-1.html 在浏览器中显示的效果如图 3-2 所示。

3-1.html 的代码如下：

图 3-2 页面的显示效果

```
<html>
<head>
<title>页面中添加一个 2 行 3 列的表格</title>
</head>
<body>
<table border="2">        <!--<table>代表表格的开始，border="2" 表示边框宽度为 2-->
    <tr>                  <!--表格的第 1 行，有 3 条数据，<tr>…</tr>代表行-->
      <td>1 行 1 列的单元格</td>
      <td>1 行 2 列的单元格</td>
      <td>1 行 3 列的单元格</td>
    </tr>
    <tr>                  <!--表格的第 2 行，有 3 条数据，<tr>…</tr>代表行-->
      <td>2 行 1 列的单元格</td>
      <td>2 行 2 列的单元格</td>
      <td>2 行 3 列的单元格</td>
    </tr>
</table>
</body>
</html>
```

【说明】 表格所使用的边框粗细等样式一般应放在专门的 CSS 样式文件中（后续章节讲解），此处讲解这些属性仅仅是为了演示表格案例中的页面效果，在真正设计表格外观的时候是通过 CSS 样式完成的。

3.1.3 不规范表格

colspan 和 rowspan 属性用于建立不规范表格，所谓不规范表格是单元格的个数不等于行乘以列的数值。表格在实际应用中经常使用不规范表格，需要把多个单元格合并为一个单元格，也就是要用到表格的跨行跨列功能。

1. 跨行

跨行是指单元格在垂直方向上合并，语法如下：

图 3-3 跨行的效果

其中，rowspan 指明该单元格应有多少行的跨度，在 th 和 td 标签中使用。

【例 3-2】 制作一个跨行展示的图书分类销量表格，本例文件 3-2.html 在浏览器中显示的效果如图 3-3 所示。

3-2.html 的代码如下：

```
<html>
<head>
<title>跨行表格</title>
</head>
<body>
<table width="300" border="1">
  <tr>
    <td rowspan="2">科技类图书</td>         <!--设置单元格垂直跨 2 行-->
    <td>航天系列</td>
    <td>4000</td>
  </tr>
  <tr>
    <td>网络系列</td>
    <td>3000</td>
  </tr>
  <tr>
    <td rowspan="2">美食类图书</td>         <!--设置单元格垂直跨 2 行-->
    <td>鲁菜系列</td>
    <td>5000</td>
  </tr>
  <tr>
    <td>豫菜系列</td>
    <td>3000</td>
  </tr>
</table>
</body>
</html>
```

2. 跨列

跨列是指单元格在水平方向上合并，语法如下：

```
<table>
  <tr>
    <td colspan="所跨的行数">单元格内容</td>
  </tr>
</table>
```

其中，colspan 指明该单元格应有多少列的跨度，在 th 和 td 标签中使用。

【例 3-3】 制作一个跨列展示的图书分类销量表格，本例文件 3-3.html 在浏览器中显示的效果如图 3-4 所示。

3-3.html 的代码如下：

```
<html>
<head>
<title>跨列表格</title>
</head>
<body>
<table width="300" border="1">
  <tr>
    <td colspan="2">图书分类销量</td>         <!--设置单元格水平跨2列-->
  </tr>
  <tr>
    <td>科技类图书</td>
    <td>7000</td>
  </tr>
  <tr>
    <td>美食类图书</td>
    <td>8000</td>
  </tr>
</table>
</body>
</html>
```

【说明】 在编写表格跨行跨列的代码时，通常在需要合并的第一个单元格中，设置跨行或跨列属性，例如，colspan="2"。

3．跨行、跨列

【例 3-4】 制作一个跨行跨列展示的图书分类销量表格，本例文件 3-4.html 在浏览器中显示的效果如图 3-5 所示。

图 3-4 跨列的效果

图 3-5 跨行跨列的效果

3-4.html 的代码如下：

```html
<html>
<head>
<title>跨行跨列表格</title>
</head>
<body>
<table width="300" border="1">
    <tr>
        <td colspan="3">图书分类销量</td>        <!--设置单元格水平跨3列-->
    </tr>
    <tr>
        <td rowspan="2">科技类图书</td>          <!--设置单元格垂直跨2行-->
        <td>航天系列</td>
        <td>4000</td>
    </tr>
    <tr>
        <td>网络系列</td>
        <td>3000</td>
    </tr>
    <tr>
        <td rowspan="2">美食类图书</td>          <!--设置单元格垂直跨2行-->
        <td>鲁菜系列</td>
        <td>5000</td>
    </tr>
    <tr>
        <td>豫菜系列</td>
        <td>3000</td>
    </tr>
</table>
</body>
</html>
```

【说明】 表格跨行跨列以后，并不改变表格的特点。表格中同行的内容总高度一致，同列的内容总宽度一致，结构相对稳定，不足之处是不能灵活地进行布局控制。

3.1.4 表格数据的分组标签

表格数据的分组标签包括<thead>、<tbody>和<tfoot>，主要用于对报表数据进行逻辑分组。其中，<thead>标签定义表格的头部；<tbody>标签定义表格主体,即报表详细的数据描述；<tfoot>标签定义表格的脚部，即对各分组数据进行汇总的部分。

如果使用<thead>、<tbody>和<tfoot>元素，就必须全部使用。它们出现的次序是<thead>、<tbody>、<tfoot>，必须在<table>内部使用这些标签，<thead>内部必须拥有<tr>标签。

【例 3-5】 制作图书季度销量数据报表，本例文件 3-5.html 的浏览效果如图 3-6 所示。

图 3-6 图书季度销量数据报表

3-5.html 的代码如下：

```html
<html>
<head>
<title>图书季度销量数据报表</title>
</head>
<body>
<table width="500" border="10">              <!--设置表格宽度为 500px，边框 10px-->
    <caption>图书季度销量数据报表</caption>   <!--设置表格的标题-->
    <thead style="background: #0af">          <!--设置报表的页眉-->
      <tr>
        <th>季度</th>
        <th>销量</th>
      </tr>
    </thead>                                   <!--页眉结束-->
    <tbody style="background: #6cc">          <!--设置报表的数据主体-->
      <tr>
        <td>一季度</td>
        <td>16100</td>
      </tr>
      <tr>
        <td>二季度</td>
        <td>14500</td>
      </tr>
      <tr>
        <td>三季度</td>
        <td>18000</td>
      </tr>
      <tr>
        <td>四季度</td>
        <td>14200</td>
      </tr>
    </tbody>                                   <!--数据主体结束-->
    <tfoot style="background: #ff6">          <!--设置报表的数据页脚-->
      <tr>
        <td>季度平均销量</td>
        <td>15700</td>
      </tr>
      <tr>
        <td>总计</td>
        <td>62800</td>
      </tr>
    </tfoot>                                   <!--页脚结束-->
</table>
</body>
</html>
```

【说明】 为了区分报表各部分的颜色，这里使用了"style"样式属性分别为<thead>、<tbody>和<tfoot>设置背景色，此处只是为了演示页面效果。

3.1.5 表格数据的对齐方式

（1）行数据水平对齐。使用 align 可以设置表格中数据的水平对齐方式，如果在<tr>标签中使用 align 属性，将影响整行数据单元的水平对齐方式。align 属性的值可以是 left、center、right，它的默认值为 left。

（2）单元格数据水平对齐。如果在某个单元格的<td>标签中使用 align 属性，那么 align 属性将影响该单元格数据水平对齐方式。

（3）行数据垂直对齐。如果在<tr>标签中使用 valign 属性，那么 valign 属性将影响整行数据单元的垂直对齐方式，这里的 valign 值可以是 top、middle、bottom、baseline，它的默认值是 middle。

3.1.6 表格在网页中的对齐方式

表格在网页中的位置也有 3 种：居左、居中和居右。使用 align 属性设置表格在网页中的对齐方式，在默认的情况下表格的对齐方式为左对齐。格式为：

```
<table align="left|center|right">
```

当表格位于页面的左侧或右侧时，文本填充在另一侧；当表格居中时，表格两边没有文本；当 align 属性省略时，文本在表格的下面。

3.1.7 表格的应用

在讲解了以上表格基本语法的基础上，下面介绍表格在制作页面中的应用，主要分为两个方面：使用表格显示数据和使用表格实现页面局部布局。

（1）使用表格显示数据。

【例 3-6】 制作网络书城图书季度销量一览表，本例文件 3-6.html 在浏览器中显示的效果如图 3-7 所示。 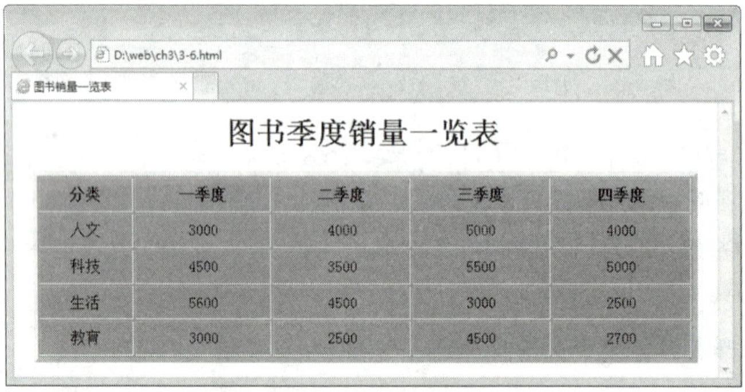

图 3-7 图书季度销量一览表

3-6.html 的代码如下：

```
<html>
  <head>
    <title>图书销量一览表</title>
  </head>
  <body>
```

```html
<h1 align="center">图书季度销量一览表</h1>
<table width="720" height="200" border="5" align="center" style="background: #699">
    <tr>                                    <!--设置表格第 1 行-->
        <th>分类</th>                        <!--设置表格的表头-->
        <th>一季度</th>                      <!--设置表格的表头-->
        <th>二季度</td>                      <!--设置表格的表头-->
        <th>三季度</th>                      <!--设置表格的表头-->
        <th>四季度</th>                      <!--设置表格的表头-->
    </tr>
    <tr>                                    <!--设置表格第 2 行-->
        <td align="center">人文</td>         <!--单元格内容居中对齐-->
        <td align="center">3000</td>
        <td align="center">4000</td>
        <td align="center">5000</td>
        <td align="center">4000</td>
    </tr>
    <tr>                                    <!--设置表格第 3 行-->
        <td align="center">科技</td>         <!--单元格内容居中对齐-->
        <td align="center">4500</td>
        <td align="center">3500</td>
        <td align="center">5500</td>
        <td align="center">5000</td>
    </tr>
    <tr>                                    <!--设置表格第 4 行-->
        <td align="center">生活</td>         <!--单元格内容居中对齐-->
        <td align="center">5600</td>
        <td align="center">4500</td>
        <td align="center">3000</td>
        <td align="center">2500</td>
    </tr>
    <tr>                                    <!--设置表格第 5 行-->
        <td align="center">教育</td>         <!--单元格内容居中对齐-->
        <td align="center">3000</td>
        <td align="center">2500</td>
        <td align="center">4500</td>
        <td align="center">2700</td>
    </tr>
</table>
</body>
</html>
```

【说明】 <th>标签用于定义表格的表头，一般是表格的第 1 行数据，以粗体、居中的方式显示。

（2）使用表格实现页面局部布局。使用表格也可以实现页面局部布局，类似于图书分类、新闻列表这样的效果，可以采用表格来实现。

【例 3-7】 制作网络书城图书展示页面，本例文件 3-7.html 在浏览器中显示的效果如图 3-8 所示。

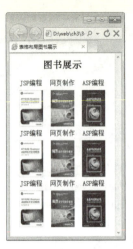

图 3-8 图书展示页面

3-7.html 的代码如下：

```html
<html>
<head>
<title>习题</title>
</head>
<body>
  <h2 align="center">图书分类</h2>
  <table width="240" border="0" align="center">
    <tr>
      <td width="80" height="20" align="center">JSP 编程</td>
      <td width="80" align="center">网页制作</td>
      <td width="80" align="center">ASP 编程</td>
    </tr>
    <tr>
      <td height="100" align="center"><img src="images/thumb1.gif"/></td>
      <td align="center"><img src="images/thumb2.gif"/></td>
      <td align="center"><img src="images/thumb3.gif"/></td>
    </tr>
    <tr>
      <td width="80" height="20" align="center">JSP 编程</td>
      <td width="80" align="center">网页制作</td>
      <td width="80" align="center">ASP 编程</td>
    </tr>
    <tr>
      <td height="100" align="center"><img src="images/thumb1.gif"/></td>
      <td align="center"><img src="images/thumb2.gif"/></td>
      <td align="center"><img src="images/thumb3.gif"/></td>
    </tr>
    <tr>
      <td width="80" height="20" align="center">JSP 编程</td>
      <td width="80" align="center">网页制作</td>
      <td width="80" align="center">ASP 编程</td>
    </tr>
    <tr>
```

```
            <td height="100" align="center"><img src="images/thumb1.gif"/></td>
            <td align="center"><img src="images/thumb2.gif"/></td>
            <td align="center"><img src="images/thumb3.gif"/></td>
        </tr>
    </table>
</body>
</html>
```

【说明】 在设计页面时，常需要利用表格来定位页面元素。使用表格可以导入表格化数据，设计页面分栏，定位页面上的文本和图像等。使用表格布局具有结构相对稳定、简单通用等优点。但使用嵌套表格布局时 HTML 层次结构复杂，代码量非常大。因此，表格布局仅适用于页面中数据规整的局部布局，而页面的整体布局一般采用主流的 DIV+CSS 布局。DIV+CSS 布局将在后续章节进行详细讲解。

3.2 表单

表单可以将来自用户的信息提交给服务器，是网站管理员与浏览者之间沟通的桥梁。利用表单处理程序可以收集、分析用户的反馈意见，做出科学合理的决策。如图 3-9 所示的商城会员登录表单。

3.2.1 表单的工作机制

表单是允许浏览者进行输入的区域，可以使用表单从用户处收集信息。浏览者在表单中输入信息，然后将这些信息提交给服务器，服务器中的应用程序会对这些信息进行处理，进行响应，这样就完成了浏览者和服务器之间的交互。表单的工作机制如图 3-10 所示。

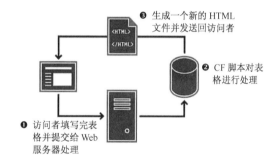

图 3-9　会员登录表单　　　　　　图 3-10　表单的工作机制

3.2.2 表单标签

表单是一个包含表单元素的容器，表单元素允许用户在表单中使用表单域输入信息。可以使用<form>标签在网页中创建表单。表单使用的<form>标签是成对出现的，在开始标签<form>和结束标签</form>之间的部分就是一个表单。表单的基本语法及格式为：

```
<form name="表单名" action="URL" method="get|post">
    ...
</form>
```

<form>标签主要处理表单结果的处理和传送，常用属性的含义如下。

name 属性：给定表单名称，表单命名之后就可以用脚本语言（如 JavaScript 或 VBScript）对它进行控制。

action 属性：指定处理表单信息的服务器端应用程序。

method 属性：method 属性用于指定处理表单数据的方法，method 的值可以为 get 还是 post，默认方式是 get。

3.2.3 表单元素

本节主要讲解表单元素的基本用法。表单中通常包含一个或多个表单元素，常见的表单元素见表 3-1。

表 3-1 常见的表单元素

表单元素	功　能
input	该标签规定用户可输入数据的输入字段，例如文本框、密码框、复选框、单选按钮、按钮等
keygen	该标签规定用于表单的密钥对生成器字段
object	该标签用来定义一个嵌入的对象
output	该标签用来定义不同类型的输出，比如脚本的输出
select	该标签用来定义下拉列表/菜单
textarea	该标签用来定义一个多行的文本输入区域
label	为其他表单元素定义说明文字

例如，常见的网上问卷调查表单，其中包含的表单元素如图 3-11 所示。

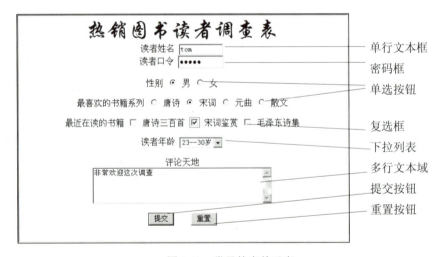

图 3-11 常见的表单元素

1. <input>元素

<input>元素是个单标签，它必须嵌套在表单标签中使用，用于定义一个用户的输入项。根据不同的 type 值，<input>元素有很多种形式。<input>元素的基本语法及格式为：

<input type="表项类型" name="表项名" value="默认值" size="x" maxlength="y" />

<input>元素常用属性的含义如下。

type 属性：指定 input 元素的类型，主要有 9 种类型，包括 text、submit、reset、password、 checkbox、radio、image、hidden 和 file。

name 属性：name 属性的值是相应程序中的变量名。

value 属性：为 input 元素设定值。

size 属性：设置单行文本框可显示的最大字符数，这个值总是小于等于 maxlength 属性的值，当输入的字符数超过文本框的长度时，用户可以通过移动光标来查看超出的内容。

maxlength 属性：设置单行文本框可以输入的最大字符数。

checked 属性：input 元素首次加载时被选中（适用于 type="checkbox"或 type="radio"）。

readonly 属性：设置输入字段为只读。

disabled 属性：input 元素加载时禁用此元素（不适用于 type="hidden"）。

（1）单行文本框。当 type 属性设置为 text 时，表示该输入项的输入信息是字符串。此时，浏览器会在相应的位置显示一个单行文本框供用户输入信息。单行文本框的格式为：

<input type="text" name="文本框名">

例如，输入用户名的单行文本框的代码如下：

<input type="text" name="userName" size="18" value="andy">

其中，type="text"表示<input>元素的类型为单行文本框，name="userName"表示文本框的名字为 userName，size="18"表示文本框的宽度为 18 个字符，value="andy"表示文本框中初始显示的内容为 andy，页面中的效果如图 3-12 所示。

（2）密码输入框。密码输入框 password 与单行文本输入框 text 使用起来非常相似，所不同的只是当用户在输入内容时，是用"*"来代替显示每个输入的字符，以保证密码的安全性。密码框的格式为：

<input type="password" name="密码框名">

例如，输入密码的文本框的代码如下：

<input type="password" name="pass" size="18" value="12345">

其中，type="password"表示<input>元素的类型为密码框，name="pass"表示密码框的名字为 pass，size="18"表示密码框的宽度为 18 个字符，页面中的效果如图 3-13 所示。

图 3-12　文本框　　　　　　　　　图 3-13　密码框

（3）按钮。表单中的按钮有 4 种类型，即提交按钮、重置按钮、普通按钮和图片按钮。

① 提交按钮。使用提交按钮（submit）可以将填写在文本框中的内容发送到服务器。提交按钮的 name 属性是可以默认的。除 name 属性外，它还有一个可选的属性 value，用于指定显示在提交按钮上的文字，value 属性的默认值是"提交"。提交按钮的格式为：

<input type="submit" value="按钮名">

在一个表单中必须有提交按钮，否则将无法向服务器传送信息。

② 重置按钮。使用重置按钮（reset）可以将表单输入框的内容返回初始值。重置按钮的 name 属性也是可以默认的。value 属性与提交按钮类似，用于指定显示在重置按钮上的文字，value 的默认值为"重置"。重置按钮的格式为：

<input type="reset" value="按钮名">

③ 普通按钮。如果浏览者想制作一个用于触发事件的普通按钮，可以将<input>元素的 type 属性设置为普通（button）按钮。普通按钮的格式为：

<input type="button" value="按钮名">

④ 图片按钮。如果浏览者想制作一个美观的图片按钮，可以将<input>元素的 type 属性设置为图片（image）按钮。图片按钮的格式为：

<input type="image" src="图片来源">

【例 3-8】制作不同类型的表单按钮，本例文件 3-8.html 在浏览器中显示的效果如图 3-14 所示。

3-8.html 的代码如下：

```
<html>
<head>
<title>按钮的基本用法</title>
</head>
<body>
<form>
  <p>用户名：
    <input type="text" name="userName" size="18" value="andy">    <!--单行文本框-->
  </p>
  <p>密  码：
    <input type="password" name="pass" size="18">                 <!--密码框-->
  </p>
  <p>
    <input  type="reset" name="reset" value=" 重填" />             <!--重置按钮-->
    <input  type="submit" name="register" value="注册" />          <!--提交按钮-->
    <input type="button" name="return" value="返回" />             <!--普通按钮-->
  </p>
</form>
</body>
</html>
```

如果用户觉得上面的提交按钮不太美观，在实际应用中，可以用图片按钮代替，如图 3-15 所示。实现图片按钮最简单的方法就是配合使用 type 属性和 src 属性。例如，将上面定义"注册"提交按钮的代码修改如下：

<input type="image" src="images/agreement.gif" />　　<!--图片按钮-->

图 3-14　不同类型的按钮　　　　　　图 3-15　图片按钮

【说明】 使用这种方法实现的图片按钮比较特殊，虽然 type 属性没有设置为"submit"，但仍然具有提交功能。

（4）复选框。复选按钮允许用户从选择列表中选择一个或多个选项的输入字段类型。将<input>元素的 type 属性设置为"checkbox"时，表示该输入项是一个复选按钮。复选框的格式为：

```
<input type="checkbox" name="复选框名" value="提交值" checked="checked">
```

其中，value 属性可设置复选框的提交值，用 checked 属性表示是否为默认选中项。name 属性是复选框的名称，同一组的复选框的名称是一样的。

例如，以下选择"最近在读的书籍"复选框的代码如下：

```
<form>
    最近在读的书籍: <input type="checkbox" name="tssbs" value="book_1"/>唐诗三百首
    <input type="checkbox" name="scjs" value="book_2" checked="checked"/>宋词鉴赏
    <input type="checkbox" name="mzdsj" value="book_3" checked="checked"/>毛泽东诗集
</form>
```

其中，"宋词鉴赏"和"毛泽东诗集"两个复选框设置了 checked="checked"默认选中属性，页面浏览时，这两本书名称前面的复选框自动勾选，如图 3-16 所示。

（5）单选按钮。单选按钮允许用户从选择列表中选择一个单项的输入字段类型。将<input>元素的 type 属性设置为"radio"时，表示该输入项是一个单选按钮。单选按钮的格式为：

```
<input type="radio" name="单选钮名" value="提交值" checked="checked">
```

其中，value 属性可设置单选按钮的提交值，用 checked 属性表示是否为默认选中项。name 属性是单选按钮的名称，同一组的单选按钮的名称是一样的。

例如，选择"性别"单选按钮的代码如下：

```
<form>
    性别:<input type="radio" name="xb" value="男" checked="checked"/>男
    <input type="radio" name="xb" value="女" />女
</form>
```

其中，性别为"男"的单选按钮设置了 checked="checked"默认选中属性，页面浏览时，性别为"男"的单选按钮自动选中，如图 3-17 所示。

图 3-16　复选框

图 3-17　单选按钮

（6）隐藏域。网站服务器发送到客户端的信息，除用户直观看到的页面内容之外，可能还包含一些"隐藏"信息。例如，用户登录后的用户名、用于区别不同用户的用户 id 等。这些信息对于用户可能没用，但对网站服务器有用，一般将这些信息"隐藏"起来，而不在页面中显示。

将<input>元素的 type 属性设置为 hidden 类型即可创建一个隐藏域。格式为：

<input type="hidden" name="隐藏域名" value="提交值">

例如，在登录页表单中隐藏用户的 id 信息"andy"，代码如下：

<input type="hidden" name="userid" value="andy">

页面浏览时，隐藏域信息并不显示，如图 3-18 所示，但能通过页面的 HTML 代码查看到。

（7）文件域。在网页中经常进行上传文件的操作，如上传简历、销售订单、资料信息等。可以通过表单实现文件的上传，用户上传的文件将被保存在 Web 服务器上。将<input>元素的 type 属性设置为 file 类型即可创建一个文件域。文件域会在页面中创建一个不能输入内容的地址文本框和一个

图 3-18 隐藏域并不显示

"浏览"按钮。格式为：

<input type="file" name="文件域名">

【例 3-9】 制作商品图片上传的表单页面，使用文件域上传文件，用户单击"浏览"按钮后，将弹出"打开"对话框。选择文件后，路径将显示在地址文本框中。本例文件 3-9.html 在浏览器中显示的效果如图 3-19 所示。

图 3-19 页面的显示效果

3-9.html 的代码如下：

```
<html>
  <head>
    <title>商品图片上传</title>
  </head>
<body>
<h2>商品图片上传</h2>
<form action="" method="post" enctype="multipart/form-data">   <!--表单数据分为多部分提交-->
  <p><input type="file" name="files" /><br />                   <!--文件域-->
      <input type="submit" name="upload" value="上传" /></p>
</form>
  </body>
</html>
```

【说明】需要注意的是，在设计包含文件域的表单时，由于提交的表单数据包括普通的

表单数据和文件数据等多部分内容,所以必须设置表单的"enctype"编码属性为"multipart/form-data",表示将表单数据分为多部分提交。

2．下拉框<select>

如果一个列表选项过长,可以考虑使用下拉框。下拉框可以使用户选择其中的一个选项,在选择列表中仅有一个是可选项,单击右边下拉按钮便可进行选项的选择。下拉框通过 select 标签、option 标签来定义。

(1)<select>标签。<select>标签可创建单选或多选列表,当提交表单时,浏览器会提交选定的项目。<select>标签的格式为:

> **<select size="x" name="控制操作名" multiple= "multiple">**
>   **<option ···> ··· </option>**
>   **<option ···> ··· </option>**
>   ···
> **</select>**

<select>标签各个属性的含义如下。

size:可选项,用于改变下拉框的大小。size 属性的值是数字,表示显示在列表中选项的数目,当 size 属性的值小于列表框中的列表项数目时,浏览器会为该下拉框添加滚动条,用户可以使用滚动条来查看所有的选项,size 默认值为 1。

name:设定下拉列表名字。

multiple:如果加上该属性,表示允许用户从列表中选择多项。

(2)<option>标签。<option>标签用来定义列表中的选项,设置列表中显示的文字和列表条目的值,列表中每个选项有一个显示的文本和一个 value 值。

<option>标签的格式为:

> **<option value="可选择的内容" selected ="selected"> ··· </option>**

<option>标签必须嵌套在<select>标签中使用。一个列表中有多少个选项,就要有多少个<option>标签与之相对应。

<option>标签各个属性的含义如下。

selected:用来指定选项的初始状态,表示该选项在初始时被选中。

value:用于设置当该选项被选中并提交后,浏览器传送给服务器的数据。

下拉框有两种形式:字段式列表和下拉式菜单。二者的主要区别在于,前者在<select>中的 size 属性取大于 1 的值,此值表示在下拉框中不拖动滚动条可以显示的选项的数目。

【例 3-10】 制作"读者年龄"问卷调查的下拉菜单,页面加载时菜单显示的默认选项为"23--30 岁",用户可以单击菜单下拉箭头选择其余的选项。本例文件 3-10.html 在浏览器中显示的效果如图 3-20 所示。

图 3-20 页面的显示效果

3-10.html 的代码如下:

```
<html>
<head>
<title>选择栏的基本用法</title>
</head>
<body>
<form>
    读者年龄
    <select name="age">           <!--没有设置 size 值,一次可显示的列表项数默认值为 1。-->
        <option value="15 岁以下">15 岁以下</option>
        <option value="15--22 岁">15--22 岁</option>
        <option value="23--30 岁" selected="selected">23--30 岁</option>    <!--默认选中该项-->
        <option value="31--40 岁">31--40 岁</option>
        <option value="41--50 岁">41--50 岁</option>
        <option value="50 岁以上">50 岁以上</option>
    </select>
</form>
</body>
</html>
```

【说明】 菜单中的选项"23--30 岁"设置了 selected="selected"属性值,因此,页面加载时显示的默认选项为"23--30 岁"。

3. 多行文本域<textarea>…</textarea>

多行文本域是在表单中应用比较广泛的文本输入区域。多行文本域主要用于得到用户的评论和一些反馈信息,用户可以在里面书写文字,字数没有限制。使用<textarea>标签可以定义高度超过一行的文本输入框。<textarea>标签是成对标签,开始标签<textarea>和结束标签</textarea>之间的内容就是显示在文本输入框中的初始信息。多行文本域的格式为:

```
<textarea name="文本域名" rows="行数" cols="列数">
    初始文本内容
</textarea>
```

<textarea>标签各个属性的含义如下。

name:用于指定多行文本域的名字。

rows:设置多行文本域的行数,此属性的值是数字,浏览器会自动为高度超过一行的文本输入框添加垂直滚动条。但是,当输入文本的行数小于或等于 rows 属性的值时,滚动条将不起作用。

cols:设置多行文本域的列数。

例如,输入"评论天地"多行文本域内容的代码如下:

```
<form>
    <p>评论天地</p>
    <textarea name="about" cols="40" rows="10">
        请您发表评论!
    </textarea>
</form>
```

其中,cols="40"表示多行文本域的列数为 40 列,rows="10"表示多行文本域的行数为 10 行。效果如图 3-21 所示。

3.2.4 表单的高级用法

在某些情况下，用户需要对表单元素进行限制，设置表单元素为只读或禁用，常应用于以下场景。

只读场景：网站服务器不希望用户修改的数据，这些数据在表单元素中显示。例如，注册或交易协议、商品价格等。

禁用场景：只有满足某个条件后，才能选用某项功能。例如，只有用户同意注册协议后，才允许单击"注册"按钮。

只读和禁用效果分别通过设置"readonly"和"disabled"属性来实现。

【例 3-11】 制作网络书城服务协议页面，页面浏览时，服务协议只能阅读而不能修改，并且只有用户同意注册协议后，才允许单击"注册"按钮。本例文件 3-11.html 在浏览器中显示的效果如图 3-22 所示。

图 3-21 多行文本域

图 3-22 页面的显示效果

3-11.html 的代码如下：

```html
<html>
  <head>
    <title>网络书城服务协议</title>
  </head>
  <body>
  <h2>阅读网络书城服务协议</h2>
  <form>
    <textarea name="content" cols="50" rows="6" readonly="readonly">     <!--多行文本域只读-->
      欢迎阅读服务协议，网络书城的权利和义务......
    </textarea><br /><br />
    同意以上协议<input name="agree" type="checkbox" />                    <!--复选框-->
    <input name="register" type="submit" value="注册" disabled="disabled" />  <!--提交按钮禁用-->
  </form>
  </body>
</html>
```

【说明】 单击"同意以上协议"单选按钮并不能实现使"注册"按钮有效，还需要为单选按钮添加 JavaScript 脚本才能实现这一功能，这里只是讲解如何使表单元素只读和禁用。

3.2.5 案例——制作网络书城会员注册表单

在讲解了以上表单元素的基础上，下面通过一个综合的案例将这些表单元素集成在一起，制作网络书城会员注册表单。

【例 3-12】 制作网络书城会员注册表单，收集会员的个人资料。本例文件 3-12.html 在浏览器中显示的效果如图 3-23 所示。

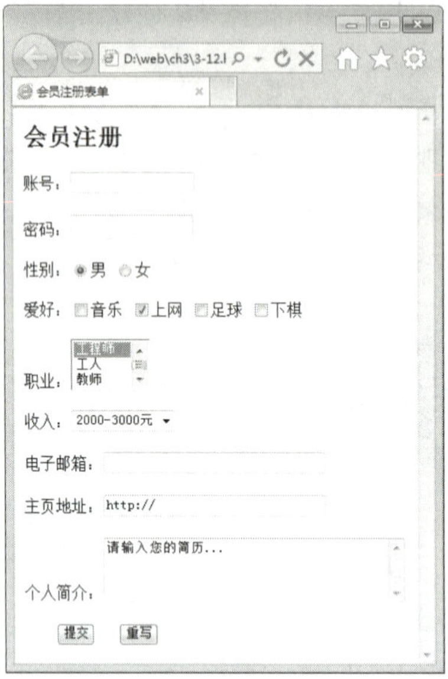

图 3-23　页面的显示效果

3-12.html 代码如下：

```
<html>
<head><title>会员注册表单</title></head>
<body>
    <h2>会员注册</h2>
    <form>
      <p>
      账号：<input type="text" name="userid" size="16">
      </p>
      <p>
      密码：<input type="password" name="pass" size="16">
      </p>
      <p>
      性别：<input type="radio" name="sex" value="男" checked="checked">男  <!--默认单选按钮-->
            <input type="radio" name="sex" value="女">女
      </p>
      <p>
      爱好：<input type="checkbox" name="like" value="音乐">音乐
            <input type="checkbox" name="like" value="上网" checked="checked">上网
            <input type="checkbox" name="like" value="足球">足球
            <input type="checkbox" name="like" value="下棋">下棋
      </p>
```

```html
        <p>
            职业：<select size="3" name="work">
                    <option value="政府职员">政府职员</option>
                    <option value="工程师" selected="selected">工程师</option>   <!--默认列表选项-->
                    <option value="工人">工人</option>
                    <option value="教师">教师</option>
                    <option value="医生">医生</option>
                    <option value="学生">学生</option>
                 </select>
        </p>
        <p>
            收入：<select name="salary">
                    <option value="1000元以下">1000元以下</option>
                    <option value="1000-2000元">1000-2000元</option>
                    <option value="2000-3000元" selected="selected">2000-3000元</option>
                    <option value="3000-4000元">3000-4000元</option>
                    <option value="4000元以上">4000元以上</option>
                 </select>
        </p>
        <p>
            电子邮箱：<input type="text" name="email" size="30">
        </p>
        <p>
            主页地址：<input type="text" name="index" size="30" value="http://">   <!--文本框初始值-->
        </p>
        <p>
            个人简介：<textarea name="intro" cols="40" rows="4">      <!--4行40列的多行文本域-->
                请输入您的简历...                                     <!--多行文本域初始值-->
            </textarea>
        </p>
        <p>
                <input type="submit" name="submit" value="提交"/>  
                       <input type="reset" name="reset" value="重写" />
        </p>
    </form>
</body>
</html>
```

【说明】 "职业"下拉框使用的是字段式列表，其<select>标签中的size属性值设置为3，表示一次可显示的列表项数为3。而"收入"选择栏使用的是下拉菜单。

3.2.6 表单布局

从上面的网络书城会员注册表单案例中可以看出，由于表单没有经过布局，页面整体看起来不太美观。在实际应用中，可以采用以下两种方法布局表单：一是使用表格布局表单，二是使用CSS样式布局表单。本节主要讲解使用表格布局表单。

【例3-13】 使用表格布局的方法制作网络书城会员登录表单，表格布局示意图如图3-24所示，最外围的虚线表示表单，表单内部包含一个4行3列的表格，其中的第1行和第4行分别使用了跨2列的设置。本例文件3-13.html在浏览器中显示的效果如图3-25所示。

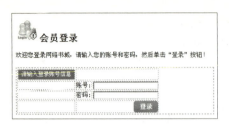

图 3-24　表格布局示意图　　　　　图 3-25　页面的显示效果

3-13.html 的代码如下：

```html
<html>
    <head>
        <title>会员登录表单</title>
    </head>
    <body>
        <h2><img src="images/title.gif">会员登录</h2>
        <p>欢迎您登录网络书城，请输入您的账号和密码，然后单击"登录"按钮！</p>
        <form>
            <table>
                <tr>
                    <td><img src="images/title_2.png" /></td>
                    <td colspan="2"> </td>         <!--图片后的内容跨 2 列，内容用"空格"填充-->
                </tr>
                <tr>
                    <td> </td>         <!--内容用"空格"填充以实现布局效果-->
                    <td>账号:</td>
                    <td> <input type="text" name="userid" size="20"></td>
                </tr>
                <tr>
                    <td> </td>         <!--内容用"空格"填充以实现布局效果-->
                    <td>密码:</td>
                    <td> <input type="password" name="pass" size="20"></td>
                </tr>
                <tr>
                    <td> </td>         <!--内容用"空格"填充以实现布局效果-->
                    <!--下面的登录图片按钮跨 2 列-->
                    <td colspan="2" align="right"> <input type="image" src="images/login.gif" /></td>
                </tr>
            </table>
        </form>
    </body>
</html>
```

【说明】

（1）在制作某些特殊元素的时候，往往需要使用表格的跨行跨列技术，例如，"登录"图片按钮需要跨 2 列。

（2）当单元格内没有布局的内容时，必须使用"空格"填充以实现布局效果。

3.3 实训——制作家具商城客服中心表单

【实训】 本实训练习通过表格布局制作家具商城客服中心表单，本例文件 3-14.html 在浏览器中显示的效果如图 3-26 所示。

图 3-26 页面的显示效果

3-14.html 的代码如下：

```
<html>
  <head>
    <title>家具商城客服中心表单</title>
  </head>
  <body>
  <h2>客服中心</h2>
  <p>    家具商城客户支持中心 800……（此处省略文字）</p>
  <form>
    <table>
      <tr>
        <td><h3>填写信息</h3></td>
        <td colspan="2"> </td>        <!--内容跨2列并且用"空格"填充-->
      </tr>
      <tr>
        <td> </td>                    <!--内容用"空格"填充以实现布局效果-->
        <td>姓名:</td>
        <td> <input type="text" name="username" size="30"></td>
      </tr>
      <tr>
        <td> </td>                    <!--内容用"空格"填充以实现布局效果-->
        <td>邮箱:</td>
        <td> <input type="text" name="email" size="30"></td>
      </tr>
      <tr>
        <td> </td>                    <!--内容用"空格"填充以实现布局效果-->
        <td>网址:</td>
```

```
                <td> <input type="text" name="url" size="30" value="http://"></td>
            </tr>
            <tr>
                <td> </td>              <!--内容用"空格"填充以实现布局效果-->
                <td>咨询内容:</td>
                <td> <textarea name="intro" cols="40" rows="4">请输入您咨询的问题...</textarea></td>
            </tr>
            <tr>
                <td> </td>              <!--内容用"空格"填充以实现布局效果-->
                <!--下面的发送图片按钮跨 2 列-->
                <td colspan="2"> <input type="image" src="images/submit.gif" /></td>
            </tr>
        </table>
    </form>
</body>
</html>
```

【说明】 对于复杂的页面，使用表格布局必须采用多层嵌套才能实现布局效果，但过多的表格嵌套将影响页面的打开速度。

习题 3

1. 使用跨行跨列的表格制作网络书城公告栏分类信息，如图 3-27 所示。
2. 使用表格布局网络书城支付选择页面，如图 3-28 所示。

图 3-27 题 1 图

图 3-28 题 2 图

3. 使用表格布局网络书城新闻列表，如图 3-29 所示。

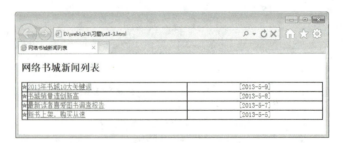

图 3-29 题 3 图

4. 使用表格布局技术制作如图 3-30 所示的用户注册表单。
5. 使用表格布局技术制作如图 3-31 所示的调查问卷表单。

图 3-30　题 4 图　　　　　　　　　　图 3-31　题 5 图

6. 扫描二维码（如图 3-32 所示），对本章部分知识点进行测验。

图 3-32　题 6 二维码

第4章 网页样式表 CSS

CSS 是目前最好的网页表现语言，所谓表现就是赋予结构化文档内容显示的样式，包括版式、颜色和大小等。也就是说，页面中显示的内容放在结构里，而修饰、美化放在表现里，做到结构（内容）与表现分开，这样，当页面使用不同的表现时，呈现的样式是不一样的，就像人穿了不同的衣服，表现就是结构的外衣。W3C 推荐使用 CSS 来完成表现。

4.1 初识 CSS

CSS 功能强大，CSS 的样式设定功能比 HTML 多，几乎可以定义所有的网页元素，CSS 的语法比 HTML 的语法还容易学习。现在几乎所有漂亮的网页都用了 CSS，CSS 已经成为网页设计必不可少的工具之一。

4.1.1 什么是 CSS

CSS（Cascading Style Sheet，层叠样式表）是由 W3C（万维网联盟）的 CSS 工作组创建和维护。它是一种不需要编译、可直接由浏览器执行的标记性语言，用于控制 Web 页面的外观。通过使用 CSS 样式控制页面各元素的属性显示，可将页面的内容与表现形式进行分离。

样式就是格式，对于网页来说，像网页显示的文字的大小、颜色，图片位置以及段落、列表等，都是网页显示的样式。层叠就是指当 HTML 文件引用多个 CSS 样式时，如果 CSS 的定义发生冲突，浏览器将依据层次的先后顺序来应用样式，如果不考虑样式的优先级时，一般会遵循"最近优选原则"。

众所周知，用 HTML 编写网页并不难，但对于一个由几百个网页组成的网站来说，统一采用相同的格式就困难了。CSS 能将样式的定义与 HTML 文件内容分离，只要建立定义样式的 CSS 文件，并且让所有的 HTML 文件都调用这个 CSS 文件所定义

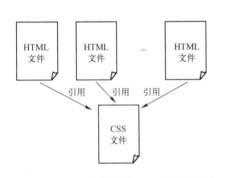

图 4-1 HTML 文件调用 CSS 文件示意图

的样式即可，如图 4-1 所示。如果要改变 HTML 文件中任意部分的显示风格，只要把 CSS 文件打开，更改样式就可以了。

4.1.2 CSS 的优点

CSS 是一组格式设置规则，用于控制页面的外观。使用 CSS 美化页面具有如下优点：
- 表现和内容（结构）分离。
- 易于维护和改版。

- 缩减页面代码，提高页面浏览速度。
- 结构清晰，容易被搜索引擎搜索到。
- 更好地控制页面布局。
- 提高易用性，使用 CSS 可以结构化 HTML。

4.1.3 CSS 的版本

在 HTML 迅猛发展的 20 世纪 90 年代，CSS 也以各种形式应运而生，用户可以使用这些样式语言来调节网页的显示方式。

1994 年 Hakon Wium Lie 为 HTML 样式提出了 CSS 的最初建议。Bert Bos 当时正在设计一个叫做 Argo 的浏览器，他们决定一起合作设计 CSS，于是形成了 CSS 的最初版本。1994 年 Hakon Wium Lie 在芝加哥的一次会议上第一次正式提出了 CSS 的建议，1995 年他与 Bert Bos 一起再次展示这个建议。当时 W3C 刚刚建立，W3C 对 CSS 的发展很感兴趣，它为此专门组织了一次讨论会。1996 年 12 月，W3C 终于推出了 CSS 规范的第一个版本 CSS1.0。这一规范立即引起了各方的积极响应，随即 Microsoft 公司和 Netscape 公司纷纷表示自己的浏览器能够支持 CSS1.0，从此 CSS 技术的发展几乎一马平川。1998 年 W3C 发布了 CSS2.0/2.1 版本，这也是至今流行最广并且主流浏览器都采用的标准。随着计算机软件、硬件及互联网日新月异的发展，浏览者对网页的视觉和用户体验提出了更高的要求，开发人员对如何快速提供高性能、高用户体验的 Web 应用也提出更高的要求。

早在 2001 年 5 月，W3C 就着手开发 CSS 第三版规范，CSS3 规范被分为若干个相互独立的模块。一方面分成若干较小的模块较利于规范及时更新和发布，及时调整模块的内容；另一方面，由于受支持设备和浏览器厂商的限制，设备或者厂商可以有选择地支持一部分模块，支持 CSS3 的一个子集，这样将有利于 CSS3 的推广。

CSS3 的产生大大简化了编程模型，它不是仅对已有功能的扩展和延伸，而更多地是对 Web UI 设计理念和方法的革新。相信未来 CSS3 配合 HTML5 标准，将极大地引起一场 Web 应用的变革，甚至是整个 Internet 产业的变革。需要说明的是，到目前为止 CSS3 规范还没有最终定稿。

4.1.4 CSS 的工作环境

CSS 的工作环境需要浏览器的支持，否则即使编写再漂亮的样式代码，如果浏览器不支持 CSS，那么它也只是一段字符串而已。

1．CSS 的显示环境

浏览器是 CSS 的显示环境。目前，浏览器的种类多种多样，虽然 IE、Opera、Chrome、Firefox 等主流浏览器都支持 CSS，但它们之间仍存在着符合标准的差异。也就是说，相同的 CSS 样式代码在不同的浏览器中可能显示的效果有所不同。在这种情况下，设计人员只有不断地测试，了解各主流浏览器的特性，才能让页面在各种浏览器中正确地显示。

2．CSS 的编辑环境

能够编辑 CSS 的软件很多，例如 Dreamweaver、Edit Plus、EmEditor 和 topStyle 等，这些软件有些还具有"可视化"功能，但本书不建议读者太依赖"可视化"。本书中所有的 CSS 样式均采用手工输入的方法，不仅能够使设计人员对 CSS 代码有更深入的了解，还可以节省很多不必要的属性声明，效率反而比"可视化"软件还要快。

4.1.5 CSS 设计与编写原则

利用 CSS 样式设计虽然很强大，但是如果设计人员管理不当将导致样式混乱、维护困难。本节学习 CSS 编写中的一些技巧和原则，使读者在今后设计页面时胸有成竹，代码可读性高，结构良好。

1. 目录结构命名规范

存放 CSS 样式文件的目录一般命名为 style 或 css。

2. 样式文件的命名规范

在项目初期，会将不同类别的样式放于不同的 CSS 文件，是为了 CSS 编写和调试的方便；在项目后期，为了网站性能上的考虑会整合不同的 CSS 文件到一个 CSS 文件，这个文件一般命名为 style.css 或 css.css。

3. 选择符的命名规范

所有选择符必须由小写英文字母或 "_" 下画线组成，必须以字母开头，不能为纯数字。设计者要用有意义的单词或缩写组合来命名选择符，做到 "见其名知其意"，这样就节省了查找样式的时间。样式名必须能够表示样式的大概含义（禁止出现如 Div1、Div2、Style1 等命名），读者可以参考表 4-1 中的样式命名。

表 4-1 样式命名参考

页面功能	命名参考	页面功能	命名参考	页面功能	命名参考
容器	wrap/container/box	头部	header	加入	joinus
导航	nav	底部	footer	注册	regsiter
滚动	scroll	页面主体	main	新闻	news
主导航	mainnav	内容	content	按钮	button
顶导航	topnav	标签页	tab	服务	service
子导航	subnav	版权	copyright	注释	note
菜单	menu	登录	login	提示信息	msg
子菜单	submenu	列表	list	标题	title
子菜单内容	subMenuContent	侧边栏	sidebar	指南	guide
标志	logo	搜索	search	下载	download
广告	banner	图标	icon	状态	status
页面中部	mainbody	表格	table	投票	vote
小技巧	tips	列定义	column_1of3	友情链接	friendlink

当定义的样式名比较复杂时用下画线把层次分开，例如以下定义页面导航菜单选择符的 CSS 代码：

```
#nav_logo{…}
#nav_logo_ico{…}
```

4. CSS 代码注释

为代码添加注释是一种良好的编程习惯。注释可以增强 CSS 文件的可读性，后期维护也将更加便利。

在 CSS 中添加注释非常简单，它是以 "/*" 开始，以 "*/" 结尾。注释可以是单行，也可以是多行，并且可以出现在 CSS 代码的任何地方。

（1）结构性注释。结构性注释仅仅是用风格统一的大注释块从视觉上区分被分隔的部分，如以下代码所示：

```
/* header（定义网页头部区域）------------------------------------------------*/
```

（2）提示性注释。在编写 CSS 文档时，可能需要某种技巧解决某个问题。在这种情况下，最好将这个解决方案简要地注释在代码后面，如以下代码所示：

```
.news_list li span {
    float:left;        /* 设置新闻发布时间向左浮动，与新闻标题并列显示 */
    width:80px;
    color:#999;        /* 定义新闻发布时间为灰色，弱化发布的时间在视觉上的感觉 */
}
```

4.1.6 感受 CSS 的设计风格

CSS 文本是一种文本文件，可以使用任何一种文本编辑器对其进行编辑，通过将其与 HTML 文档的结合，真正做到将网页的表现与内容分离。即便是一个普通的 HTML 文档，通过对其添加不同的 CSS 规则，也可以得到风格迥异的页面。

要亲身体验 CSS 功能的强大之处，读者可以访问一个名为"CSS 禅意花园"的网站（http://www.csszengarden.com/）。该网站的建站目的就是为了让广大 Web 设计人员认识到 CSS 的重要性，网站提供了一套标准的 HTML 页面以及 CSS 文件供浏览者下载，浏览者可以对 CSS 文件修改后让页面呈现出不同的设计风格，如图 4-2 所示。

CSS 设计风格（一）

CSS 设计风格（二）

图 4-2 CSS 禅意花园网站

通过体验 CSS 可以发现，即便是相同的 HTML 文档，只要引用了不同的 CSS 文件，页面效果将千差万别。

4.2 网页中引用 CSS 的方法

CSS 控制网页内容显示格式的方式是通过许多定义的样式属性（如字号、段落控制等）实现的，并将多个样式属性定义为一组可供调用的选择符（Selector）。其实，选择符就是某一个样式的名称，称为选择符的原因是，当 HTML 文档中某元素要使用该样式时，必须利用该名称来选择样式。

要想在浏览器中显示出样式表的效果，就要让浏览器识别并调用。当浏览器读取样式表时，要依照文本格式来读。这里介绍 4 种在页面中引用样式表的方法：定义内部样式表、定义行内样式表、链入外部样式表和导入外部样式表。

4.2.1 内部样式表

单个页面需要应用样式时，最好使用内部样式表。可以用<style>标签在文档头部<head>…</head>区内定义内部样式表，type 属性是必需的，定义 style 元素的内容类型，其唯一的值是"text/css"。内部样式表可以在整个页面中调用。

1. 内部样式表的格式

内部样式表的格式为：

```
<style type="text/css">
<!--
    选择符1{属性:属性值; 属性:属性值 …}        /* 注释内容 */
    选择符2{属性:属性值; 属性:属性值 …}
    …
    选择符n{属性:属性值; 属性:属性值 …}
-->
</style>
```

<style>…</style>标签对用来说明所要定义的样式。type 属性指定 style 使用 CSS 的语法来定义。当然，也可以指定使用像 JavaScript 之类的语法来定义。属性和属性值之间用冒号":"隔开，定义之间用分号";"隔开。

<!-- … -->的作用是避免旧版本浏览器不支持 CSS，把<style>…</style>的内容以注释的形式表示，这样对于不支持 CSS 的浏览器，会自动略过此段内容。

选择符可以使用 HTML 标签的名称，所有 HTML 标签都可以作为 CSS 选择符使用。

/* … */为 CSS 的注释符号，主要用于注释 CSS 的设置值。注释内容不会被显示或引用在网页上。

2. 组合选择符的格式

除了在<style>…</style>内分别定义各种选择符的样式外，如果多个选择符具有相同的样式，可以采用组合选择符，以减少重复定义的麻烦，其格式为：

```
<style type="text/css">
<!--
    选择符1, 选择符2, … , 选择符n{属性:属性值; 属性:属性值 …}
-->
</style>
```

【例 4-1】 使用内部样式表制作网络书城图书促销页面，本例文件 4-1.html 在浏览器中显示的效果如图 4-3 所示。

在当前文件夹中，用记事本新建一个名为 4-1.html 的网页文件，代码如下：

```
<html>
  <head>
    <title>内部样式表实例</title>
  </head>
  <style type="text/css">
    body {font-size:11pt}
```

```
            div{width:680px; border:1px dashed #00f;}         /*定义区块宽度 680px、边框 1px 蓝色虚线*/
            h1 {font-family:宋体;font-size:30pt;font-weight:bold;color:purple;text-align:center}
            h1.title {font-size:13pt; font-weight:bold;color:#666;text-align:center}
            p {font-size:11pt;color:black;text-indent: 2em}    /*定义段落文字 11pt；黑色；文本缩进两个字符*/
            p.author{color:blue;text-align:right}              /*定义作者文字蓝色、右对齐*/
            p.img{text-align:center}                           /*定义图像居中对齐*/
            p.content{color:blue}                              /*定义内容文字蓝色*/
            p.note{color:green;text-align:left}                /*定义注释文字绿色、左对齐*/
        </style>
        <body>
            <h1>图书促销</h1>
            <div>
                <p>12月1日至12月12日，回答问题即可参加书城积分卡……（此处省略文字）</p>
                <h1 class="title">网页设计与制作教材</h1>
                <p class="author">发布：风中的承诺</p>
                <p class="img"><img src="images/book.jpg" /></p>
                <p class="content">本书作为网页制作的系列教材，涵盖了……（此处省略文字）</p>
                <p class="note">购买网络书城的图书，享受一流的服务和专业的指导。</p>
            </div>
        </body>
    </html>
```

图 4-3　使用内部样式表

【说明】

（1）p 元素定义了 4 个类：author、img、content 和 note。当<p>标签使用定义的这些类时，会按照类所定义的属性来显示。如果不是指定的类中的标签，就不能使用该设置的属性。

（2）当一个网页文档具有唯一的样式时，可以使用内部样式表。但是，如果多个网页都使用同一样式表，采用外部样式表会更适合。内部样式表仅适合在对特殊的页面设置单独的样式风格时使用。

4.2.2　行内样式表

行内样式表就是在元素标签内使用 style 属性，style 属性值可以包含任何 CSS 样式声明。用这种方法，可以很简单地对某个标签单独定义样式表。这种样式表只对所定义的标签起作用，并不对整个页面起作用。

行内样式表的格式为：

<标签 style="属性:属性值; 属性:属性值 …">

需要说明的是，行内样式表虽然是最简单的 CSS 使用方法，但由于需要为每一个标记设置 style 属性，后期维护成本依然很高，而且网页文件容易过大，因此不推荐使用。

【例 4-2】 使用行内样式表制作网络书城图书促销页面，本例文件 4-2.html 在浏览器中显示的效果如图 4-4 所示。

图 4-4　使用行内样式

在当前文件夹中，用记事本新建一个名为 4-2.html 的网页文件，代码如下：

```
<!doctype html>
<html>
<head>
<title>使用行内样式</title>
</head>
<body>
<div style="width:680px; border:1px dashed #00f;">
    <!--行内定义的 h3 样式，不影响其他 h3 标题-->
    <h3 style="font-size:30pt;color:purple;text-align:center">图书促销</h3>
    <!--行内定义的 h3 样式，不影响其他 h3 标题-->
    <h3 style="font-size:13pt; font-weight:bold;color:#666;text-align:center">网页设计与制作教材</h3>
    <h3 align="right">发布：风中的承诺</h3>
    <p style="text-align:center"><img src="images/book.jpg" /></p>
    <!--下面的段落文字为 11 磅大小，蓝色,不影响其他段落-->
    <p style="font-size:11pt; color:blue;text-indent:2em">本书作为网页……（此处省略文字）</p>
    <!--下面的段落不受影响，仍然为默认显示-->
    <p>购买网络书城的图书，享受一流的服务和专业的指导。</p>
</div>
</body>
</html>
```

【说明】 需要注意的是，行内样式表与需要显示的内容混合在一起，且在标签中采用设置 style 属性的方法，一次只能控制一个标签的样式。行内样式表将表现和内容混在一起，不符合 Web 标准，这种方法应该尽量少用。当样式仅需要在一个元素上应用一次时可以使用这种样式。

4.2.3 链入外部样式表

多个页面需要应用相同的样式时，应该使用外部样式表。外部样式表将声明的样式放在样式文件中，当页面需要使用样式时，通过<link>标签链接外部样式表文件。使用外部样式表，可以通过改变一个文件就能改变整个站点的外观。

1. 用<link>标签链接样式表文件

<link>标签必须放到页面的<head>…</head>标签对内。其格式为：

```
<head>
    …
    <link rel="stylesheet" href="外部样式表文件名.css" type="text/css">
    …
</head>
```

其中，<link>标签表示浏览器从"外部样式表文件名.css"文件中以文档格式读出定义的样式表。rel="stylesheet"属性定义在网页中使用外部的样式表，type="text/css"属性定义文件的类型为样式表文件，href 属性用于定义.css 文件的 URL。

2. 样式表文件的格式

样式表文件可以用任何文本编辑器（如记事本）打开并编辑，一般样式表文件的扩展名为.css。样式表文件的内容是定义的样式表，不包含 HTML 标签。样式表文件的格式为：

```
选择符1{属性:属性值; 属性:属性值 …}      /* 注释内容 */
选择符2{属性:属性值; 属性:属性值 …}
   …
选择符n{属性:属性值; 属性:属性值 …}
```

一个外部样式表文件可以应用于多个页面。当改变这个样式表文件时，所有页面的样式都会随之改变。在设计者制作大量相同样式页面的网站时，这非常有用，不仅减少了重复的工作量，而且有利于以后的修改。浏览时也减少了重复下载的代码，加快了显示网页的速度。

【例 4-3】 链入外部样式表制作网络书城图书促销页面。在一个 HTML 文档中链入外部样式表文件，至少需要两个文件，一个是 HTML 文件，另一个是 CSS 文件 style.css。本例文件 4-3.html 在浏览器中显示的效果如图 4-5 所示。

在文件夹 style 下用记事本新建一个名为 style.css 的样式表文件，代码如下：

```
body {font-size:11pt}
div{width:680px; border:1px dashed #00f;}
h1 {font-family:宋体;font-size:30pt;font-weight:bold;color:purple;text-align:center}
h1.title {font-size:13pt; font-weight:bold;color:#666;text-align:center}
p {font-size:11pt;color:black;text-indent: 2em}   /*定义段落文字 11pt；黑色；文本缩进两个字符*/
p.author{color:blue;text-align:right}             /*定义作者文字蓝色、右对齐*/
p.img{text-align:center}                          /*定义图像居中对齐*/
p.content{color:blue}                             /*定义内容文字蓝色*/
p.note{color:green;text-align:left}               /*定义注释文字绿色、左对齐*/
```

在当前文件夹中，用记事本新建一个名为 4-3.html 的网页文件，代码如下：

```html
<html>
    <head>
    <title>外部的样式表的应用</title>
    <link rel="stylesheet" href="style/style.css" type="text/css">
    </head>
    <body>
    <div>
        <h1>图书促销</h1>
        <p>12月1日至12月12日，回答问题即可参加书城积分卡……（此处省略文字）</p>
        <h1 class="title">网页设计与制作教材</h1>
        <p class="author">发布：风中的承诺</p>
        <p class="img"><img src="images/book.jpg" /></p>
        <p class="content">本书作为网页制作的系列教材，涵盖了……（此处省略文字）</p>
        <p class="note">购买网络书城的图书，享受一流的服务和专业的指导。</p>
    </div>
    </body>
</html>
```

【说明】 为了实现段落首行缩进的效果，在定义 p 的样式中加入属性 text-indent:2em，即可实现段落首行缩进两个字符的效果。

图 4-5 链入外部样式表

4.2.4 导入外部样式表

导入外部样式表就是当浏览器读取 HTML 文件时，复制一份样式表到这个 HTML 文件中，即在内部样式表的<style>标签对中导入一个外部样式表文件。其格式为：

```
<style type="text/css">
<!--
    @import url("外部样式表的文件名1.css");
    @import url("外部样式表的文件名2.css");
    其他样式表的声明
-->
</style>
```

导入外部样式表的使用方式与链入外部样式表很相似，都是将样式定义保存为单独的文件。两者的本质区别是：导入方式在浏览器下载 HTML 文件时将样式文件的全部内容复制到 @import 关键字位置，以替换该关键字；而链入方式仅在 HTML 文件需要引用 CSS 样式文件中的某个样式时，浏览器才链接样式文件，读取需要的内容并不进行替换。

需要注意的是，@import 语句后的";"号不能省略。所有的@import 声明必须放在样式表的开始部分，在其他样式表声明的前面，其他 CSS 规则放在其后的<style>标签对中。如果在内部样式表中指定了规则（如.bg{ color: black; background: orange }），其优先级将高于导入的外部样式表中相同的规则。

【例 4-4】使用导入外部样式表制作网络书城图书促销页面。导入的外部样式表文件（如 extstyle.css）中包含.bgcolor{background: blue}，但结果不是蓝色的背景，依然是淡黄色的背景。本例文件 4-4.html 在浏览器中显示的效果如图 4-6 所示。

图 4-6　导入外部样式表

在文件夹 style 下用记事本新建一个名为 extstyle.css 的样式表文件，代码如下：

```
div{width:680px; border:1px dashed #00f;}
h3{font-size:30pt;font-weight:bold;color:purple; text-align:center}
p{font-size:11pt; color:black;text-indent: 2em}     /*定义段落文字 11pt；黑色；文本缩进两个字符*/
p.author{color:blue;text-align:right}               /*定义作者文字蓝色、右对齐*/
p.img{text-align:center}                            /*定义图像居中对齐*/
p.content{color:blue}                               /*定义内容文字蓝色*/
p.note{color:green;text-align:left}                 /*定义注释文字绿色、左对齐*/
.bgcolor{background:blue}                           /* 定义类，背景为蓝色*/
```

在当前文件夹中，用记事本新建一个名为 4-4.html 的网页文件，代码如下：

```
<html>
  <head>
    <title>导入外部样式表</title>
    <style type="text/css">
      @import url(style/extstyle.css);
      .bgcolor{ color: black; background: #ffc }   /* 定义类，字体为黑色；背景为浅黄色 */
    </style>
  </head>
```

```html
<body>
<div>
    <!-- 由内部样式表.bgcolor 决定，背景显示为浅黄色，而不是外部样式表中定义的蓝色 -->
    <h3 class="bgcolor">图书促销</h3>
    <!--下面的标题 3 中使用了行内样式，其优先级别高于导入的外部样式表-->
    <h3 style="font-size:13pt; font-weight:bold;color:#666;text-align:center">网页设计与制作教材</h3>
    <p class="author">发布：风中的承诺</p>
    <p class="img"><img src="images/book.jpg" /></p>
    <p class="content">本书作为网页制作的系列教材，涵盖了……（此处省略文字）</p>
    <!--下面的段落中使用了行内样式，其优先级别高于导入的外部样式表-->
    <p style="color:purple">购买网络书城的图书，享受一流的服务和专业的指导。</p>
</div>
</body>
</html>
```

4.3 CSS 语法基础

CSS 为样式化网页内容提供了一条捷径，即样式规则，每一条规则都是单独的语句。

4.3.1 构造样式规则

样式表的每个规则都有两个主要部分：选择符（selector）和声明（declaration）。选择符决定哪些因素要受到影响，声明由一个或多个属性值对组成。其语法为：

> selector{属性:属性值[[;属性:属性值]…]}

语法说明：

selector 表示希望进行格式化的元素；声明部分包括在选择器后的大括号中；用"属性:属性值"描述要应用的格式化操作。

例如，分析一条如图 4-7 所示的 CSS 规则。

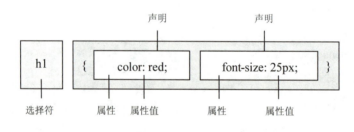

图 4-7 CSS 规则

选择符：h1 代表 CSS 样式的名字。

声明：声明包含在一对大括号"{}"内，用于告诉浏览器如何渲染页面中与选择符相匹配的对象。声明内部由属性及其属性值组成，并用冒号隔开，以分号结束。声明的形式可以是一个或者多个属性的组合。

属性（attribute）：是定义的具体样式（如颜色、字体等）。

属性值（value）：属性值放置在属性名和冒号后面，具体内容跟随属性的类别而呈现不同形式，一般包括数值、单位以及关键字。

例如，将 HTML 中<body>和</body>标签内的所有文字设置为"华文中宋"、文字大小为 12px、黑色文字、白色背景显示，则只需要在样式中如下定义：

```css
body
{
    font-family:"华文中宋";          /*设置字体*/
    font-size:12px;                /*设置文字大小为 12px*/
    color:#000;                    /*设置文字颜色为黑色*/
    background-color:#fff;         /*设置背景颜色为白色*/
}
```

从上述代码片段中可以看出，这样的结构对于阅读 CSS 代码十分清晰，为方便以后编辑，还可以在每行后面添加注释说明。但是，这种写法虽然使得阅读 CSS 变得方便，却无形中增加了很多字节，对于有一定基础的 Web 设计人员可以将上述代码改写为如下格式：

```css
body{font-family:"华文中宋";font-size:12px;color:#000;background-color:#fff;}
/*定义 body 的样式为 12px 大小的黑色华文中宋字体，且背景颜色为白色*/
```

4.3.2 常用的 CSS 选择符

选择符决定了格式化将应用于哪些元素。CSS 选择符可以分为很多类，包括类型选择符、class 类选择符、id 选择符、通用选择符、分组选择符、包含选择符、元素指定选择符、子对象选择符和属性选择符。下面讲解几种常用的选择符。

1．类型选择符

类型选择符是指以文档对象模型（DOM）作为选择符，即选择某个 HTML 标签为对象，设置其样式规则。类型选择符就是网页元素本身，定义时直接使用元素名称。其格式为：

```css
E
{
    /*CSS 代码*/
}
```

其中，E 表示网页元素（Element）。

【例 4-5】 类型选择符示例，本例文件 4-5.html 在浏览器中的效果如图 4-8 所示。

图 4-8 类型选择符

4-5.html 的代码如下：

```html
<html>
<head>
<title>类型选择符</title>
<style type="text/css">
body{                              /* body 类型选择符*/
```

```
        font-size:13pt;background-image:url(images/back.gif)    /*定义body文字和背景图像*/
    }
    div{                        /*div类型选择符*/
        border:3px double #f00;     /*边框为3px红色双线*/
        width:680px ;           /*把所有的div元素定义为宽度为680像素*/
    }
    </style>
    </head>
    <body>
    <div>第一个div元素显示宽度为680像素</div><br/>
    <div>第二个div元素显示宽度也为680像素</div>
    </body>
    </html>
```

2. class 类选择符

class 类选择符也称自定义选择符，使用元素的 class 属性值为一组元素指定样式，类选择符必须在元素的 class 属性值前加 "."。

（1）定义同类标签的样式。用类选择符能够将相同的标签分类定义为不同的样式。如果希望同一种标签（如<p>）在不同的地方使用不同的样式（例如，一个段落向右对齐，另一个段落居中），就可以先定义两个类，在应用时只要在标签中指定它属于哪一个类，就可以使用该类的样式了。其格式为：

```
<style type="text/css">
<!--
    标签1.类名称1{属性:属性值; 属性:属性值 …}
    标签2.类名称2{属性:属性值; 属性:属性值 …}
    …
    标签n.类名称n{属性:属性值; 属性:属性值 …}
-->
</style>
```

"标签.类名称"仍然称为选择符。"类名称"为定义类的选择符名称，类名称可以是任意英文单词组合或者以英文字母开头的英文字母与数字的组合，一般根据其功能和效果简要命名。其适用范围为整个 HTML 文档中所有由类选择符所引用的设置。"标签"名称可以用 HTML 的标签。

（2）定义不同类标签的样式。还有一种用法，在选择符中省略 HTML "标签"名，这样可以把几个不同的元素定义成相同的样式。其格式为：

```
<style type="text/css">
<!--
    .类名称1{属性:属性值; 属性:属性值 …}
    .类名称2{属性:属性值; 属性:属性值 …}
    …
    .类名称n{属性:属性值; 属性:属性值 …}
-->
</style>
```

有无"标签"的区别在于，若在定义 clsss 类选择符前加上 HTML 的标签，其适用范围将只限于该标签所包含的内容。这种省略 HTML 标签的类选择符是最常用的定义方法，使用这种方法，可以很方便地在任意标签上套用预先定义好的类样式。

使用 class 类选择符时，需要使用英文.（点）进行标识。

【例 4-6】 class 类选择符示例，本例文件 4-6.html 在浏览器中的显示效果如图 4-9 所示。

图 4-9 class 类选择符

4-6.html 的代码如下：

```
<html>
<head>
<title>class 类选择符</title>
<style type="text/css">
.blue{
   color:#00f;              /*class 类 blue 定义为蓝色文字*/
}
p{                          /*p 类型选择符*/
   border:2px dashed #f00;  /*边框为 2px 红色虚线*/
   width:280px ;            /*所有 p 元素定义为宽度为 280 像素*/
}
</style>
</head>
<body>
<h3 class="blue">标题可以应用该样式，文字为蓝色</h3>
<p class="blue">段落也可以应用该样式，文字为蓝色</p>
</body>
</html>
```

3. id 选择符

id 选择符用来对某个单一元素定义单独的样式。定义 id 选择符时要在 id 名称前加上一个"#"。与类选择符相同，定义 id 选择符也有两种方法。

（1）定义非特定标签的 id 选择符。第一种方法是用 id 选择符定义样式，格式为：

```
<style type="text/css">
<!--
   #id 名 1{属性:属性值；属性:属性值 …}
   #id 名 2{属性:属性值；属性:属性值 …}
      …
   #id 名 n{属性:属性值；属性:属性值 …}
-->
</style>
```

其中，"#id 名"是定义的 id 选择符名称。该选择符名称在一个文档中是唯一的，只对页面中的唯一元素进行样式定义。这个样式定义在页面中只能出现一次，其适用范围为整个 HTML 文档中所有由 id 选择符所引用的设置。

（2）定义特定标签的 id 选择符。还有一种用法，在选择符中加上 HTML"标签"名，其格式为：

```
<style type="text/css">
<!--
   标签 1#id 名 1{属性:属性值；属性:属性值 …}
```

```
        标签 2#id 名 2{属性:属性值；属性:属性值 …}
         …
        标签 n#id 名 n{属性:属性值；属性:属性值 …}
    -->
    </style>
```

其中，"标签"是 HTML 的标签名称。若在 id 选择符前加上 HTML 的标签，其适用范围将只限于该标签所包含的内容。id 选择符局限性很大，只能单独定义某个元素的样式，一般只在特殊情况下使用。使用 id 选择符时，需要使用"#"进行标识。

【例 4-7】 id 选择符示例，本例文件 4-7.html 在浏览器中的显示效果如图 4-10 所示。

图 4-10 id 选择符

4-7.html 的代码如下：

```
<html>
<head>
<title>id 选择符</title>
<style type="text/css">
h2#only{
    border:2px solid #00f;          /*边框为 2px 蓝色实线*/
    width:680px;                    /*将 id 为"only"的元素定义其宽度为 680 像素*/
}
</style>
</head>
<body>
<h2 id="only">只有 id 为"only"的元素才能单独应用该样式</h2>
<h3 id="only">h3 元素不能应用该样式</h3>
</body>
</html>
```

4．span 选择符

span 在样式表中作为一个选择符使用，而且它也能接受 style、class 和 id 选择符。把 span 元素加入到 HTML 中，它允许网页制作者给出样式，但无须附加在一个 HTML 的结构标签上。span 没有结构的意义，它纯粹是应用样式，所以当样式表失效时它就失去任何作用。

<span>标签也可以用来定义区域，但一般用于网页中某一个小问题段落。其格式为：

```
<span id="样式名">…</span>     或     <span class="样式名">…</span>
```

5．div 选择符

div（division，分区的简写）在功能上与 span 相似，最主要的差别在于，div 是一个块级标签。div 可以包含段落、标题、表格甚至其他部分。这使 div 便于建立不同集成的类，如章节、摘要或备注。在定义区域间使用不同样式时，可使用<div>标签。其格式为：

```
<div id="样式名">…</div>     或     <div class="样式名">…</div>
```

6. 通配符选择符

通配符选择符是一种特殊的选择符,用"*"表示,与 Windows 通配符"*"具有相似的功能,可以定义所有元素的样式。其格式为:

```
* {CSS 代码}
```

例如,通常在制作网页时首先将页面中所有元素的外边距和内边距设置为 0,代码如下:

```
*{
    margin:0px;        /*外边距设置为 0*/
    padding:0px;       /*内边距设置为 0*/
}
```

【例 4-8】 通配符选择符示例,本例文件 4-8.html 在浏览器中的显示效果如图 4-11 所示。4-8.html 的代码如下:

```
<html>
<head>
<title>通配符选择符</title>
<style type="text/css">
  * {color:#000;}
  p {color:#00f;}
  p * {color:#f00;}
</style>
</head>
<body>
<h2>通配符选择符</h2>
<div>默认的文字颜色为黑色</div>
<p>段落文字颜色为蓝色</p>
<p><span>段落子元素的文字颜色为红色</span></p>
</body>
</html>
```

从代码的执行结果可以看出,由于通配符选择符定义了所有文字的颜色为黑色,所以<h2>和<div>标签中文字的颜色为黑色。接着又定义了 p 元素的文字颜色为蓝色,所以<p>标签中文字的颜色呈现为蓝色。最后定义了 p 元素内所有子元素的文字颜色为红色,所以<p>和</p>之间的文字颜色呈现为红色。

图 4-11 通配符选择符

7. 通用兄弟元素选择符 E~F

通用兄弟元素选择符 E~F 用来指定位于同一个父元素之中的某个元素之后的所有其他某个种类的兄弟元素所使用的样式。其格式为:

```
E~F: {att}
```

其中 E、F 均表示元素,att 表示元素的属性。通用兄弟元素选择符 E~F 表示匹配 E 元素之后的 F 元素。

【例 4-9】 通用兄弟元素选择符示例,本例文件 4-9.html 在浏览器中的显示效果如图 4-12 所示。

4-9.html 的代码如下:

```html
<html>
<head>
<title>通用兄弟元素选择器 E～F</title>
<style type="text/css">
div ~ p {
   background-color:#c9a;
}
</style>
</head>
<body>
<div style="width:233px; border: 1px solid #66f; padding:5px;">
<div>
  <p>匹配 E 元素后的 F 元素</p><!-- E 元素中的 F 元素，不匹配-->
  <p>匹配 E 元素后的 F 元素</p><!-- E 元素中的 F 元素，不匹配-->
</div>
<hr />
<p>匹配 E 元素后的 F 元素</p> <!-- E 元素后的 F 元素，匹配-->
<p>匹配 E 元素后的 F 元素</p> <!-- E 元素后的 F 元素，匹配-->
<hr />
<p>匹配 E 元素后的 F 元素</p> <!-- E 元素后的 F 元素，匹配-->
<hr />
<div>匹配 E 元素后的 F 元素</div> <!-- E 元素本身，不匹配-->
<hr />
<p>匹配 E 元素后的 F 元素</p> <!-- E 元素后的 F 元素，匹配-->
</div>
</body>
</html>
```

图 4-12 通用兄弟元素选择符

8. 包含选择符

包含选择符在样式中会常常用到，因布局中常常用到容器层和里面的子层，如果用到包含选择符就可以对某个容器层的子层控制，使其他同名的对象不受该规则影响。包含选择符对象要依次选择出对象，从大到小，即从容器层到子层。包含选择符能够简化代码，实现大范围的样式控制。其格式为:

```
E1 E2
{
/*对子层控制规则*/
}
```

其中 E1 指父层对象，E2 指子层对象，即 E1 对象包含 E2 对象。

【例 4-10】包含选择符示例，本例文件 4-10.html 在浏览器中的显示效果如图 4-13 所示。
4-10.html 的代码如下:

```html
<html>
<head>
<title>包含选择符</title>
```

```
<style type="text/css">
.div1{
    width:680px;
    border: 3px dotted #66f;
    padding:5px;
}
.div1 h2{               /*定义类 div1 容器中所有 h2 的标题样式*/
    color:#00f;
}
.div1 h3{               /*定义类 div1 容器中所有 p 的标题样式*/
    color:#f00;
}
</style>
</head>
<body>
<div class="div1">                               <!--父层对象 div1-->
    <h2>子层对象 h2,标题样式为蓝色文字</h2>        <!--子层对象 h2-->
    <h3>子层对象 h3,标题样式为红色文字</h3>        <!--子层对象 h3 -->
</div>
</body>
</html>
```

图 4-13 包含选择符

9. 分组选择符

可以对选择符进行分组，被分组的选择符就可以共享相同的声明。用逗号将需要分组的选择符隔开，其格式为：

```
E1,E2,E3
{
    /*CSS 代码*/
}
```

当多个对象定义了相同的样式时，用户可以把它们分为一组，这样能够简化代码读/写。

【例 4-11】 分组选择符示例，本例文件 4-11.html 在浏览器中的显示效果如图 4-14 所示。
4-11.html 的代码如下：

```
<html>
<head>
<title>分组选择符</title>
<style type="text/css">
.class1,.class2{
    font-size:16px;
    text-decoration:underline;
}
```

```
        .class1{
           color:red;
        }
        .class2{
           color:blue;
        }
     </style>
   </head>
   <body>
     <h2>分组选择符</h2>
     <p class="class1">第一分组的文字颜色为红色</p>
     <p class="class2">第二分组的文字颜色为蓝色</p>
   </body>
</html>
```

图 4-14　分组选择符

从代码的执行结果可以看出，由于分组选择符对类 class1 和类 class2 定义了相同的样式，即文字大小为 16px 且带有下画线，因此，两个段落中的文字都带有下画线。接着又定义了类 class1 的文字颜色为红色，所以应用类 class1 的第一个段落中的文字颜色呈现为红色。最后定义了类 class2 的文字颜色为蓝色，所以应用类 class2 的第二个段落中的文字颜色呈现为蓝色。

10. 属性选择符

属性选择符是在元素后面加一个中括号，中括号中列出各种属性或者表达式。属性选择符可以匹配 HTML 文档中元素定义的属性、属性值或属性值的一部分。属性选择符存在以下 7 种具体形式。

（1）E[att]属性名选择符。E[att]属性名选择符用于存在属性匹配，通过匹配存在的属性来控制元素的样式，一般要把匹配的属性包含在中括号中。其格式为：

```
E[att]
{
   /*CSS 代码*/
}
```

其中，E 表示网页元素，att 表示元素的属性。E[att]属性名选择符匹配文档中具有 att 属性的 E 元素。例如以下示例代码：

```
h1[class]{
   color:red;            /*作用于任何带 class 属性的 h1 元素*/
}
img[alt]{
   border:none;          /*作用于任何带 alt 属性的 img 元素*/
}
a[href][title]{
   font-weight:bold;     /*作用于同时带 href 和 title 属性的 a 元素*/
}
```

（2）E[att=val]属性值选择符。E[att=val]属性值选择符用于精准属性匹配，只有当属性值完全匹配指定的属性值时才会应用样式。其格式为：

```
E[att=val]
{
  /*CSS 代码*/
}
```

其中，E 表示网页元素，att 表示元素的属性，val 表示属性值。E[att=val]属性值选择符匹配文档中具有 att 属性且其值为 val 的 E 元素。例如以下示例代码：

```
a[href = "www.sohu.com"][title="搜狐"]{
    font-size:12px;         /*作用于地址指向 www.sohu.com 并且 title 提示字样为"搜狐"的 a 元素*/
}
```

（3）E[att~=val]属性值选择符。E[att~=val]属性值选择符用于空白分隔匹配，通过为属性定义字符串列表，然后只要匹配其中任意一个字符串即可控制元素样式。其格式为：

```
E[att~=val]
{
  /*CSS 代码*/
}
```

其中，E 表示网页元素，att 表示元素的属性，val 表示属性值。E[att~=val]属性值选择符匹配文档中具有 att 属性且其中一个值（多个值使用空格分隔）为 val（val 不能包含空格）的 E 元素。例如以下示例代码：

```
a[title~="baidu"]
{
  color:red;
}
```

应用此样式的结构代码如下：

```
<a href="http://www.baidu.com/" title="www baidu com">红色</a>
```

其中，标签 a 的 title 属性包含 3 个值（多个值使用空格分隔），其中一个为 baidu，因此可匹配样式。

（4）E[att|=val]属性值选择符。E[att|=val]属性值选择符用于连字符匹配，与空白匹配的功能和用法相同，但是连字符匹配中的字符串列表用连字符"-"进行分割。其格式为：

```
E[att|=val]
{
  /*CSS 代码*/
}
```

其中，E 表示网页元素，att 表示元素的属性，val 表示属性值。E[att|=val]属性值选择符匹配文档中具有 att 属性且其中一个值为 val，或者以 val 开头紧随其后的是连字符"-"的 E 元素。例如以下示例代码：

```
*[lang|="en"]
{
  color: red;
}
```

应用此样式的结构代码如下：

```html
<p lang="en">书的海洋</p>
<p lang="en-US">书的海洋</p>
```

(5) E[att^=val]属性值子串选择符。E[att^=val]属性值子串选择符用于前缀匹配，只要属性值的开始字符匹配指定字符串，即可对元素应用样式，前缀匹配使用[^=]形式来实现。其格式为：

```
E[att^=val]
{
    /*CSS 代码*/
}
```

其中，E 表示网页元素，att 表示元素的属性，val 表示属性值。E[att^=val]属性值子串选择符匹配文档中具有 att 属性且其值的前缀为 val 的 E 元素。例如以下示例代码：

```
p[title^="my"]{
    color:#f00;
}
```

应用此样式的结构代码如下：

```html
<p title="myTest">匹配具有 att 属性且值以 val 开头的 E 元素</p>
```

(6) E[att$=val]属性值子串选择符。E[att$=val]属性值子串选择符用于后缀匹配，与前缀相反，只要属性的结尾字符匹配指定字符，使用[$=]形式控制。其格式为：

```
E[att$=val]
{
    /*CSS 代码*/
}
```

其中，E 表示网页元素，att 表示元素的属性，val 表示属性值。E[att$=val]属性值子串选择符匹配文档中具有 att 属性且其值的后缀为 val 的 E 元素。例如以下示例代码：

```
p[title$="Test"]{
    color:#f00;
}
```

应用此样式的结构代码如下：

```html
<p title="myTest">匹配具有 att 属性且值以 val 结尾的 E 元素</p>
```

(7) E[att*=val]属性值子串选择符。E[att*=val]属性值子串选择符用于子字符串匹配，只要属性中存在指定字符串即应用样式，使用[*=]形式控制。其格式为：

```
E[att*=val]
{
    /*CSS 代码*/
}
```

其中，E 表示网页元素，att 表示元素的属性，val 表示属性值。E[att*=val]属性值子串选择符匹配文档中具有 att 属性且其包含 val 的 E 元素。例如以下示例代码：

```
p[title*="est"]{
    color:#f00;
}
```

应用此样式的结构代码如下：

```
<p title="myTest">匹配具有 att 属性且值包含 val 的 E 元素</p>
```

11．伪类选择符

前面已经讲解了多个常用的选择符，除此之外还有两个比较特殊的、针对属性操作的选择符——伪类选择符和伪元素。首先讲解一下伪类选择符。

伪类之所以名字中有"伪"字，是因为它所指定的对象在文档中并不存在，它指定的是一个或与其相关的选择符的状态。伪类选择符和类选择符不同，不能像类选择符一样随意用别的名字。

伪类可以让用户在使用页面的过程中增加更多的互交效果，例如应用最为广泛的锚点标签<a>的几种状态（未访问链接状态、已访问链接状态、鼠标指针悬停在链接上的状态以及被激活的链接状态），具体代码如下所示。

```
a:link {color:#FF0000;}          /*未访问的链接状态*/
a:visited {color:#00FF00;}       /*已访问的链接状态*/
a:hover {color:#FF00FF;}         /*鼠标悬停到链接上的状态*/
a:active {color:#0000FF;}        /*被激活的链接状态*/
```

【例 4-12】 伪类的应用。当鼠标悬停在超链接的时候背景色变为其他颜色，并且添加了边框线，待鼠标离开超链接时又恢复到默认状态，这种效果就可以通过伪类实现。本例文件 4-12.html 在浏览器中的显示效果如图 4-15 所示。

 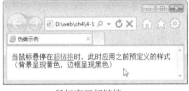

    鼠标悬停的时候   鼠标离开超链接

图 4-15 伪类的应用

4-12.html 的代码如下：

```html
<html>
<head>
<meta charset="gb2312">
<title>伪类示例</title>
<style type="text/css">
a:hover{                          /*当鼠标悬停在超链接时*/
    background-color:#ff0;        /*定义背景颜色*/
    border:1px solid #000;        /*定义边框粗细、类型及其颜色*/
}
</style>
</head>
<body>
    <p>当鼠标悬停在<a href="#">超链接</a>时，此时应用之前预定义的样式（背景呈现黄色，边框呈现黑色）</p>
</body>
</html>
```

【说明】
（1）需要注意的是，active 样式要写到 hover 样式后面，否则是不生效的。因为当浏览者点击鼠标未松手（active）的时候其实也是获取焦点（hover）的时候，所以如果把 hover 样式写到 active 样式后面就把样式重写了。

（2）本例中使用的样式表位于页面的<head>…</head>区内，样式表是用<style>标签插入的，可以在整个 HTML 文档中调用。关于在网页中引用样式表的语法将在本章后面的内容详细讲解。

12. 伪元素

与伪类的方式类似，伪元素通过对插入到文档中的虚构元素进行触发，从而达到某种效果，伪元素语法的形式为：

选择符：伪元素{属性：属性值；}

伪元素的具体内容及作用见表 4-2。

表 4-2 伪元素的内容及作用

伪 元 素	作 用
:first-letter	将特殊的样式添加到文本的首字母
:first-line	将特殊的样式添加到文本的首行
:before	在某元素之前插入某些内容
:after	在某元素之后插入某些内容

【例 4-13】伪元素的用法，本例文件 4-13.html 在 IE 浏览器中的显示效果如图 4-16 所示，在 Firefox 浏览器中的浏览效果如图 4-17 所示。

图 4-16 IE 浏览器中的伪元素效果

图 4-17 Firefox 浏览器中的伪元素效果

4-13.html 的代码如下：

```
<html>
<head>
<meta charset="gb2312">
<title>伪元素示例</title>
<style type="text/css">
h4:first-letter {
    color: #ff0000;
    font-size:36px;
}
p:first-line {
    color: #ff0000;
}
```

```
        h5:before {
            font-size:20px;
            color: #ff0000;
            content:"此处使用了 a:before，";
        }
        h5:after {
            font-size:20px;
            color: #ff0000;
            content:"，此处使用了:after";
        }
    </style>
</head>
<body>
<h4> 此处 h4 标签内的文字使用了伪元素:first-letter，将特殊的样式附加到文本的第一个字。</h4>
<p>此 p 标签内的文字使用了伪元素:first-line，将特殊的样式附加到文本的首行。</p>
<h5>此处文本前后有不同于此句的样式，它们是通过伪元素实现的</h5>
</body>
</html>
```

IE 浏览器在伪类和伪元素的支持上十分有限，比如:before 与 after 就不被 IE 所支持。相比之下，Opera 浏览器对伪类和伪元素的支持较好。

在以上示例代码中，首先分别对"h4:first-letter"、"p:first-line"、"h5:before"和"h5:after"进行了样式指派。从图 4-17 中可以看出，凡是<h4>与</h4>之间的内容，都应用了首字号增大且变为红色的样式；凡是<p>与</p>之间的内容，都应用了首行文字变为红色的样式；而在<h5>与</h5>标签之间的文字前后，虽然在页面结构代码中并没有其他文字内容，但通过浏览器解析后，为这段文字的前后添加了红色的文字，其原因就是 h5 元素预定义了:before 和:after 的样式。

4.4 元素的显示类型

元素的显示类型可以使用 display 属性来显式定义，任何元素都可以通过 display 属性改变默认的显示类型。

1．块级元素（display:block）

display 属性设置为 block 将显示块级元素，块级元素的宽度为100%，而且后面隐藏附带有换行符，使块级元素始终占据一行。如<div>常常被称为块级元素，这意味着这些元素显示为一块内容。标题、段落、列表、表格、分区 div 和 body 等元素都是块级元素。

2．行级元素（display:inline）

行级元素也称内联元素，display 属性设置为 inline 将显示行级元素，元素前后没有换行符，行级元素没有高度和宽度，因此也就没有固定的形状，显示时只占据其内容的大小。超链接、图像、范围 span、表单元素等都是行级元素。

3．列表项元素（display:list-item）

listitem 属性值表示列表项目，其实质上也是块状显示，不过是一种特殊的块状类型，它增加了缩进和项目符号。

4. 隐藏元素（display:none）

none 属性值表示隐藏并取消盒模型，所包含的内容不会被浏览器解析和显示。通过把 display 设置为 none，该元素及其所有内容就不再显示，也不占用文档中的空间。

5. 其他分类

除了上述常用的分类之外，还包括以下分类：

> display : inline-table | run-in | table | table-caption | table-cell | table-column | table-column-group | table-row | table-row-group | inherit

如果从布局角度来分析，上述显示类型都可以划归为 block 和 inline 两种，其他类型都是这两种类型的特殊显示，真正能够应用并获得所有浏览器支持的只有 4 个：none、block、inline 和 listitem。

4.5 CSS 的属性单位

在 CSS 文字、排版、边界等的设置上，常常会在属性值后加上长度或者百分比单位，通过本节的学习将掌握两种单位的使用。

4.5.1 长度、百分比单位

使用 CSS 进行排版时，常常会在属性值后面加上长度或者百分比的单位。

1. 长度单位

长度单位有相对长度单位和绝对长度单位两种类型。

相对长度单位是指，以该属性前一个属性的单位值为基础来完成目前的设置。

绝对长度单位将不会随着显示设备的不同而改变。换句话说，属性值使用绝对长度单位时，不论在哪种设备上，显示效果都是一样的，如屏幕上的 1cm 与打印机上的 1cm 是一样长的。

由于相对长度单位确定的是一个相对于另一个长度属性的长度，因而它能更好地适应不同的媒体，所以它是首选的。一个长度的值由可选的正号"+"或负号"-"，接着一个数字，后跟标明单位的两个字母组成。

长度单位见表 4-3。当使用 pt 作为单位时，设置显示字体大小不同，显示效果也会不同。

表 4-3 长度单位

长度单位	简介	示例	长度单位类型
em	相对于当前对象内大写字母 M 的宽度	div { font-size : 1.2em }	相对长度单位
ex	相对于当前对象内小写字母 x 的高度	div { font-size : 1.2ex }	相对长度单位
px	像素（pixel），像素是相对于显示器屏幕分辨率而言的	div { font-size : 12px }	相对长度单位
pt	点（point），1pt = 1/72in	div { font-size : 12pt }	绝对长度单位
pc	派卡（pica），相当于汉字新四号铅字的尺寸，1pc=12pt	div { font-size : 0.75pc }	绝对长度单位
in	英寸（inch），1in = 2.54cm = 25.4mm = 72pt = 6pc	div { font-size : 0.13in }	绝对长度单位
cm	厘米（centimeter）	div { font-size : 0.33cm }	绝对长度单位
mm	毫米（millimeter）	div { font-size : 3.3mm }	绝对长度单位

2. 百分比单位

百分比单位也是一种常用的相对类型，通常的参考依据为元素的 font-size 属性。百分比值总是相对于另一个值来说的，该值可以是长度单位或其他单位。每一个可以使用百分比值单位指定的属性,同时也自定义了这个百分比值的参照值。在大多数情况下,这个参照值是该元素本身的字体尺寸。并非所有属性都支持百分比单位。

一个百分比值由可选的正号"+"或负号"-",接着一个数字,后跟百分号"%"组成。如果百分比值是正的,正号可以不写。正负号、数字与百分号之间不能有空格。例如:

```
p{ line-height: 200% }        /* 本段文字的高度为标准行高的 2 倍 */
hr{ width: 80% }              /* 水平线长度是相对于浏览器窗口的 80% */
```

注意,不论使用哪种单位,在设置时,数值与单位之间不能加空格。

4.5.2 色彩单位

在 HTML 网页或者 CSS 样式的色彩定义里,设置色彩的方式是 RGB 方式。在 RGB 方式中,所有色彩均由红色(Red)、绿色(Green)、蓝色(Blue)三种色彩混合而成。

在 HTML 标记中只提供了两种设置色彩的方法:十六进制数和色彩英文名称。CSS 则提供了 3 种定义色彩的方法:十六进制数、色彩英文名称和 rgb 函数。

1. 用十六进制数方式表示色彩值

在计算机中,定义每种色彩的强度范围为 0~255。当所有色彩的强度都为 0 时,将产生黑色;当所有色彩的强度都为 255 时,将产生白色。

在 HTML 中,使用 RGB 概念指定色彩时,前面是一个"#"号,再加上 6 个十六进制数字表示,表示方法为:#RRGGBB。其中,前两个数字代表红光强度(Red),中间两个数字代表绿光强度(Green),后两个数字代表蓝光强度(Blue)。以上 3 个参数的取值范围为:00~ff。参数必须是两位数。对于只有 1 位的参数,应在前面补 0。这种方法共可表示 256×256×256 种色彩,即 16M 种色彩。而红色、绿色、蓝色、黑色、白色的十六进制设置值分别为:#ff0000、#00ff00、#0000ff、#000000、#ffffff。例如下面的示例代码。

```
div { color: #ff0000 }
```

如果每个参数各自在两位上的数字都相同,也可缩写为#RGB 的方式。例如:#cc9900 可以缩写为#c90。

2. 用色彩名称方式表示色彩值

在 CSS 中也提供了与 HTML 一样的用色彩英文名称表示色彩的方式。CSS 只提供了 16 种色彩名称,详见表 2-1。例如下面的示例代码:

```
div {color: red }
```

3. 用 rgb 函数方式表示色彩值

在 CSS 中,可以用 rgb 函数设置所要的色彩。语法格式为:rgb(R,G,B)。其中,R 为红色值,G 为绿色值,B 为蓝色值。这 3 个参数可取正整数值或百分比值,正整数值的取值范围为 0~255,百分比值的取值范围为色彩强度的百分比 0.0%~100.0%。例如下面的示例代码。

```
div { color: rgb(128,50,220) }
div { color: rgb(15%,100%,60%) }
```

4.6 样式表的层叠、特殊性与重要性

4.6.1 样式表的层叠

层叠（cascade）是指 CSS 能够对同一个元素应用多个样式表的能力。前面介绍了在网页中插入样式表的 4 种方法，如果这 4 种方法同时出现，浏览器会以哪种方法定义的规则为准？这就涉及了样式表的优先级和层叠。一般原则是，最接近目标的样式定义优先级最高。高优先级样式将继承低优先级样式的未重叠定义，但覆盖重叠的定义。根据规定，样式表的优先级别从高到低为：行内样式表、内部样式表、链接样式表、导入样式表和默认浏览器样式表。浏览器将按照上述顺序执行样式表的规则。

样式表的层叠性就是继承性，样式表的继承规则是：外部的元素样式会保留下来，由这个元素所包含的其他元素继承。不是所有属性都具有继承性，CSS 强制规定部分属性不具有继承性。下面这些属性不具有继承性：边框、外边距、内边距、背景、定位、布局、元素高度和宽度。

【例 4-14】样式表层叠示例。本例文件 4-14.html 在浏览器中的显示效果如图 4-18 所示。

图 4-18 样式表的层叠

在文件夹 style 下用记事本新建一个名为 cascading.css 的样式表文件，代码如下：

```
h2{
    color: blue;
    text-align: left;
    font-size: 8pt;
}
```

在当前文件夹中，用记事本新建一个名为 4-14.html 的网页文件，代码如下：

```
<html>
<head>
<title>多重样式表的层叠</title>
<link rel="stylesheet" type="text/css" href="css/cascading.css" />
<style type="text/css">
h2{
    text-align: right;
    font-size: 16pt;
}
</style>
</head>
<body>
<h2>文字色彩为蓝色，向右对齐，大小为 16pt</h2>
</body>
</html>
```

代码中<h2>标签的外部样式与内部样式叠加后的样式等价于以下代码：

```
h2{
    color: blue;
    text-align: right;
    font-size: 16pt;
}
```

【说明】 上述代码表示<h2>标签的叠加样式效果为"文字色彩为蓝色，向右对齐，大小为 16pt"，字体色彩从外部样式表保留下来，而当对齐方式和字体尺寸各自都有定义时，按照后定义的优先的规则使用内部样式表的定义。

【例 4-15】 样式表层叠示例，本例文件 4-15.html 在浏览器中的显示效果如图 4-19 所示。

图 4-19 样式表的层叠

4-15.html 的代码如下：

```
<html>
<head>
<title>多重样式表的层叠</title>
<style type="text/css">
div {
    color: red;
    font-size:13pt;
}
p {
    color: blue;
}
</style>
</head>
<body>
<div>
    <p>这个段落的文字为蓝色 13 号字</p>    <!-- p 元素里的内容会继承 div 定义的属性 -->
</div>
</body>
</html>
```

【说明】 显示结果为表示段落里的文字大小为 13 号字，继承 div 属性；而 color 属性则依照最后的定义，为蓝色。

图 4-20 样式的特殊性

4.6.2 样式表的特殊性

样式表的特殊性描述了不同规则的相对权重，当多个规则应用到同一个元素时权重越大的样式会被优先采用。

【例 4-16】 样式表的特殊性示例，本例文件 4-16.html 在浏览器中的显示效果如图 4-20 所示。

4-16.html 的代码如下：

```
<html>
<head>
<title>特殊性示例</title>
```

```
    <style type="text/css">
    .color_red{
      color:red;
    }
    p{
      color:blue;
    }
    </style>
    </head>
    <body>
    <p class="color_red">这里的文字颜色是红色</p>
    </body>
    </html>
```

正如上述代码所示，预定义的<p>标签样式和.color_red 类样式都能匹配上面的 p 元素，那么<p>标签中的文字该使用哪一种样式呢？

根据规范，通配符选择符具有特殊性值 0；一个简单的选择符（例如 p）具有特殊性值 1；类选择符具有特殊性值 10；id 选择符具有特殊性值 100；行内样式（style=""）具有特殊性值 1000。选择符的特殊性值越大，规则的相对权重就越大，样式会被优先采用。

对于上面的示例，显然类选择符.color_red 要比简单选择符 p 的特殊性值大，因此<p>标签中的文字的颜色是红色的。

4.6.3 样式表的重要性

不同的选择符定义相同的元素时，要考虑不同选择符之间的优先级（id 选择符、类选择符和 HTML 标签选择符），id 选择符的优先级最高，其次是类选择符，HTML 标签选择符最低。如果想超越这三者之间的关系，可以用!important 来提升样式表的优先权。例如：

```
p { color: #f00!important }
.blue { color: #00f}
#id1 { color: #ff0}
```

同时对页面中的一个段落加上这 3 种样式，它会依照被!important 申明的 HTML 标签选择符的样式，显示红色文字。如果去掉!important，则依照优先权最高的 id 选择符，显示黄色文字。

4.7 案例——制作网络书城相关图书局部信息

本节将结合本章所讲的基础知识制作一个较为综合的案例，但由于尚未讲解 CSS 盒模型的浮动与定位，因此，在制作某些页面效果时采用的是 HTML 标签的方法实现。在本书第 5 章讲解了 CSS 盒模型的知识后，读者可以参考本书提供的网络书城完整网站的页面，在本案例的基础上进一步美化页面效果。

在前面讲解的在网页中引用 CSS 的 4 种方法中，最常用的还是先将样式表保存为一个样式表文件，然后使用链入外部样式表的方法在网页中引用 CSS。

【例 4-17】 使用链接外部样式表的方法制作网络书城相关图书区域的局部信息，本例文件 4-17.html 在浏览器中显示的效果如图 4-21 所示。

图 4-21 相关图书

1．前期准备

（1）栏目目录结构。在栏目文件夹下创建文件夹 images 和 css，分别用来存放图像素材和外部样式表文件。

（2）页面素材。将本页面需要使用的图像素材存放在文件夹 images 下。

（3）外部样式表。在文件夹 css 下新建一个名为 style.css 的样式表文件。

2．制作页面

style.css 的代码如下：

```
body{                              /*设置页面整体样式*/
    width:985px;
    font-family:Tahoma;
    font-size:12px;                /*设置文字大小为 12px*/
    color:#565656;                 /*设置默认文字颜色为灰色*/
    position:relative              /*相对定位*/
}
p {                                /*默认段落样式*/
    margin: 0 0 10px 0;            /*上、右、下、左的外边距依次为 0px,0px,10px,0px*/
    padding: 0;                    /*内边距为 0px*/
}
img {                              /*设置图片样式*/
    border: none;                  /*图片无边框*/
}
a, a:link, a:visited {             /*设置超链接及访问过链接的样式*/
    font-weight: normal;           /*字体正常粗细*/
    text-decoration: none          /*链接无修饰*/
}
a:hover {                          /*设置鼠标悬停链接的样式*/
    text-decoration: underline;    /*加下画线*/
}
.cleaner {
    clear: both;                   /*清除所有浮动*/
}
.h10 {
    height: 10px                   /*清除浮动后保留的空白区域的高度为 10px*/
```

```css
}
#center{                                /*设置相关图片所在中央区域容器的样式*/
    width: 572px;                       /*设置容器宽度为 572px*/
    position:relative;                  /*相对定位*/
}
#content{                               /*设置内容区域的样式*/
    padding:0px 12px 30px 20px;         /*上、右、下、左的内边距依次为 0px,12px,30px,20px*/
    float:left                          /*向左浮动*/
}
#content p{                             /*设置内容区域段落的样式*/
    padding:10px 0 0 5px;               /*上、右、下、左的内边距依次为 10px,0px,0px,5px*/
    margin:0px;                         /*外边距为 0px*/
    text-indent:2em;                    /*首行缩进*/
}
.pad25{                                 /*设置相关图书标题图片上内边距*/
    padding-top:25px;                   /*图片上内边距 25px,使标题图片和明细区域保持分隔距离*/
}
.stuff{                                 /*设置所有图书信息区域的样式*/
    margin:25px 0 0 0;                  /*上、右、下、左的外边距依次为 25px,0px,0px,0px*/
    float:left;                         /*向左浮动*/
}
.item{                                  /*设置单个图书信息区域的样式*/
    width:270px;                        /*宽度为 270px*/
    float:left;                         /*向左浮动*/
    margin:0 0 15px 0                   /*上、右、下、左的外边距依次为 0px,0px,15px,0px*/
}
.item img{                              /*设置单个图书信息区域图片的样式*/
    float:left;                         /*向左浮动*/
    border:1px solid #999;              /*图片边框为 1px 灰色实线*/
}
.item span{                             /*设置图书右侧简介文字区域的样式*/
    font-weight:normal;                 /*正常粗细文字*/
    font-size:12px;
    display:block;                      /*块级元素*/
    width:135px;
    float:left;                         /*向左浮动*/
    padding:5px 0 10px 8px;             /*上、右、下、左的内边距依次为 5px,0px,10px,8px*/
}
.name{                                  /*设置图书作者文字的样式*/
    color:#4a4a4a;                      /*设置文字颜色为深灰色*/
    text-decoration:underline;          /*加下画线*/
}
.name:link,.name:visited{               /*设置图书作者正常链接和访问过链接的样式*/
    text-decoration:underline           /*加下画线*/
}
.name:hover {                           /*设置鼠标悬停链接的样式*/
    text-decoration:none                /*链接无修饰*/
}
```

在当前文件夹中,用记事本新建一个名为 4-17.html 的网页文件,代码如下:

```
<html>
<head>
```

```
        <title>网络书城图书明细</title>
        <link rel="stylesheet" type="text/css" href="css/style.css" />
    </head>
    <body>
        <div id="center">
            <div id="content">
                <img src="images/title7.gif" alt="" width="537" height="23" class="pad25" />
                <div class="stuff">
                    <div class="item">
                        <a href="productdetail.html"><img src="images/product/book3.jpg" alt="" width="124" height="175" /></a>
                        <span><a href="#" class="name">作者：张晓蕾</a></span> <span>清华大学出版社</span>
                        <span style="color:#E27C0E">定   价：&yen;36</span>
                        <span style="color:#E27C0E">书城价：&yen;31</span>
                        <span>积分：50</span>
                    </div>
                    <div class="cleaner h10"></div>
                    <a href="cart.html"><img src="images/addtocart.png" alt="加入购物车"></a>
                </div>
            </div>
        </div>
    </body>
</html>
```

【说明】 "加入购物车"图片按钮在页面中是通过<img>标签实现的，但这种方法很难实现精确定位。这种效果也可以通过设置超链接背景图像来实现，并结合使用盒模型的定位与浮动精确地定位到输出位置，请读者参考第 5 章讲解的 CSS 盒模型的定位与浮动的相关知识。

4.8 实训——使用 CSS 制作家具商城简介页面

【实训】 使用 CSS 制作家具商城简介页面，本例文件 4-18.html 在浏览器中显示的效果如图 4-22 所示。

图 4-22 家具商城简介页面

1．前期准备

（1）目录结构。在实训文件夹下创建文件夹 images 和 css，分别用来存放图像素材和外部样式表文件。

（2）页面素材。将本页面需要使用的图像素材存放在文件夹 images 下。

（3）外部样式表。在文件夹 css 下新建一个名为 style.css 的样式表文件。

2．制作页面

style.css 的代码如下：

```css
*{
    padding:0px;                              /* *表示针对HTML的所有元素*/
    margin:0px;                               /*内边距为 0px*/
    line-height: 20px;                        /*外边距为 0px*/
}                                             /*行高 20px*/
body{
    height:100%;                              /*设置页面整体样式*/
    background-color:#f3f1e9;                 /*高度为相对单位*/
    position:relative;                        /*浅灰色背景*/
}                                             /*相对定位*/
img{
    border:0px;                               /*图片无边框*/
}
#main_block{                                  /*设置主体容器的样式*/
    font-family:Arial, Helvetica, sans-serif;
    font-size:12px;                           /*设置文字大小为 12px*/
    color:#464646;                            /*设置默认文字颜色为灰色*/
    overflow:hidden;                          /*溢出隐藏*/
    float:left;                               /*向左浮动*/
    width:752px;                              /*设置容器宽度为 752px*/
}
.content_main{                                /*设置内容区域的样式*/
    width:720px;
    float:left;                               /*向左浮动*/
    padding:20px 0 10px 20px;                 /*上、右、下、左的内边距依次为 20px,0px,10px,20px*/
}
.box_details{                                 /*设置详细信息盒子的样式*/
    padding:10px 0 10px 0;                    /*上、右、下、左的内边距依次为 10px,0px,10px,0px*/
    margin:10px 20px 10px 0;                  /*上、右、下、左的外边距依次为 10px,20px,10px,0px*/
    clear:both;                               /*清除所有浮动*/
}
.box_details p{                               /*设置盒子中段落的样式*/
    padding:5px 15px 5px 15px;                /*上、右、下、左的内边距依次为 5px,15px,5px,15px*/
    text-indent:2em                           /*首行缩进*/
}
img.right{                                    /*设置图片对齐方式*/
    float:right;                              /*向右浮动*/
    padding:0 0 0 30px;                       /*上、右、下、左的内边距依次为 0px,0px,0px,30px*/
}
```

在当前文件夹中，用记事本新建一个名为 4-18.html 的网页文件，代码如下：

```html
<!doctype html>
<html>
<head>
<meta charset="gb2312">
<title>关于页</title>
```

```
        <link rel="stylesheet" type="text/css" href="css/style.css" />
    </head>
    <body>
        <div id="main_block">
            <div class="content_main">
                <h1>商城简介</h1>
                <div class="box_details">
                    <p> <img src="images/intro.jpg" alt="" title="" class="right" />家具商城是全国最大的综合性家
具在线购物商城，由国内著名家具设计开发机构……（此处省略文字）</p>
                    <p>家具商城自开业 5 年来，大力拓展发展自有品牌。从网上百货商场拓展到网上购物中心
的同时，也在大力开放平台。目前，平台商店数量已超过 1000 家，……（此处省略文字）</p>
                    <p>家具商城拥有业界公认的一流的运营网络。目前有 15 个运营中心，主要负责厂商收货、
仓储、库存管理、订单发货、调拨发货、客户退货、返厂……（此处省略文字）</p>
                </div>
            </div>
        </div>
    </body>
</html>
```

【说明】

（1）在本页面中，图片四周的空白间隙是通过"padding:0 0 0 30px;"来实现的，表示图像的左内边距为 30px，使图像和其左侧的文字之间具有一定的空隙，这种效果可以通过盒模型的边距来设置，请读者参考第 5 章讲解的 CSS 盒模型的边距的相关知识。

（2）本例中图片右对齐的效果是通过"float:right;"向右浮动的 CSS 样式实现的，请读者参考第 5 章讲解的 CSS 盒模型的定位与浮动的相关知识。

习题 4

1．使用伪类相关的知识制作鼠标悬停效果。当鼠标未悬停在链接上时，显示效果如图 4-23（a）所示；当鼠标悬停在链接上时，显示效果如图 4-23（b）所示。

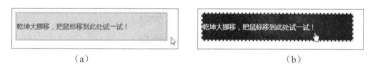

（a）　　　　　　　　　　　　　（b）

图 4-23　题 1 图

2．建立内部样式表，使用包含选择符与群组选择符制作如图 4-24 所示的页面。

图 4-24　题 2 图

3. 使用 CSS 制作家具商城产品特色局部页面，如图 4-25 所示。

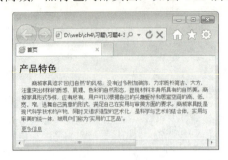

图 4-25　题 3 图

4. 使用 CSS 制作网络书城服务指南局部页面，如图 4-26 所示。

图 4-26　题 4 图

5. 扫描二维码（如图 4-27 所示），对本章部分知识点进行测验。

图 4-27　题 5 二维码

第 5 章 使用 DIV+CSS 布局页面

通过第 4 章的学习，读者了解到 CSS 强大的表现控制功能，特别是在布局方面有很大的优势。随着 Web 标准在国内的逐渐普及，许多网站已经开始重构。Web 标准提出将网页的内容与表现分离，同时要求 HTML 文档具有良好的结构。

相对于代码条理混乱、样式混杂在结构中的表格布局，DIV+CSS 将带来全新的布局方法。本章将通过多个示例讲解 DIV+CSS 布局页面的方法。

5.1 DIV 布局技术简介

在掌握 DIV 布局技术之前，首先要了解什么是 DIV 布局及使用 DIV 布局的优点。

5.1.1 什么是 DIV 布局

传统的 HTML 标签中，既有控制结构的标签（如<title>标签和<p>标签），又有控制表现的标签（如<font>标签和<b>标签），还有本意用于结构后来被滥用于控制表现的标签（如<h1>标签和<table>标签）。页面的整个结构标签与表现标签混合在一起。

相对于其他 HTML 继承而来的元素，DIV 标签的特性就是它是一种块级元素，更容易被 CSS 代码控制样式。

DIV+CSS 的页面布局不仅仅是设计方式的转变，而且是设计思想的转变，这一转变为网页设计带来了许多方便。虽然在设计中使用的元素依然没有改变，在旧的表格布局中，也会使用到 DIV 和 CSS，但它们却没有被用于页面布局。采用 DIV+CSS 布局方式的优点如下：

- DIV 用于搭建网站结构，CSS 用于创建网站表现，将表现与内容分离，便于大型网站的协作开发和维护。
- 缩短了网站的改版时间，设计者只要简单地修改 CSS 文件就可以轻松地改版网站。
- 强大的字体控制和排版能力，使设计者能够更好地控制页面布局。
- 使用只包含结构化内容的 HTML 代替嵌套的标签，提高搜索引擎对网页的索引效率。
- 用户可以将许多网页的风格格式同时更新。

5.1.2 将页面用 DIV 分块

使用 DIV+CSS 布局页面完全有别于传统的网页布局习惯，它将页面首先在整体上进行 DIV 标签的分块，然后对各个块进行 CSS 定位，最后再在各个块中添加相应的内容。

DIV 标签是可以被嵌套的，这种嵌套的 DIV 主要用于实现更为复杂的页面排版。下面以两个示例说明嵌套的 DIV 之间的关系。

【例 5-1】 未嵌套的 DIV 容器，本例代码运行如图 5-1 左图所示，可实现如图 5-1 右图所示的 DIV 布局效果。

5-1.html 的代码如下：

```
<body>
  <div id="top">此处显示 id "top" 的内容</div>
  <div id="main">此处显示 id "main" 的内容</div>
  <div id="footer">此处显示 id "footer" 的内容</div>
</body>
</html>
```

以上代码中分别定义了 id="top"、id="main"和 id="footer"的 3 个 DIV 标签，它们之间是并列关系，没有嵌套。在页面布局结构中以垂直方向顺序排列。而在实际的工作中，这种布局方式并不能满足需要，经常会遇到 DIV 之间的嵌套。

【例 5-2】 嵌套的 DIV 容器，本例代码运行如图 5-2 左图所示，可实现如图 5-2 右图所示的 DIV 布局效果。

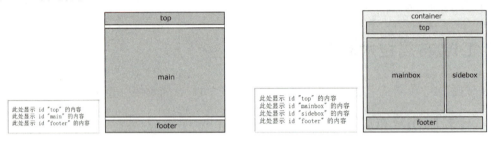

图 5-1　未嵌套的 DIV　　　　　　图 5-2　嵌套的 DIV

5-2.html 的代码如下：

```
<body>
<div id="container">
  <div id="top">此处显示   id "top" 的内容</div>
  <div id="main">
      <div id="mainbox">此处显示   id "mainbox" 的内容</div>
      <div id="sidebox">此处显示   id "sidebox" 的内容</div>
  </div>
  <div id="footer">此处显示   id "footer" 的内容</div>
</div>
</body>
```

本例中，id="container"的 DIV 作为盛放其他元素的容器，它所包含的所有元素对于 id="container"的 DIV 来说都是嵌套关系。对于 id="main"的 DIV 容器，则根据实际情况进行布局，这里分别定义 id="mainbox"和"sidebox"两个 DIV 标签，虽然新定义的 DIV 标签之间是并列的关系，但都处于 id="main"的 DIV 标签内部，因此它们与 id="main"的 DIV 形成一个嵌套关系。

需要说明的是，由于 id="mainbox"和"sidebox"这两个 DIV 标签未添加浮动样式，因此在代码运行的效果图中不能看到并列排列的关系，在本章后续内容中讲解如何实现这样的效果。

5.2 盒模型

W3C 建议把网页上所有的元素都放在一个个盒模型（Box Model）中，可以通过 CSS 来控制这些盒子的显示属性，将这些盒子进行定位完成整个页面的布局。盒模型是 CSS 定位布局的核心内容。

5.2.1 盒模型简介

样式表规定了一个 CSS 盒模型,每一个整块对象或替代对象都包含在样式表生成器的 Box 容器内,它储存一个对象的所有可操作的样式。

盒模型将页面中的每个元素看做一个矩形框,这个框由元素的内容、内边距(padding)、边框(border)和外边距(margin)组成,如图 5-3 所示。对象的尺寸与边框等样式表属性的关系如图 5-4 所示。

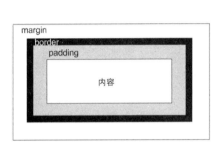 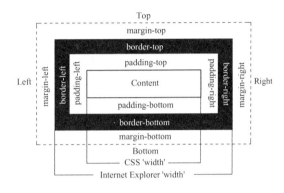

图 5-3 CSS 盒模型　　　　　　图 5-4 尺寸与边框等样式表属性的关系

盒模型最里面的部分就是实际的内容,内边距紧紧包围在内容区域的周围,如果给某个元素添加背景色或背景图像,那么该元素的背景色或背景图像也将出现在内边距中。在内边距的外侧边缘是边框,边框以外是外边距。边框的作用就是在内外边距之间创建一个隔离带,以避免视觉上的混淆。

内边距、边框和外边距这些属性都是可选的,默认值都是 0。但是,许多元素将由用户代理样式表设置外边距和内边距。为了解决这个问题,可以通过将元素的 margin 和 padding 设置为 0 来覆盖这些浏览器样式。通常在 CSS 样式文件中输入以下代码:

```
*{
    margin: 0;
    padding: 0;
}
```

5.2.2 外边距、边框与内边距

1. 外边距

围绕在元素边框周围的空白区域是外边距,外边距设置属性有 margin-top、margin-right、margin-bottom、margin-left,可分别设置,也可以用 margin 属性一次设置所有边距。

(1)上外边距(margin-top)

语法:**margin-top : length | auto**

参数:length 是由数字和单位标识符组成的长度值或者百分数,百分数是基于父对象的高度。auto 值被设置为对边的值。

说明:设置对象上外边距,外边距始终透明。内联元素要使用该属性,必须先设定元素

的 height 或 width 属性，或者设定 position 属性为 absolute。

示例：

> body { margin-top: 11.5% }

（2）右外边距（margin-right）

语法：**margin-right : length | auto**

参数：同 margin-top。

说明：同 margin-top。

示例：

> body { margin-right: 11.5%; }

（3）下外边距（margin-bottom）

语法：**margin-bottom : length | auto**

参数：同 margin-top。

说明：同 margin-top。

示例：

> body { margin-bottom: 11.5%; }

（4）左外边距（margin-left）

语法：**margin-left : length | auto**

参数：同 margin-top。

说明：同 margin-top。

示例：

> body { margin-left: 11.5%; }

以上 4 项属性可以控制一个要素四周的边距，每一个边距都可以有不同的值。或者设置一个边距，然后让浏览器用默认设置设定其他几个边距。可以将边距应用于文字和其他元素。

示例：

> h4 { margin-top: 20px; margin-bottom: 5px; margin-left: 100px; margin-right: 55px }

设定边距参数值最常用的方法是利用长度单位（px、pt 等），也可以用比例值设定边距。将边距值设为负值，就可以将两个对象叠在一起，例如把下边距设为-55px，右边距为 60px。

（5）外边距（margin）

语法：**margin : length | auto**

参数：length 是由数字和单位标识符组成的长度值或百分数，百分数是基于父对象的高度；对于内联元素来说，左右外边距可以是负数值。auto 值被设置为对边的值。

说明：设置对象四边的外边距，如图 5-5 所示，位于盒模型的最外层，包括 4 项属性：margin-top（上外边距）、margin-right（右外边距）、margin-bottom（下外边距）、margin-left（左外边距），外延边距始终是透明的。

如果提供全部 4 个参数值，将按 margin-top（上）、margin-right（右）、margin-bottom（下）、margin-left（左）的顺序作用于 4 边（顺时针）。每个参数中间用空格分隔。

如果只提供1个，将用于全部的四边。

如果提供两个，第1个用于上、下，第2个用于左、右。

如果提供3个，第1个用于上，第2个用于左、右，第3个用于下。

内联元素要使用该属性，必须先设定对象的 height 或 width 属性，或者设定 position 属性为 absolute。

示例：

```
body { margin: 36pt 24pt 36pt }
body { margin: 11.5% }
body { margin: 10% 10% 10% 10% }
```

2．边框

元素的边框是围绕元素内容和内边距的一条或多条线，border 属性允许规定元素边框的样式、宽度和颜色。常用的边框属性有 7 项：border-top、border-right、border-bottom、border-left、border-width、border-color、border-style。其中 border-width 可以一次性设置所有的边框宽度；border-color 同时设置四面边框的颜色时，可以连续写上 4 种颜色，并用空格分隔。上述连续设置的边框都是按 border-top、border-right、border-bottom、border-left 的顺序（顺时针）。

（1）所有边框宽度（border-width）

语法：**border-width : medium | thin | thick | length**

参数：medium 为默认宽度，thin 为小于默认宽度，thick 为大于默认宽度。length 是由数字和单位标识符组成的长度值，不可为负值。

说明：如果提供全部 4 个参数值，将按上、右、下、左的顺序作用于 4 个边框。如果只提供一个，将用于全部的 4 条边。如果提供两个，第 1 个用于上、下，第 2 个用于左、右。如果提供 3 个，第 1 个用于上，第 2 个用于左、右，第 3 个用于下。

要使用该属性，必须先设定对象的 height 或 width 属性，或者设定 position 属性为 absolute。如果 border-style 设置为 none，本属性将失去作用。

示例：

```
span { border-style: solid; border-width: thin }
span { border-style: solid; border-width: 1px thin }
```

（2）边框样式（border-style）

语法：**border-style : none | hidden | dotted | dashed | solid | double | groove | ridge | inset | outset**

参数：border-style 属性包括了多个边框样式的参数。

none：无边框。与任何指定的 border-width 值无关。

dotted：边框为点线。

dashed：边框为长短线。

solid：边框为实线。

double：边框为双线。两条单线与其间隔的和等于指定的 border-width 值。

groove：根据 border-color 的值画 3D 凹槽。

ridge：根据 border-color 的值画菱形边框。

inset：根据 border-color 的值画 3D 凹边。

outset：根据 border-color 的值画 3D 凸边。

说明：如果提供全部 4 个参数值，将按上、右、下、左的顺序作用于 4 个边框。如果只提供 1 个，将用于全部的 4 条边。如果提供两个，第 1 个用于上、下，第 2 个用于左、右。如果提供 3 个，第 1 个用于上，第 2 个用于左、右，第 3 个用于下。

要使用该属性，必须先设定对象的 height 或 width 属性，或者设定 position 属性为 absolute。如果 border-width 不大于 0，本属性将失去作用。

示例：

> body { border-style: double groove }
> body { border-style: double groove dashed }
> p { border-style: double; border-width: 3px }

（3）边框颜色（border-color）

语法：**border-color : color**

参数：color 指定颜色。

说明：要使用该属性，必须先设定对象的 height 或 width 属性，或者设定 position 属性为 absolute。如果 border-width 等于 0 或 border-style 设置为 none，本属性将失去作用。

示例：

> body { border-color: silver red }
> body { border-color: silver red rgb(223, 94, 77) }
> body { border-color: silver red rgb(223, 94, 77) black }
> h4 { border-color: #ff0033; border-width: thick }
> p { border-color: green; border-width: 3px }
> p { border-color: #666699 #ff0033 #000000 #ffff99; border-width: 3px }

（4）上边框宽度（border-top）

语法：**border-top : border-width || border-style || border-color**

参数：该属性是复合属性。请参阅各参数对应的属性。

说明：请参阅 border-width 属性。

示例：

> div { border-bottom: 25px solid red; border-left: 25px solid yellow; border-right: 25px solid blue; border-top: 25px solid green }

（5）右边框宽度（border-right）

语法：**border-right : border-width || border-style || border-color**

参数：该属性是复合属性。请参阅各参数对应的属性。

说明：请参阅 border-width 属性。

（6）下边框宽度（border-bottom）

语法：**border-bottom : border-width || border-style || border-color**

参数：该属性是复合属性。请参阅各参数对应的属性。

说明：请参阅 border-width 属性。

（7）左边框宽度（border-left）

语法：**border-left : border-width || border-style || border-color**

参数：该属性是复合属性。请参阅各参数对应的属性。

说明：请参阅 border-width 属性。

示例：

h4{border-top-width: 2px; border-bottom-width: 5px; border-left-width: 1px; border-right-width: 1px}

【例 5-3】使用外边距（margin）属性实现某个分区的缩进及位置的居中，本例文件 5-3.html 在浏览器中显示的效果如图 5-5 所示。

图 5-5　页面的显示效果

5-3.html 的代码如下：

```
<!DOCTYPE html PUBLIC "-//W3C//DTD XHTML 1.0 Transitional//EN"
"http://www.w3.org/TR/xhtml1/DTD/xhtml1-transitional.dtd">
<html>
<head><title>外边距</title></head>
<style type="text/css">
.margin{
    background-color:#f66;
    border:1px solid #00f;          /*边框为 1px 蓝色实线*/
    width:500px;
    margin:40px 20px 20px 60px;     /*按上-右-下-左方向的外边距分别为 40px、20px、20px、60px*/
}
.automargin{
    background-color:#f66;
    border:1px solid #00f;          /*边框为 1px 蓝色实线*/
    width:300px;
    margin:0px auto;                /*块级元素的水平居中*/
}
</style>
<body>
    <div style="width:580px;border:1px solid #00f;background-color:#6ff">无外边距的分区 div。</div>
    <div style="width:580px;border:1px solid #00f;background-color:#ff6">  <!--外层容器-->
        <div class="margin">设置外边距的分区 div,按上-右-下-左顺时针方向的外边距分别为：40px 20px 20px 60px。</div>
    </div><br/>
    <div class="automargin">设置位置水平居中的分区 div,是该 div 在块级元素中的水平居中。</div>
</body>
</html>
```

【说明】

（1）细心的读者一定注意到，代码的第 1 行添加文档类型声明，其目的是使 IE 浏览器支持块级元素的水平居中"margin:0px auto;"。代码如下：

```
<!DOCTYPE html PUBLIC "-//W3C//DTD XHTML 1.0 Transitional//EN"
"http://www.w3.org/TR/xhtml1/DTD/xhtml1-transitional.dtd">
```

上面这些代码称做 DOCTYPE 声明。DOCTYPE 是 document type（文档类型）的简写，用来说明使用的 XHTML 或者 HTML 是什么版本。

其中的 DTD（例如上例中的 xhtml1-transitional.dtd）叫文档类型定义，里面包含了文档的规则，浏览器就根据定义的 DTD 来解释页面的标识，并展现出来。这里使用过渡的（Transitional）且要求非常宽松的 DTD，允许继续使用 HTML4.01 的标识。这种 DTD 还允许使用表现层的标识、元素和属性，也比较容易通过 W3C 的代码校验。

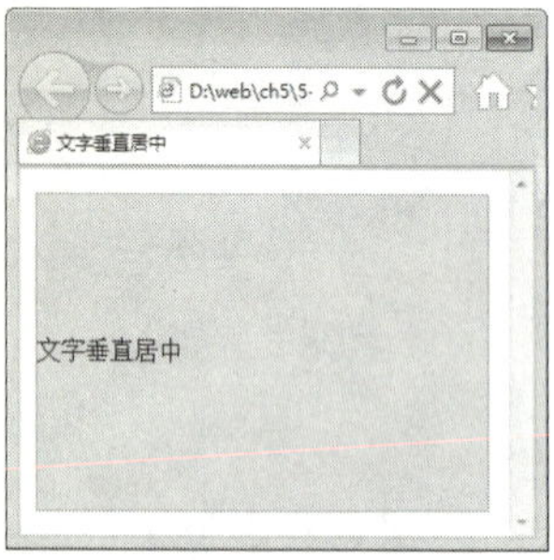

如果页面第 1 行没有上述文档类型声明，在 IE 8 浏览器中块级元素将不能实现水平居中。但在 Firefox 和 Opera 浏览器中，不需要加入上述文档类型声明就能实现块级元素水平居中。

（2）如果实现文字内容的水平居中，例如，设置段落<p>内的文字水平居中，则设置块级元素的"text-align:center;"属性即可实现文字水平居中。

图 5-6 文字垂直居中效果

（3）如果实现文字内容的垂直居中，可以设置文字所在行的高度 height 与文字行高属性 line-height 一致。

【例 5-4】 文字垂直居中效果，本例文件 5-4.html 在浏览器中显示的效果如图 5-6 所示。5-4.html 的代码如下：

```
<html>
<head>
<title>文字垂直居中</title>
</head>
<style type="text/css">
div{
    background-color:#6ff;
    width:300px;           /*容器的宽度为 300px*/
    height:200px;          /*容器的高度为 200px*/
    line-height:200px;     /*文字行高为 200px*/
    border:1px solid #999; /*边框为 1px 灰色实线*/
}
</style>
<body>
    <div>文字垂直居中</div>
</body>
</html>
```

3．内边距

元素的内边距在边框和内容区之间，padding 属性定义元素边框与元素内容之间的空白区域。内边距包括了 4 项属性：padding-top（上内边距）、padding-right（右内边距）、padding-bottom（下内边距）、padding-left（左内边距），内边距属性不允许负值。与外边距类似，内边距也可以用 padding 一次性设置所有的对象间隙，格式也和 margin 相似，这里不再一一列举。

【例 5-5】 使用内边距（padding）属性设置分区的内容与边框之间的距离，本例文件 5-5.html 在浏览器中显示的效果如图 5-7 所示。

图 5-7 页面的显示效果

5-5.html 的代码如下：

```html
<html>
<head><title>内边距</title></head>
<style type="text/css">
.nopadding{
  background-color:#6ff;
  width:500px;
  border:1px solid #00f;          /*边框为 1px 蓝色实线*/
}
.padding{
  background-color:#9af;
  width:500px;
  border:1px solid #00f;          /*边框为 1px 蓝色实线*/
  padding:40px 30px 20px;         /*按上-右-下-左方向的内边距分别为：40px 30px 20px 30px*/
}
</style>
<body>
  <div class="nopadding">无内边距填充效果的分区 div。</div>
  <div class="padding">设置内边距填充效果的分区 div,按上-右-下-左顺时针方向的内边距分别为：40px 30px 20px 30px。
  </div>
</body>
</html>
```

【说明】 内边距（padding）并非实体，而是透明留白，所以没有修饰属性。

5.2.3 盒模型的宽度与高度

在 CSS 中 width 和 height 属性也经常用到，它们分别表示内容区域的宽度和高度。增加或减少内边距、边框和外边距不会影响内容区域的尺寸，但是会增加元素的总尺寸。盒模型的宽度和高度要在 width 和 height 属性值基础上加上内边距、边框和外边距。

1. 盒模型的宽度

盒模型的宽度=左外边距（margin-left）+左边框（border-left）+左内边距（padding-left）+内容宽度（width）+右内边距（padding-right）+右边框（border-right）+右外边距（margin-right）

2. 盒模型的高度

盒模型的高度=上外边距（margin-top）+上边框（border-top）+上内边距（padding-top）+内容高度（height）+下内边距（padding-bottom）+下边框（border-bottom）+下外边距（margin-bottom）

为了更好地理解盒模型的宽度与高度，定义某个元素的 CSS 样式，代码如下：

```css
#test{
  margin:10px 20px;              /*定义元素上下外边距为 10px，左右外边距为 20px*/
  padding:20px 10px;             /*定义元素上下内边距为 20px，左右内边距为 10px*/
  border-width:10px 20px;        /*定义元素上下边框宽度为 10px，左右边框宽度为 20px*/
  border:solid #f00;             /*定义元素边框类型为实线型，颜色为红色*/
  width:100px;                   /*定义元素宽度为 100px*/
  height:100px;                  /*定义元素高度为 100px*/
}
```

盒模型的宽度=20px+20px+10px+100px+10px+20px+20px=200px
盒模型的高度=10px+10px+20px+100px+20px+10px+10px=180px

5.2.4 外边距的合并

外边距合并是指当两个垂直外边距相遇时，它们将形成一个外边距。合并后的外边距高度等于两个发生合并的外边距的高度中的较大者。

例如，有几个段落组成的文本，第一个段落上面的空白区域等于段落的上外边距，如果没有外边距合并，后续所有段落之间的外边距都将是相邻上外边距和下外边距的和，这意味着段落之间的空白区域是页面顶部的两倍。如果有了外边距合并，段落之间的上外边距和下外边距合并在一起，这样每个段落之间以及段落和其他元素之间的空白区域就一样了。

1．两个元素垂直相遇时合并

当两个元素垂直相遇时，第一个元素的下外边距与第二个元素的上外边距会发生叠加合并，合并后的外边距的高度等于这两个元素的外边距值的较大者，如图5-8所示。

2．两个元素包含时合并

假设两个元素没有内边距和边框，且一个元素包含另一个元素，它们的上外边距或下外边距也会发生叠加合并，如图5-9所示。

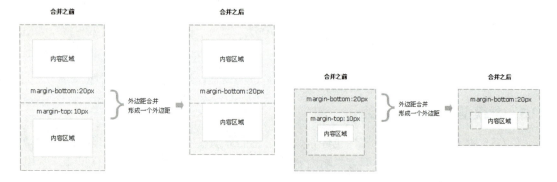

图5-8 两个元素垂直相遇时合并　　　　图5-9 两个元素包含时合并

5.2.5 案例——制作网络书城关于页的局部信息

【例5-6】使用盒模型技术修饰网络书城关于页的局部信息，通过设置边框和边距美化页面，本例文件5-6.html在浏览器中显示的效果如图5-10所示。

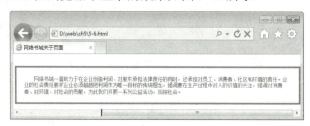

图5-10 页面的显示效果

5-6.html 的代码如下：

```
<!doctype html>
<html>
```

```
<head>
<meta charset="gb2312">
<title>网络书城关于页面</title>
<style type="text/css">
body{                              /*设置页面整体样式*/
    width:985px;
    font-family:Tahoma;
    font-size:12px;                /*设置文字大小为 12px*/
    color:#565656;                 /*设置默认文字颜色为灰色*/
    position:relative              /*相对定位*/
}
#content {                         /*主体内容区块的样式*/
    width: 690px                   /*区块宽度 690px*/
}
.float_r {
    float: right                   /*向右浮动*/
}
blockquote {                       /*设置文字区块样式*/
    border: 4px solid #039fb1;     /*所有边框为 4px 青蓝色实线*/
    padding: 19px;                 /*四周内边距为 19px*/
    margin: 20px 0 0 0;            /*上、右、下、左的外边距依次为 20px,0px, 0px,0px*/
    text-indent:2em;               /*首行缩进*/
}
</style>
</head>
</body>
<div id="content" class="float_r">
    <blockquote>网络书城一直致力于在企业创造利润、对股东……（此处省略文字）</blockquote>
</div>
</html>
```

【说明】 在设置 blockquote 区块 4 个边框的样式时，既可以分别设置 border-top、border-right、border-bottom、border-left 这 4 个边框，也可以采用本案例中使用的方法，即先设置所有边框样式，然后再重新设置某一边框的样式。

【例 5-7】 网络书城页面顶部的布局，本例文件 5-7.html 的显示效果如图 5-11 所示。

图 5-11 网络书城页面顶部的布局

5-7.html 的代码如下：

```
<!doctype html>
<html>
<head>
<meta charset="gb2312">
<title>网络书城关于页面</title>
<style type="text/css">
body{                              /*设置页面整体样式*/
    width:985px;
```

```css
    margin:0 auto;                  /*页面自动居中对齐*/
    font-family:Tahoma;
    font-size:12px;                 /*设置文字大小为 12px*/
    color:#565656;                  /*设置默认文字颜色为灰色*/
    position:relative               /*相对定位*/
}
p {                                 /*默认段落样式*/
    margin: 0 0 10px 0;             /*上、右、下、左的外边距依次为 0px,0px,10px,0px*/
    padding: 0;                     /*内边距为 0px*/
}
img {                               /*设置图片样式*/
    border: none;                   /*图片无边框*/
}
#header{                            /*设置页面顶部样式*/
    padding:17px 0 0 47px;          /*上、右、下、左的内边距依次为 17px,0px,0px,47px*/
}
.float{                             /*设置 Logo 图片的浮动方式及右外边距*/
    float:left;                     /*向左浮动*/
    margin-right:164px;             /*右外边距 164px*/
}
.topblock{                          /*设置购物车区块和语言区块的样式*/
    background-image:url(images/blockbg.gif);   /*背景图片*/
    background-position:top left;               /*背景图片顶端左对齐*/
    background-repeat:no-repeat;                /*背景图片无重复*/
    width:179px;
    height:46px;
    padding:15px 1px 0 24px;        /*上、右、下、左的内边距依次为 15px,1px,0px,24px*/
    float:right;                    /*向右浮动*/
    font-family:Tahoma;
    color:#5b5b5b;                  /*设置文字颜色为灰色*/
    font-weight:normal              /*文字正常粗细*/
}
.topblock p{                        /*设置购物车区块和语言区块段落的样式*/
    line-height:15px;               /*段落行高 15px*/
}
.topblock span{                     /*设置购物车区块和语言区块局部范围文字的样式*/
    font-weight:normal;             /*文字正常粗细*/
}
.topblock strong{                   /*设置购物车中商品数量突出显示文字的样式*/
    color:#0283dd                   /*设置文字颜色为青色*/
}
.topblock a{                        /*设置购物车区块和语言区块超链接的样式*/
    margin:5px 4px 0 0;             /*上、右、下、左的外边距依次为 5px,4px,0px,0px*/
    color:#5b5b5b;                  /*设置文字颜色为灰色*/
    text-decoration:none            /*链接无修饰*/
}
.topblock a:hover{                  /*设置购物车区块和语言区块悬停链接的样式*/
    color:#0283dd;                  /*设置文字颜色为青色*/
    text-decoration:underline       /*加下画线*/
}
```

```
            .shopping{                           /*设置购物车图标的样式*/
                float:left;                      /*向左浮动*/
                padding:3px 12px 0 0             /*上、右、下、左的内边距依次为 3px,12px,0px,0px*/
            }
        </style>
    </head>
    <body>
        <div id="header">
            <a href="index.html" class="float"><img src="images/logo.jpg" width="171" height="73" /></a>
            <div class="topblock">
                语言:<br />       
                <a href="#">简体中文</a>
                <a href="#">繁体中文</a>
                <a href="#">英文</a>
            </div>
            <div class="topblock">
                <img src="images/shopping.gif" alt="" width="24" height="24" class="shopping" />
                <p><a href="#">购物车</a></p> <p><strong>3</strong> <span>个商品</span></p>
            </div>
        </div>
    </body>
</html>
```

【说明】 在本例页面顶部中的购物车区块和语言区块的背景样式设置中，分别使用了"background-image"、"background-position"和"background-repeat"3 个背景属性，指定了背景图像在背景区域中无重复显示并且顶端左对齐。请读者参考第 6 章讲解的使用 CSS 设置背景的相关知识。

5.3 CSS 的定位

前面介绍了独立的盒模型，以及在标准流情况下的盒子的相互关系。如果仅仅按照标准流的方式进行排版，就只能按照仅有的几种可能性进行排版，限制太大。CSS 的制定者也想到了排版限制的问题，因此又给出了若干不同的手段以实现各种排版需要。

定位（position）的基本思想很简单，它允许用户定义元素框相对于其正常位置应该出现的位置，这个属性定义建立元素布局所用的定位机制。

5.3.1 和定位相关的属性

1. 定位方式（position）

position 属性可以选择 4 种不同类型的定位方式，语法如下：

position : static | relative | absolute | fixed

参数：static 静态定位为默认值，为无特殊定位，对象遵循 HTML 定位规则。relative 生成相对定位的元素，相对于其正常位置进行定位。absolute 生成绝对定位的元素。元素的位置通过 left、top、right 和 bottom 属性进行规定。fixed 生成绝对定位的元素，相对于浏览器窗口进行定位。元素的位置通过 left、top、right 以及 bottom 属性进行规定。

2. 左、右、上、下位置

语法：

left:auto | length

right:auto | length

top:auto | length

bottom:auto | length

参数：auto 无特殊定位，根据 HTML 定位规则在文档流中分配。length 是由数字和单位标识符组成的长度值或百分数。必须定义 position 属性值为 absolute 或者 relative，此取值方可生效。

说明：用于设置对象与其最近一个定位的父对象左边相关的位置。

3. 宽度（width）

语法：**width:auto | length**

参数：auto 无特殊定位，根据 HTML 定位规则在文档中分配。length 是由数字和单位标识符组成的长度值或百分数，百分数是基于父对象的宽度，不可为负值。

说明：用于设置对象的宽度。对于 img 对象来说，仅指定此属性，其 height 值将根据图片原尺寸进行等比例缩放。

4. 高度（height）

语法：**height:auto | length**

参数：同宽度（width）。

说明：用于设置对象的高度。对于 img 对象来说，仅指定此属性，其 width 值将根据图片原尺寸进行等比例缩放。

5. 最小高度（min-height）

语法：**min-height:auto | length**

参数：同宽度（width）。

说明：用于设置对象的最小高度，即为对象的高度设置一个最低限制。因此，元素可以比指定值高，但不能比其低，也不允许指定负值。

需要注意的是，IE 浏览器是从 IE 7 才开始支持 min-height 属性的，IE 6 及 IE 6 以前的浏览器都不支持该属性。

示例：

```
<p style="min-height: 100px;background: #ccc">本段落只有一行文本，在段落内容很少的时候，它显示最小高度 100px。
</p>
```

使用不同的浏览器测试，在 Opera 浏览器中的显示效果如图 5-12 所示，在 IE 9 浏览器中的显示效果如图 5-13 所示。

图 5-12 Opera 浏览器中正常显示

图 5-13 IE 9 浏览器中正常显示

上面已经讲到 IE 6 不支持 min-height 属性，如何才能让 IE 6 也实现相同的效果呢？解决该问题的方法是，使用 min-height 属性和_height 属性设置 height 属性值，代码如下：

```
<p style="min-height:100px; _height:100px; background: #ccc">本段落只有一行文本，在段落内容很少的时候，它显示最小高度100px。
</p>
```

读者可以验证以上代码的浏览效果，这里不再赘述。

6．可见性（visibility）

语法：**visibility:inherit | visible | collapse | hidden**

参数：inherit 继承上一个父对象的可见性。visible 使对象可见，如果希望对象可见，其父对象也必须是可见的。hidden 使对象被隐藏。collapse 主要用来隐藏表格的行或列，隐藏的行或列能够被其他内容使用，对于表格外的其他对象，其作用等同于 hidden。

说明：用于设置是否显示对象。与 display 属性不同，此属性为隐藏的对象保留其占据的物理空间，即当一个对象被隐藏后，它仍然要占据浏览器窗口中的原有空间。所以，如果将文字包围在一幅被隐藏的图像周围，则其显示效果是文字包围着一块空白区域。这条属性在编写语言和使用动态 HTML 时很有用，例如可以使某段落或图像只在鼠标指针滑过时才显示。

5.3.2 定位方式

1．静态定位

静态定位是 position 属性的默认值，即该元素出现在文档的常规位置，不会重新定位。通常此属性可以不设置，除非是要覆盖以前的定义。

【例 5-8】 静态定位。假设有这样一个页面布局，页面中分别定义了 id="top"、id="box"和 id="footer"这 3 个 DIV 容器，彼此是并列关系。id="box"的容器又包含 id="box-1"、id="box-2"和 id="box-3"这 3 个子 DIV 容器，彼此也是并列关系。编写相应的 CSS 样式，生成的文件 5-8.html 在浏览器中显示的效果如图 5-14 所示。

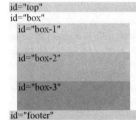

图 5-14 静态定位的效果

5-8.html 的代码如下：

```
<html>
<head>
<title>静态定位</title>
<style type="text/css">
body {
    width:400px;                    /*设置 body 宽度*/
    font-size:30px;
}
#top {
    width:400px;                    /*设置元素宽度*/
    line-height:30px;               /*行高为 30px*/
    background-color:#6cf;          /*背景色为浅蓝色*/
    padding-left:5px;               /*左内边距为 5px*/
}
#box {
    width:400px;                    /*设置元素宽度*/
```

```
        background-color:#ff6;      /*背景色为深黄色*/
        padding-left:5px;           /*左内边距为 5px*/
        position:static;            /*静态定位*/
    }
    #box-1 {
        width:350px;                /*设置元素宽度*/
        background-color:#c9f;      /*设置背景色*/
        margin-left:20px;           /*左外边距为 20px*/
        padding-left:5px;           *左内边距为 5px*/
    }
    #box-2 {
        width:350px;                /*设置元素宽度*/
        background-color:#c6f;      /*设置背景色*/
        margin-left:20px;           /*左外边距为 20px*/
        padding-left:5px;           /*左内边距为 5px*/
    }
    #box-3 {
        width:350px;                /*设置元素宽度*/
        background-color:#c3f;      /*设置背景色*/
        margin-left:20px;           /*左外边距为 20px*/
        padding-left:5px;           /*左内边距为 5px*/
    }
    #footer {
        width:400px;                /*设置元素宽度*/
        line-height:30px;           /*行高为 30px*/
        background-color:#6cf;      /*背景色为浅蓝色*/
        padding-left:5px;           /*左内边距为 5px*/
    }
    </style>
    </head>
    <body>
    <div id="top">id=&quot;top&quot;</div>
    <div id="box">id=&quot;box&quot;
        <div id="box-1">
            <p>id=&quot;box-1&quot;</p>
            <p> </p>
        </div>
        <div id="box-2">
            <p>id=&quot;box-2&quot;</p>
            <p> </p>
        </div>
        <div id="box-3">
            <p>id=&quot;box-3&quot;</p>
            <p> </p>
        </div>
    </div>
    <div id="footer">id=&quot;footer&quot;</div>
    </body>
    </html>
```

【说明】 由于 position 属性值为 static，并没有特殊的定位含义，所以即使对 id="box"的块级元素增加定位方面的代码，页面布局也没有发生任何变化。

2．相对定位

设置为相对定位的元素会相对于这个元素的起点偏移某个距离，元素仍然保持其未定位前的形状，这个元素原本所占的空间仍保留。需要特别注意的是，即便是将某元素进行相对定位，并赋予新的位置值，元素仍然占据原来的空间位置，移动后会导致覆盖其他元素。

【例 5-9】 相对定位。使用上面的示例深入讨论，将 id="box"的块级元素向下移动 50px，向右移动 50px。编写相应的 CSS 样式，生成的文件 5-9.html 的显示效果如图 5-15 所示。

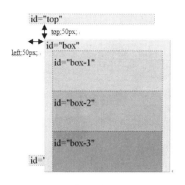

图 5-15 相对定位的效果

5-9.html 修改了 id="box"块级元素的 CSS 定义，代码如下：

```
#box {
    width:400px;            /*设置元素宽度*/
    background-color:#ff6;  /*设置背景色*/
    padding-left:5px;       /*设置内边距*/
    position:relative;      /*设置相对定位*/
    top:50px;               /*设置向下移动 50px*/
    left:50px;              /*设置向右移动 50px*/
}
```

【说明】 由于 id="box"的块级元素向下并且"相对于"初始位置向右各移动了 50px，原来的位置不但没有让 id="footer"的块级元素占据，反而还将其遮盖了一部分。

3．绝对定位

设置为绝对定位的元素从文档流中完全删除，元素的位置与文档流无关，不占据文档流空间，元素定位后变成一个块状元素，元素的位置相对于最近的已定位的祖先元素，如果元素没有已定位的祖先元素，那么它的位置相对于 body。

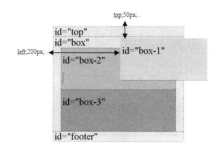

图 5-16 绝对定位的效果

【例 5-10】 绝对定位。继续使用上面的示例深入讨论，将 id="box-1"的块级元素进行绝对定位，向下移动 50px，向右移动 200px。编写相应的 CSS 样式，生成的文件 5-10.html 在浏览器中显示的效果如图 5-16 所示。

5-10.html 修改了 id="box-1"的块级元素的 CSS 定义，代码如下：

```
#box-1 {
    width:350px;              /*设置元素宽度*/
    background-color:#c9f;    /*设置背景色*/
    margin-left:20px;         /*设置左外边距*/
    padding-left:5px;         /*设置左内边距*/
    position:absolute;        /*设置绝对定位*/
    top:50px;                 /*设置距顶部距离*/
```

```
            left:200px;              /*设置距左边距离*/
        }
```

【说明】 当 id="box-1"的块级元素被移走后,页面中其他元素位置也相应变化,id="box-2"、id="box-3"和 id="footer"这些块级元素都因此上移。由此可见,使用绝对定位元素的位置与文档流无关,且不占据空间。文档中的其他元素布局就像绝对定位的元素不存在一样。

4．相对定位与绝对定位的混合使用

如果要将 id="box-1"的块级元素相对于 id="box"的块级元素进行定位又该如何操作呢?请看下面示例的讲解。

【例 5-11】 相对定位与绝对定位的混合使用。首先对 id="box"的块级元素进行相对定位,则 id="box"中的所有元素都将相当于 id="box"的块级元素。然后将 id="box-1"的块级元素进行绝对定位,便可以实现子元素相对于父元素进行定位。编写相应的 CSS 样式,生成的文件 5-11.html 在浏览器中显示的效果

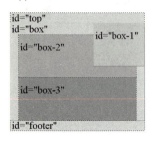

图 5-17 混合定位的效果

如图 5-17 所示。

5-11.html 修改了 id="box"的块级元素和 id="box-1"的块级元素的 CSS 定义,代码如下:

```
        #box {
            width:400px;              /*设置元素宽度*/
            background-color:#ff6;    /*背景色为深黄色*/
            padding-left:5px;         /*左内边距为 5px*/
            position:relative;        /*相对定位*/
        }
        #box-1 {
            width:150px;              /*设置元素宽度*/
            background-color:#c9f;    /*设置背景色*/
            margin-left:20px;         /*左外边距为 20px*/
            padding-left:5px;         /*左内边距为 5px*/
            position:absolute;        /*绝对定位*/
            top:0px;                  /*设置距顶部距离*/
            right:0px;                /*设置距左边距离*/
        }
```

【说明】 页面预览后,可以清楚地看到,id="box-1"的块级元素被置于 id="box"块级元素的右上角,实现了子元素相对于父元素进行定位。

5．固定定位

固定定位(position:fixed;)其实是绝对定位的子类别,一个设置了 position:fixed 的元素是相对于视窗固定的,就算页面文档发生了滚动,它也会一直呆在相同的地方。

需要说明的是,IE 9 及更早版本的浏览器不支持固定定位,读者需用 Opera 浏览器或 Firefox 浏览器浏览才能看到固定定位的效果,下面演示的案例使用的就是 Opera 浏览器。

【例 5-12】 固定定位。为了对固定定位演示得更加清楚,将 id="box1"的块级元素进行固定定位,将 id="box2"的块级元素的高度设置得尽量大,以便能看到固定定位的效果。编写相应的 CSS 样式,生成的文件 5-12.html 在浏览器中显示的效果如图 5-18 所示。

（a）初始状态

（b）向下拖动滚动条时的状态

图 5-18 固定定位的效果

5-12.html 的代码如下：

```
<html>
<head>
<title>固定定位示例</title>
<style type="text/css">
body {
    font-size:14px;
}
#box1 {
    width:100px;              /*设置元素宽度*/
    height:100px;             /*设置元素高度*/
    padding:5px;              /*内边距为 5px*/
    background-color:#9c0;
    position: fixed;          /*固定定位*/
    top:20px;                 /*设置距顶部距离*/
    left:30px;                /*设置距左边距离*/
}
#box2 {
    width:100px;              /*设置元素宽度*/
    height:1000px;            /*设置足够的高度让浏览器出现滚动条*/
    padding:5px;              /*内边距为 5px*/
    background-color:#ff0;
    position: absolute;       /*绝对定位*/
    top:20px;                 /*设置距顶部距离*/
    left:150px;               /*设置距左边距离*/
}
</style>
</head>
<body>
<div id="box1">此处是被固定定位的元素，它将固定在视窗的这个位置，并且不随滚动条而滚动</div>
<div id="box2">此处是被绝对定位的元素，它的高设置得很大，目的是为了使页面出现滚动条，以便能看到固定定位的效果</div>
</body>
</html>
```

【说明】 页面预览后，id="box2"的块级元素的高度已经足够让浏览器出现滚动条，当向下滚动页面时注意观察左边的块级元素 box1，其仍然固定于屏幕上同样的地方。

5.4 浮动与清除浮动

5.4.1 浮动

浮动（float）是使用率较高的一种定位方式。浮动元素可以向左或向右移动，直到它的外边距边缘碰到包含块内边距边缘或另一个浮动元素的外边距边缘为止。float 属性定义元素在哪个方向浮动，任何元素都可以浮动，浮动元素会变成一个块状元素。

语法：**float : none | left |right**

参数：none 为对象不浮动，left 为对象浮在左边，right 为对象浮在右边。

说明：该属性的值指出了对象是否浮动及如何浮动。

【例 5-13】 向右浮动的元素。本例页面 5-13.html 的布局的初始状态如图 5-19（a）所示，元素 box-1 向右浮动后的结果如图 5-19（b）所示。

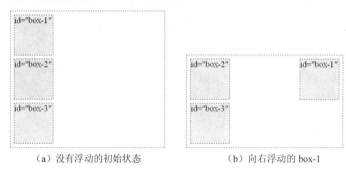

（a）没有浮动的初始状态　　　　　（b）向右浮动的 box-1

图 5-19　向右浮动的元素

5-13.html 的代码如下：

```
<html>
<head>
<title>向右浮动示例</title>
<style type="text/css">
body {
    font-size:22px;
}
#box {
    width:400px;              /*设置元素宽度*/
}
#box-1 {
    width:100px;              /*设置元素宽度*/
    height:100px;             /*设置元素高度*/
    background-color:#ff0;
    margin:10px;              /*外边距为 10px*/
    float:right;              /*向右浮动*/
}
#box-2 {
    width:100px;              /*设置元素宽度*/
    height:100px;             /*设置元素高度*/
    background-color:#ff0;
```

```
        margin:10px;              /*外边距为 10px*/
    }
    #box-3 {
        width:100px;              /*设置元素宽度*/
        height:100px;             /*设置元素高度*/
        background-color:#ff0;
        margin:10px;              /*外边距为 10px*/
    }
    </style>
    </head>
    <body>
    <div id="box">
        <div id="box-1">id=&quot;box-1&quot;</div>
        <div id="box-2">id=&quot;box-2&quot;</div>
        <div id="box-3">id=&quot;box-3&quot;</div>
    </div>
    </body>
    </html>
```

【说明】 本例页面中首先定义了一个 id="box" 的 DIV 容器,然后在其内部又定义了 3 个并列关系的 DIV 容器。当把 id="box-1" 的元素增加 "float:right;" 属性后,id="box-1" 的元素便脱离文档流向右移动,直到它的右边缘碰到包含框的右边缘。

【例 5-14】 向左浮动的元素。使用上面的示例继续讨论,本例页面 5-14.html 的页面布局如图 5-20(a)所示,所有元素向左浮动后的结果如图 5-20(b)所示。

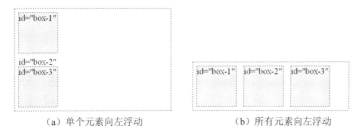

(a)单个元素向左浮动　　　　　(b)所有元素向左浮动

图 5-20 向左浮动的元素

单个元素向左浮动的布局中,5-14.html 修改了 id="box-1" 的块级元素的 CSS 定义,代码如下:

```
#box-1 {
    width:100px;                  /*设置元素宽度*/
    height:100px;                 /*设置元素高度*/
    background-color:#ff0;
    margin:10px;                  /*外边距为 10px*/
    float:left;                   /*向左浮动*/
}
```

所有元素向左浮动的布局中,5-14.html 修改了 id="box-1"、id="box-2" 和 id="box-3" 的块级元素的 CSS 定义,代码如下:

```
#box-1 {
    width:100px;                  /*设置元素宽度*/
```

```
        height:100px;              /*设置元素高度*/
        background-color:#ff0;
        margin:10px;               /*外边距为 10px*/
        float:left;                /*向左浮动*/
    }
    #box-2 {
        width:100px;               /*设置元素宽度*/
        height:100px;              /*设置元素高度*/
        background-color:#ff0;
        margin:10px;               /*外边距为 10px*/
        float:left;                /*向左浮动*/
    }
    #box-3 {
        width:100px;               /*设置元素宽度*/
        height:100px;              /*设置元素高度*/
        background-color:#ff0;
        margin:10px;               /*外边距为 10px*/
        float:left;                /*向左浮动*/
    }
```

【说明】

（1）本例页面中如果只将 id="box-1"的元素向左浮动，该元素同样脱离文档流向左移动，直到它的左边缘碰到包含框的左边缘，如图 5-20（a）所示。由于 box-1 不再处于文档流中，所以它不占据空间，实际上覆盖了 box-2，导致 box-2 从布局中消失。

（2）如果所有元素向左浮动，那么 box-1 向左浮动直到碰到左边框时静止，另外两个元素也向左浮动，直到碰到前一个浮动框也静止，如图 5-20（b）所示，这样就将纵向排列的 DIV 容器变成了横向排列。

【例 5-15】 空间不够时的元素浮动。使用上面的示例继续讨论，如果 id="box"的块级元素宽度不够，无法容纳 3 个浮动元素 box-1、box-2 和 box-3 并排放置，那么部分浮动元素将会向下移动，直到有足够的空间放置它们，本例页面 5-15.html 的显示效果如图 5-21（a）所示。如果浮动元素的高度彼此不同，那么当它们向下移动时可能会被其他浮动元素"挡住"，如图 5-21（b）所示。

（a）块级元素宽度不够时的状态　　（b）块级元素宽度不够且不同高度的浮动元素

图 5-21　空间不够时的元素浮动

当块级元素宽度不够时，浮动元素 box-1、box-2 和 box-3 的 CSS 定义同示例 5-14，5-15.html 修改了 id="box"的块级元素的 CSS 定义，代码如下：

```
#box {
    width:340px;      /*id="box"的块级元素宽度不够，导致浮动元素 box-3 向下移动*/
    float:left;
}
```

当块级元素宽度不够且不同高度的浮动元素时，5-15.html 修改了 id="box"、id="box-1"、id="box-2"和 id="box-3"的 CSS 定义，代码如下：

```css
#box {
    width:340px;            /*id="box"的块级元素宽度不够，导致浮动元素 box-3 向下移动*/
    float:left;
}
#box-1 {
    width:100px;
    height:150px;           /*浮动元素高度不同，导致 box-3 向下移动时被 box-1"挡住"*/
    background-color:#ff0;
    margin:10px;            /*外边距为 10px*/
    float:left;             /*向左浮动*/
}
#box-2 {
    width:100px;            /*设置元素宽度*/
    height:100px;           /*设置元素高度*/
    background-color:#ff0;
    margin:10px;            /*外边距为 10px*/
    float:left;             /*向左浮动*/
}
#box-3 {
    width:100px;            /*设置元素宽度*/
    height:100px;           /*设置元素高度*/
    background-color:#ff0;
    margin:10px;            /*外边距为 10px*/
    float:left;             /*向左浮动*/
}
```

【说明】 由于浮动元素 box-1 的高度超过了向下移动的浮动元素 box-3 的高度，因此才会出现 box-3 向下移动时被 box-1"挡住"的现象。如果浮动元素 box-1 的高度小于浮动元素 box-3 的高度，就不会发生 box-3 向下移动时被 box-1"挡住"的现象。

5.4.2 清除浮动

在页面布局时，当容器的高度设置为 auto 且容器的内容中有浮动元素时，容器的高度不能自动伸长以适应内容的高度，使得内容溢出到容器外面导致页面出现错位，这个现象称为浮动溢出。为了防止这个现象的出现而进行的 CSS 处理就叫清除浮动。

语法：**clear : none | left |right | both**

参数：none 允许两边都可以有浮动对象，both 不允许有浮动对象，left 不允许左边有浮动对象，right 不允许右边有浮动对象。

【例 5-16】 清除浮动。使用上面的示例 5-14 继续讨论，页面所有元素均已向左浮动，在 box-3 后面再增加一个没有设置浮动的块级元素 box-4，本例页面 5-16.html 在未清除浮动时的显示效果如图 5-22（a）所示，清除浮动后的显示效果如图 5-22（b）所示。

5-16.html 中的块级元素 box-4 在未清除浮动时的 CSS 定义代码如下：

```css
#box-4 {
    width:460px;            /*设置元素宽度*/
    height:50px;            /*设置元素高度*/
```

```
        background-color:#39f;
        margin:10px;                    /*外边距为 10px*/
}
```

5-16.html 中的块级元素 box-4 在清除浮动时的 CSS 定义代码如下：

```
#box-4 {
        width:460px;                    /*设置元素宽度*/
        height:50px;                    /*设置元素高度*/
        background-color:#39f;
        margin:10px;                    /*外边距为 10px*/
        clear:both;                     /*清除浮动*/
}
```

【说明】 由于 box-4 起初并没有设置浮动，虽然独占一行，但整体却跑到了页面顶部，并且被之前的元素所覆盖，出现了严重的页面错位现象，如图 5-22（a）所示。在对 box-4 设置了"clear:both;"清除浮动后，可以将该元素之前的浮动全部清除，如图 5-22（b）所示。

(a) 未清除浮动时的状态　　　　　　　　　(b) 清除浮动后的状态

图 5-22　向左浮动的元素

5.4.3　案例——商城登录页面整体布局

本节通过一个综合案例的讲解，回顾使用 CSS 定位与浮动实现页面布局的各种技巧。

【例 5-17】 商城登录页面整体布局，本例页面 5-17.html 在未使用盒子浮动前的布局效果如图 5-23 所示，使用盒子浮动后的布局效果如图 5-24 所示。

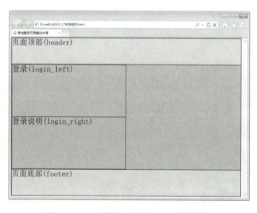
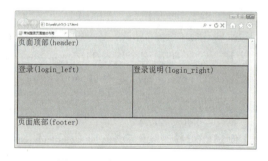

图 5-23　盒子浮动前的布局效果　　　　图 5-24　盒子浮动后的布局效果

在布局规划中，wrapper 是整个页面的容器，header 是页面的顶部区域，main 是页面的主体内容，其中又包含登录表单区域 login_left 和表单说明区域 login_right，footer 是页面的底部区域。

5-17.html 的代码如下：

```html
<html>
<head>
<title>商城登录页面整体布局</title>
</head>
<style type="text/css">
body {                              /*body 容器的样式*/
   margin:0px;                      /*外边距为 0px*/
   padding:0px;                     /*内边距为 0px*/
}
div{                                /*设置各 div 块的边框、字体和颜色*/
   border:1px solid #00f;
   font-size:30px;
   font-famliy:宋体;
}
#wrapper{                           /*整个页面容器 wrapper 的样式*/
   width:900px;
   margin:0px auto;                 /*容器自动居中*/
}
#header{                            /*顶部区域的样式*/
   width:100%;                      /*宽度 100%*/
   height:100px;                    /*高度 100%*/
   background:#6ff;
}
#main{                              /*主体内容区域的样式*/
   width:100%;                      /*宽度 100%*/
   height:200px;                    /*高度 200px*/
   background:#f93;
}
.login_left{                        /*登录表单区域的样式*/
   width:50%;                       /*宽度占 50%*/
   height:100%;                     /*高度 100%*/
   float:left;                      /*向左浮动*/
}
.login_right{                       /*表单说明区域的样式*/
   width:50%;                       /*宽度占 50%*/
   height:100%;                     /*高度 100%*/
   float:left;                      /*向左浮动*/
}
#footer{                            /*底部区域的样式*/
   width:100%;                      /*宽度 100%*/
   height:100px;                    /*高度 100%*/
   background:#6ff;
}
</style>
<body>
   <div id="wrapper">
      <div id="header">页面顶部(header)</div>
      <div id="main">
         <div class="login_left">登录(login_left)</div>
         <div class="login_right">登录说明(login_right)</div>
```

```
            </div>
            <div id="footer">页面底部(footer)</div>
        </div>
    </body>
</html>
```

【说明】 在定义 login_left 和 login_right 的样式时,如果没有设置 "float:left;" 向左浮动,则登录说明区域将另起一行显示(见图 5-23),显然是不符合布局要求的。

5.5 典型的 CSS 布局样式

网页设计的第一步是设计版面布局。就像传统的报刊杂志编辑一样,将网页看做一张报纸或者一本杂志来进行排版布局。通过前面的学习,已经对页面布局的实现过程有了基本理解。本节结合目前较为常用的 CSS 布局样式,向读者进一步讲解布局的实现方法。

5.5.1 两列布局样式

许多网站都有一些共同的特点,即页面顶部放置一个大的导航或广告条,右侧是链接或图片,左侧放置主要内容,页面底部放置版权信息等,如图 5-25 所示的布局就是经典的两列布局。

一般情况下,此类页面布局的两列都有固定的宽度,而且从内容上很容易区分主要内容区域和侧边栏。页面布局整体上分为上、中、下 3 个部分,即 header 区域、container 区域和 footer 区域。其中的 container 又包含 mainBox(主要内容区域)和 sideBox(侧边栏),布局示意图如图 5-26 所示。

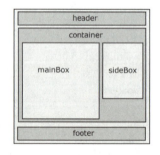

图 5-25 经典的两列布局　　　　图 5-26 两列页面布局示意图

这里以最经典的三行两列宽度固定布局为例讲解最基础的固定分栏布局。

【例 5-18】 三行两列宽度固定布局。该布局比较简单,首先使用 id="wrap" 的 DIV 容器将所有内容包裹起来。在 wrap 内部,id="header" 的 DIV 容器、id="container" 的 DIV 容器和 id="footer" 的 DIV 容器把页面分成 3 个部分,而中间的 container 又再被 id="mainBox" 的 DIV 容器和 id="sideBox" 的 DIV 容器分成两块。本例文件 5-18.html 在浏览器中显示的效果如图 5-27 所示。

图 5-27　三行两列宽度固定布局的页面效果

5-18.html 的代码如下：

```
<html>
<head>
<title>常用的 CSS 布局</title>
<style type="text/css">
* {
    margin:0;
    padding:0;
}
body {                  /*设置页面全局参数*/
    font-family:"华文细黑";
    font-size:20px;
}
#wrap {                 /*设置页面容器的宽度，并居中放置*/
    margin:0 auto;
    width:900px;
}
#header {               /*设置页面头部信息区域*/
    height:50px;
    width:900px;
    background:#f96;
    margin-bottom:5px;
}
#container {            /*设置页面中部区域*/
    width:900px;
    height:200px;
    margin-bottom:5px;
}
#mainBox {              /*设置页面主内容区域*/
    float:left;         /*因为是固定宽度，采用浮动方法可避免 ie 3 像素 bug*/
    width:695px;
    height:200px;
    background:#fd9;
}
#sideBox {              /*设侧边栏区域*/
    float:right;        /*向右浮动*/
    width:200px;
    height:200px;
```

```
            background:#fc6;
        }
        #footer {                    /*设置页面底部区域*/
            width:900px;
            height:50px;
            background:#f96;
        }
    </style>
</head>
<body>
<div id="wrap">
    <div id="header">这里是 header 区域</div>
    <div id="container">
        <div id="mainBox">这里是</div>
        <div id="sideBox">这里是侧边栏</div>
    </div>
    <div id="footer">这里是 footer 区域，放置版权信息等内容</div>
</div>
</body>
</html>
```

【说明】

（1）两列宽度固定指的是 mainBox 和 sideBox 两个块级元素的宽度固定，通过样式控制将其放置在 container 区域的两侧。两列布局的方式主要是以 mainBox 和 sideBox 的浮动实现的。

（2）需要注意的是，示例 5-18 中的布局规则并不能满足实际情况的需要。例如，当 mainBox 中的内容过多时，在 Opera 浏览器和 Firefox 浏览器中就会出现错位的情况，如图 5-28 所示。

图 5-28　Opera 浏览器中 mainBox 中内容过多时的情况

对于与高度和宽度都固定的容器，当内容超过容器所容纳的范围时，可以使用 CSS 样式中的 overflow 属性将溢出的内容隐藏或者设置滚动条。

如果要真正解决这个问题，就要使用高度自适应的方法，即当内容超过容器高度时，容器能够自动地延展。要实现这种效果，就要修改 CSS 样式的定义。首先要做的是删除样式中容器的高度属性，并将其后面的元素清除浮动。

下面的示例讲解了如何对 CSS 样式进行修改。

【例 5-19】　使用高度自适应的方法进行三行两列宽度固定布局。在示例 5-18 的基础上，删除 CSS 样式中 container、mainBox 和 sideBox 的高度，并且清除 footer 的浮动效果，本例文件 5-19.html 在浏览器中显示的效果如图 5-29 所示。

图 5-29　高度自适应的三行两列宽度固定布局的页面效果

5-19.html 修改了 container、mainBox、sideBox 和 footer 的 CSS 定义，代码如下：

```
#container {              /*设置页面中部区域*/
    margin-bottom:5px;
}
#mainBox {                /*设置页面主内容区域*/
    float:left;           /*因为是固定宽度，采用浮动方法可避免 ie 3 像素 bug*/
    width:695px;
    background:#fd9;
}
#sideBox {                /*设侧边栏区域*/
    float:right;
    width:200px;
    background:#fc6;
}
#footer {                 /*设置页面底部区域*/
    clear:both;           /*清除 footer 的浮动效果*/
    width:900px;
    height:50px;
    background:#f96;
}
```

【说明】　通过修改 CSS 样式定义，在 mainBox 和 sideBox 标签内部添加任何内容，都不会出现溢出容器之外的现象，容器会根据内容的多少自动调节高度。

5.5.2　三列布局样式

三列布局在网页设计时更为常用，如图 5-30 所示。对于这种类型的布局，浏览者的注意力最容易集中在中栏的信息区域，其次才是左右两侧的信息。

三列布局与两列布局非常相似，在处理方式上可以利用两列布局结构的方式处理，如图 5-31 所示的就是 3 个独立的列组合而成的三列布局。三列布局仅比两列布局多了一列内容，无论形式上怎么变化，最终还是基于两列布局结构演变出来的。

1．两列定宽中间自适应的三列结构

设计人员可以利用负边距原理实现两列定宽中间自适应的三列结构，这里负边距值指的是将某个元素的 margin 属性值设置成负值，对于使用负边距的元素可以将其他容器"吸引"到身边，从而解决页面布局的问题。

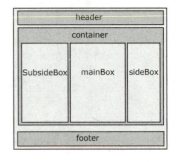

图 5-30 经典的三列布局　　　　　　　　　图 5-31 三列页面布局示意图

【例 5-20】 两列定宽中间自适应的三列结构。页面中 id="container"的 DIV 容器包含了主要内容区域（mainBox）、次要内容区域（SubsideBox）和侧边栏（sideBox），效果如图 5-32 所示。如果将浏览器窗口进行缩放，可以看到中间列自适应宽度的效果，如图 5-33 所示。

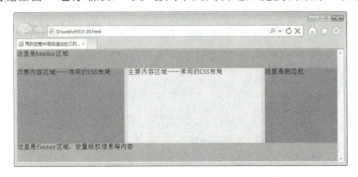

图 5-32 两列定宽中间自适应的三列结构的页面效果

图 5-33 中间列自适应宽度的效果（浏览器窗口缩小时的状态）

5-20.html 的代码如下：

```
<html>
<head>
<title>两列定宽中间自适应的三列结构</title>
<style type="text/css">
* {
```

```css
        margin:0;
        padding:0;
}
body {
        font-family:"宋体";
        font-size:18px;
        color:#000;
}
#header {
        height:50px;                    /*设置元素高度*/
        background:#0cf;
}
#container {
        overflow:auto;                  /*溢出自动延展*/
}
#mainBox {
        float:left;                     /*向左浮动*/
        width:100%;
        background:#6ff;
        height:200px;                   /*设置元素高度*/
}
#content {
        height:200px;                   /*设置元素高度*/
        background:#ff0;
        margin:0 210px 0 310px;         /*右外边距空白210px，左外边距空白310px*/
}
#submainBox {
        float:left;                     /*向左浮动*/
        height:200px;                   /*设置元素高度*/
        background:#c63;
        width:300px;
        margin-left:-100%;              /*使用负边距的元素可以将其他容器"吸引"到身边*/
}
#sideBox {
        float:left;                     /*向左浮动*/
        height:200px;                   /*设置元素高度*/
        width:200px;                    /*设置元素宽度*/
        margin-left:-200px;             /*使用负边距的元素可以将其他容器"吸引"到身边*/
        background:#c63;
}
#footer {
        clear:both;                     /*清除浮动*/
        height:50px;                    /*设置元素高度*/
        background:#3cf;
}
</style>
</head>
<body>
<div id="header">这里是 header 区域</div>
<div id="container">
```

```
        <div id="mainBox">
            <div id="content">主要内容区域——常用的 CSS 布局</div>
        </div>
        <div id="submainBox">次要内容区域——常用的 CSS 布局</div>
        <div id="sideBox">这里是侧边栏</div>
    </div>
    <div id="footer">这里是 footer 区域，放置版权信息等内容</div>
</body>
</html>
```

【说明】 本示例中的主要内容区域（mainBox）中又包含具体的内容区域（content），设计思路是利用 mainBox 的浮动特性，将其宽度设置为 100%，再结合 content 的左右外边距所留下的空白，并利用负边距原理将次要内容区域（SubsideBox）和侧边栏（sideBox）"吸引"到身边。

2．三列自适应结构

前面讲解的示例中左右两列都是固定宽度的，能否将其中一列或两列都变成自适应结构呢？首先，介绍一下三列自适应结构的特点，如下所示。

- 三列都设置为自适应宽度。
- 中间列的主要内容首先出现在网页中。
- 可以允许任一个列的内容为最高。

下面以实例说明如何实现。

【例 5-21】 三列自适应结构。本例文件 5-21.html 的页面效果如图 5-34 所示。将浏览器窗口进行缩放，可以清楚地看到三列自适应宽度的效果，如图 5-35 所示。

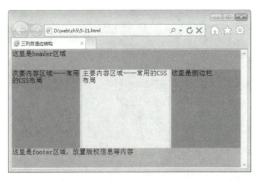
图 5-34 三列自适应结构的页面效果

图 5-35 浏览器窗口缩小时的状态

5-21.html 修改了 content、submainBox 和 sideBox 元素的 CSS 定义，代码如下：

```
#content {
    height:200px;              /*设置元素高度*/
    background:#ff0;
    margin:0 31% 0 31%;        /*设置外边距左右距离为自适应*/
}
#submainBox {
    float:left;                /*向左浮动*/
    height:200px;              /*设置元素高度*/
    background:#c63;
    width:30%;                 /*设置宽度为 30%*/
```

```
        margin-left:-100%;            /*设置负边距为-100%*/
    }
    #sideBox {
        float:left;                   /*向左浮动*/
        height:200px;                 /*设置元素高度*/
        width:30%;                    /*设置宽度为30%*/
        margin-left:-30%;             /*设置负边距为-30%*/
        background:#c63;
    }
```

【说明】 要实现三列自适应结构,要从改变列的宽度入手。首先,要将 submainBox 和 sideBox 两列的宽度设置为自适应。其次,要调整左右两列有关负边距的属性值。最后,要对内容区域 content 容器的外边距 margin 值加以修改。

5.6 综合案例——制作网络书城畅销图书局部页面

本节主要讲解网络书城畅销图书局部页面的制作过程,重点练习 DIV+CSS 布局页面的相关知识。

5.6.1 页面布局规划

页面布局的首要任务是弄清网页的布局方式,分析版式结构,待整体页面搭建有明确规划后,再根据成熟的规划切图。

通过成熟的构思与设计,畅销图书局部页面的页面效果如图 5-36 所示,页面局部布局示意图如图 5-37 所示。

图 5-36 畅销图书局部页面的效果

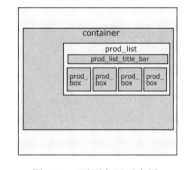
图 5-37 页面布局示意图

从页面布局示意图可以看出,由于"畅销图书"局部信息在整个页面中位于主体内容右侧上方,因此,在布局规划中,container 是页面主体内容的容器,prod_list 是页面主体内容的右侧区域,其中又包含 4 个子区域 prod_box,用于显示图书信息。

5.6.2 页面的制作过程

1. 前期准备

(1)栏目目录结构。在栏目文件夹下创建文件夹 images 和 css,分别用来存放图像素材和外部样式表文件。

(2)页面素材。将本页面需要使用的图像素材存放在文件夹 images 下。

(3)外部样式表。在文件夹 css 下新建一个名为 style.css 的样式表文件。

2．制作页面

style.css 的代码如下：

```css
*{                                    /**表示针对 HTML 的所有元素*/
    padding:0px;                      /*内边距为 0px*/
    margin:0px;                       /*外边距为 0px*/
}
body{                                 /*设置页面整体样式*/
    width:985px;
    margin:0 auto;                    /*页面自动居中对齐*/
    font-family:Tahoma;
    font-size:12px;                   /*设置文字大小为 12px*/
    color:#565656;                    /*设置默认文字颜色为灰色*/
    position:relative                 /*相对定位*/
}
img {                                 /*设置图片样式*/
    border: none;                     /*图片无边框*/
}
a, a:link, a:visited {                /*设置超链接及访问过链接的样式*/
    font-weight: normal;              /*字体正常粗细*/
    text-decoration: none             /*链接无修饰*/
}
a:hover {                             /*设置鼠标悬停链接的样式*/
    text-decoration: underline;       /*加下画线*/
}
#container {                          /*设置主体内容容器的样式*/
    height:100%                       /*高度相对单位*/
}
#prod_list {                          /*设置畅销图书区域的样式*/
    width:780px;                      /*宽度 780px*/
    background:#FFF;                  /*白色背景*/
    float:left;                       /*向左浮动*/
    padding:5px 10px 5px 15px;        /*上、右、下、左的内边距依次为 5px,10px,5px,15px*/
}
.prod_list_title_bar {                /*设置畅销图书区域标题的样式*/
    width:780px;                      /*宽度 780px*/
    height:31px;                      /*高度 31px*/
    float:left;                       /*向左浮动*/
    padding:0 0 0 10px;               /*上、右、下、左的内边距依次为 0px,0px,0px,10px*/
    line-height:31px;                 /*行高 31px*/
    font-size:18px;                   /*字体大小 18px*/
    color:#565656;                    /*灰色文字*/
    font-weight:bold;                 /*字体加粗*/
    background: url(../images/title8.gif) no-repeat left center;    /*背景图像无重复左端中央对齐*/
}
.prod_box {                           /*设置单本图书区域的样式*/
    width:173px;                      /*宽度 173px*/
    height:auto;                      /*高度自适应*/
    float:left;                       /*向左浮动*/
```

```css
        padding:10px 10px 10px 11px;        /*上、右、下、左的内边距依次为 10px,10px,10px,11px*/
}
.center_prod_box {                          /*设置单本图书中央区域的样式*/
        width:173px;                        /*宽度 173px*/
        height: auto;                       /*高度自适应*/
        float:left;                         /*向左浮动*/
        text-align:center;                  /*文字居中对齐*/
        padding:0px;                        /*内边距 0px*/
        margin:0px;                         /*外边距 0px*/
        border:1px #c5c5c5 solid;           /*边框 1px 浅灰色实线*/
}
.product_title {                            /*设置单本图书标题区域的样式*/
        padding:5px 0 5px 0;                /*上、右、下、左的内边距依次为 5px,0px,5px,0px*/
        font-weight:bold;                   /*字体加粗*/
}
.product_title a {                          /*设置单本图书标题区域超链接的样式*/
        color:#565656;                      /*灰色文字*/
        text-decoration:none;               /*链接无修饰*/
        padding:5px 0 5px 0;                /*上、右、下、左的内边距依次为 5px,0px,5px,0px*/
        font-weight:bold;                   /*字体加粗*/
        border:none;                        /*无边框*/
}
.product_title a:hover {                    /*设置单本图书标题区域悬停链接的样式*/
        color:#0283DD;                      /*青色文字*/
}
.product_img {                              /*设置图书图片的样式*/
        padding:5px 0 5px 0;                /*上、右、下、左的内边距依次为 5px,0px,5px,0px*/
}
.prod_price {                               /*设置图书价格区域的样式*/
        padding:5px 0 5px 0;                /*上、右、下、左的内边距依次为 5px,0px,5px,0px*/
}
span.reduce {                               /*设置图书原价的样式*/
        color:#666666;                      /*灰色文字*/
        text-decoration:line-through;       /*加穿越线*/
}
span.price {                                /*设置图书优惠价的样式*/
        color: #ff8a00;                     /*桔黄色文字*/
}
.prod_details_tab {                         /*设置加入购物车和详细信息按钮区域的样式*/
        width:173px;                        /*宽度 173px*/
        height:31px;                        /*高度 31px*/
        float:left;                         /*向左浮动*/
        margin:3px 0 0 0;                   /*上、右、下、左的外边距依次为 3px,0px,0px,0px*/
        padding-left: 10px;                 /*左内边距 10px*/
}
a.prod_buy,a.prod_details,a.prod_like {     /*设置按钮链接的样式*/
        width:75px;                         /*宽度 75px*/
        height:24px;                        /*高度 24px*/
        display:block;                      /*块级元素*/
        float:left;                         /*向左浮动*/
```

```
            background: url(../images/link_bg.gif) no-repeat center;        /*背景图像无重复中央对齐*/
            margin:2px 5px 0 0;                /*上、右、下、左的外边距依次为 2px,5px,0px,0px*/
            text-align:center;                 /*文字居中对齐*/
            line-height:24px;                  /*行高 24px*/
            text-decoration:none;              /*链接无修饰*/
            color:#159dcc;
        }
```

在当前文件夹中，用记事本新建一个名为 5-22.html 的网页文件，代码如下：

```
<!doctype html>
<html>
<head>
<meta charset="gb2312">
<title>网络书城图书列表</title>
<link rel="stylesheet" type="text/css" href="css/style.css" />
</head>
<body>
<div id="container">
    <div id="prod_list">
        <div class="prod_list_title_bar">畅销图书</div>
        <div class="prod_box">
            <div class="center_prod_box">
                <div class="product_title">
                    <a href="#" target="_blank">网页设计与制作案例教程</a>
                </div>
                <div class="product_img">
                    <a href="productdetail.html"><img src="images/product/book1.jpg" width="124" height="175" border="0" /></a>
                </div>
                <div class="prod_price">
                    <span class="reduce">&yen;36</span> <span class="price">&yen;31</span>
                </div>
            </div>
            <div class="prod_details_tab">
                <a href="cart.html" class="prod_buy">加入购物车</a>
                <a href="productdetail.html" class="prod_details">详细信息</a>
            </div>
        </div>
        <div class="prod_box">
            <div class="center_prod_box">
                <div class="product_title">
                    <a href="#" target="_blank">动态网站开发实例教程</a>
                </div>
                <div class="product_img">
                    <a href="productdetail.html"><img src="images/product/book2.jpg" width="124" height="175" border="0" /></a>
                </div>
                <div class="prod_price">
                    <span class="reduce">&yen;34</span> <span class="price">&yen;29</span>
                </div>
```

```
            </div>
            <div class="prod_details_tab">
                <a href="cart.html" class="prod_buy">加入购物车</a>
                <a href="productdetail.html" class="prod_details">详细信息</a>
            </div>
        </div>
        <div class="prod_box">
            <div class="center_prod_box">
                <div class="product_title">
                    <a href="#" target="_blank">网页设计与制作教程</a>
                </div>
                <div class="product_img">
                    <a href="productdetail.html"><img src="images/product/book3.jpg" width="124" height="175" border="0" /></a>
                </div>
                <div class="prod_price">
                    <span class="reduce">&yen;33</span> <span class="price">&yen;28</span>
                </div>
            </div>
            <div class="prod_details_tab">
                <a href="cart.html" class="prod_buy">加入购物车</a>
                <a href="productdetail.html" class="prod_details">详细信息</a>
            </div>
        </div>
        <div class="prod_box">
            <div class="center_prod_box">
                <div class="product_title">
                    <a href="#" target="_blank">AutoCAD 中文版应用教程</a>
                </div>
                <div class="product_img">
                    <a href="productdetail.html"><img src="images/product/book4.jpg" width="124" height="175" border="0" /></a>
                </div>
                <div class="prod_price">
                    <span class="reduce">&yen;32</span> <span class="price">&yen;27</span>
                </div>
            </div>
            <div class="prod_details_tab">
                <a href="cart.html" class="prod_buy">加入购物车</a>
                <a href="productdetail.html" class="prod_details">详细信息</a>
            </div>
        </div>
      </div>
    </div>
  </body>
</html>
```

【说明】 示例代码中出现的 "margin: 0 auto;" 用于实现容器自动居中。

5.7 实训——制作家具商城产品明细局部页面

本节主要讲解家具商城产品明细局部页面的布局方法，重点练习 DIV+CSS 布局页面的相关知识。

5.7.1 页面布局规划

通过成熟的构思与设计，家具商城产品明细局部内容的页面效果如图 5-38 所示，页面局部布局示意图如图 5-39 所示。

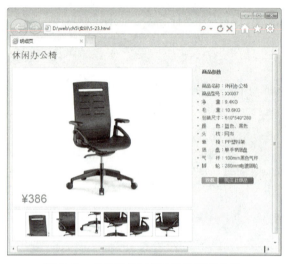

图 5-38 产品明细局部内容的页面效果

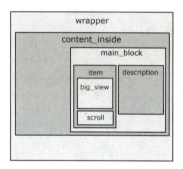

图 5-39 页面局部布局示意图

从页面布局示意图可以看出，由于产品明细局部信息在整个页面中位于主体内容的右侧，因此，在布局规划中，wrapper 是整个主体内容容器，content_inside 是页面内容区域，main_block 是页面内容的右侧区域，其中又包含左、右两个子区域。左边子区域 item 用于显示家具的大图和缩略图；右边子区域 description 用于显示家具的详细商品参数。

5.7.2 页面的制作过程

1. 前期准备

（1）栏目目录结构。在栏目文件夹下创建文件夹 images 和 css，分别用来存放图像素材和外部样式表文件。

（2）页面素材。将本页面需要使用的图像素材存放在文件夹 images 下。

（3）外部样式表。在文件夹 css 下新建一个名为 style.css 的样式表文件。

2. 制作页面

style.css 的代码如下：

```
*{                          /* *表示针对 HTML 的所有元素*/
    padding:0px;            /*内边距为 0px*/
    margin:0px;             /*外边距为 0px*/
    line-height: 20px;      /*行高 20px*/
}
```

```css
body{                                   /*设置页面整体样式*/
    height:100%;                        /*高度为相对单位*/
    background-color:#f3f1e9;           /*浅灰色背景*/
    position:relative;                  /*相对定位*/
}
img{
    border:0px;                         /*图片无边框*/
}
#wrapper{                               /*设置主体容器样式*/
    padding:0 0 5px 0                   /*上、右、下、左的内边距依次为 0px,0px,5px,0px*/
}
#content_inside{                        /*设置页面内容区域样式*/
    background-image:url(../images/bg.gif);  /*背景图像*/
    background-position:top left;       /*背景图像顶端左对齐*/
    background-repeat:no-repeat;        /*背景图像无重复*/
    width:1000px;
    margin:0 auto;                      /*区域自动居中对齐*/
    overflow:hidden                     /*溢出内容隐藏*/
}
#main_block{                            /*设置主体内容右侧区域的样式*/
    font-family:Arial, Helvetica, sans-serif;
    font-size:12px;                     /*设置文字大小为 12px*/
    color:#464646;                      /*设置默认文字颜色为灰色*/
    overflow:hidden;                    /*溢出隐藏*/
    float:left;                         /*向左浮动*/
    width:752px;                        /*设置容器宽度为 752px*/
}
.pad20{                                 /*设置主体内容右侧区域内边距样式*/
    padding:0 0 20px 0                  /*上、右、下、左的内边距依次为 0px,0px,20px,0px*/
}
#item{                                  /*设置右侧区域家具大图和缩略图容器的样式*/
    padding:13px 0 0 5px;               /*上、右、下、左的内边距依次为 13px,0px,0px,5px*/
    float:left                          /*向左浮动*/
}
#item h4{                               /*设置家具大图和缩略图容器标题文字的样式*/
    font-family:Arial, Helvetica, sans-serif;
    font-size:24px;                     /*字体大小 24x*/
    color:#242424;                      /*灰色文字*/
    font-weight:normal;                 /*字体正常粗细*/
}
.big_view{                              /*设置家具大图区域的样式*/
    width:478px;                        /*宽度 478px*/
    padding:20px 0 12px 0;              /*上、右、下、左的内边距依次为 20px,0px,12px,0px*/
    vertical-align:middle;              /*垂直方向居中对齐*/
    border:1px solid #D6D3C7;           /*边框 1px 浅灰色实线*/
    background-color:#FFFFFF;           /*背景色为白色*/
    position:relative;                  /*相对定位*/
    text-align:center;                  /*文字居中对齐*/
}
.big_view span{                         /*设置家具价格文字的样式*/
    font-size:30px;                     /*字体大小 30x*/
```

```css
        color:#E9410E;                          /*红色文字*/
        display:block;                          /*块级元素*/
        position:absolute;                      /*绝对定位*/
        bottom:10px;                            /*距离容器底部 10px*/
        left:25px;                              /*距离容器左端 25px*/
}
.scroll{                                        /*设置家具缩略图区域的样式*/
        width:478px;                            /*宽度 478px*/
        border:1px solid #D6D3C7;               /*边框 1px 浅灰色实线*/
        background-color:#FFFFFF;
        padding:6px 0;                          /*上、右、下、左的内边距依次为 6px,0px,6px,0px*/
        text-align:center;                      /*文字居中对齐*/
        margin:5px 0 0 0;                       /*上、右、下、左的外边距依次为 5px,0px,0px,0px*/
}
.scroll a{                                      /*设置家具缩略图区域超链接的样式*/
        margin:0 2px;                           /*上、右、下、左的外边距依次为 0px,2px,0px,2px*/
}
.description{                                   /*设置家具详细商品参数的样式*/
        width:220px;                            /*宽度 200px*/
        float:left;                             /*向左浮动*/
        padding:55px 0 0 25px;                  /*上、右、下、左的内边距依次为 55px,0px,0px,25px*/
}
.description p{                                 /*设置商品参数段落的样式*/
        padding-bottom:15px;                    /*下内边距 15px*/
}
.view{                                          /*设置查看按钮的样式*/
        display:block;                          /*块级元素*/
        float:left;                             /*向左浮动*/
        line-height:18px;                       /*行高 18px*/
        margin:3px 3px 0 0;
        width:41px;
        text-align:center;                      /*文字居中对齐*/
        background-image:url(../images/view_bg.gif);    /*背景图像*/
        background-position:top left;                   /*背景图像顶端左对齐*/
        background-repeat:no-repeat;                    /*背景图像无重复*/
        color:#fff;
        text-decoration:none                    /*链接无修饰*/
}
.buy{                                           /*设置购买此商品按钮的样式*/
        display:block;                          /*块级元素*/
        float:left;                             /*向左浮动*/
        line-height:18px;                       /*行高 18px*/
        margin:3px 3px 0 0;
        width:92px;
        text-align:center;                      /*文字居中对齐*/
        background-image:url(../images/buy_bg.gif);     /*背景图像*/
        background-position:top left;                   /*背景图像顶端左对齐*/
        background-repeat:no-repeat;                    /*背景图像无重复*/
        color:#CAFF34;
        text-decoration:none                    /*链接无修饰*/
}
```

在当前文件夹中，用记事本新建一个名为 5-23.html 的网页文件，代码如下：

```html
<!doctype html>
<html>
<head>
<meta charset="gb2312">
<title>明细页</title>
<link rel="stylesheet" type="text/css" href="css/style.css" />
</head>
<body>
<div id="wrapper">
  <div id="content_inside">
    <div id="main_block" class="pad20">
      <div id="item">
        <h4>休闲办公椅</h4><br />
        <div class="big_view">
          <img src="images/photo.jpg" alt="" width="311" height="319" /><br />
          <span>&yen;386</span>
        </div>
        <div class="scroll">
            <a href="#"><img src="images/pic1.jpg" alt="" width="62" height="62" /></a>
            <a href="#"><img src="images/pic2.jpg" alt="" width="62" height="62" /></a>
            <a href="#"><img src="images/pic3.jpg" alt="" width="62" height="62" /></a>
            <a href="#"><img src="images/pic4.jpg" alt="" width="62" height="62" /></a>
            <a href="#"><img src="images/pic5.jpg" alt="" width="62" height="62" /></a>
            <a href="#"><img src="images/pic6.jpg" alt="" width="62" height="62" /></a>
        </div>
      </div>
      <div class="description">
            <p>
            <strong>商品参数</strong><br/>
            <ul>
                <li>商品名称：休闲办公椅 </li>
                <li>商品型号：XX007 </li>
                <li>净    重：9.4KG </li>
                <li>毛    重：10.6KG </li>
                <li>包装尺寸：610*540*280 </li>
                <li>颜    色：蓝色、黑色 </li>
                <li>头    枕：网布 </li>
                <li>靠    椅：PP 塑料架 </li>
                <li>底    盘：单手柄底盘 </li>
                <li>气    杆：100mm 黑色气杆 </li>
                <li>脚    轮：280mm 电镀脚轮 </li>
            </ul>
            </p>
            <p><a href="#" class="view">收藏</a><a href="#" class="buy">购买此商品</a></p>
      </div>
    </div>
  </div>
</div>
</body>
</html>
```

【说明】 由于样式表目录 style 和图像目录 images 是同级目录,因此,样式中访问图像时使用的是相对路径 "../images/图像文件名" 的写法。

习题 5

1. 制作如图 5-40 所示的两列固定宽度型布局。
2. 制作如图 5-41 所示的三列固定宽度居中型布局。

图 5-40 题 1 图

图 5-41 题 2 图

3. 使用相对定位的方法制作如图 5-42 所示的页面布局。
4. 综合使用 DIV+CSS 布局技术创建如图 5-43 所示的家居商城首页产品特色的局部页面。

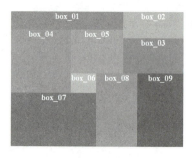
图 5-42 题 3 图

图 5-43 题 4 图

5. 综合使用 DIV+CSS 布局技术创建如图 5-44 所示的网络书城结算页面的局部信息。
6. 扫描二维码(如图 5-45 所示),对本章部分知识点进行测验。

图 5-44 题 5 图

图 5-45 题 6 二维码

第 6 章　使用 CSS 实现常用的样式修饰

前面的章节介绍了 CSS 设计中必须了解的 4 个核心基础——盒模型、标准流、浮动和定位。有了这 4 个核心的基础，从本章开始逐一介绍网页设计的各种元素，例如文本、图像、表格、表单、链接、列表、导航菜单等，如何使用 CSS 来进行样式设置。

6.1　设置文字样式

CSS 的网页排版功能十分强大，不仅可以控制文字的大小、颜色、对齐方式和字体，还可以控制行高、字母间距、大小写，甚至还可以控制文本的第一个字或第一行的样式。

CSS 样式中有关文本控制的常用属性见表 6-1。

表 6-1　文本控制的常用属性

属　　性	说　　明
font-family	设置字体的类别
font-size	设置字体的大小
font-weight	设置字体的粗细
font-style	设置字体的倾斜
text-decoration	设置添加到文本的修饰效果
color	设置文本的颜色
text-align	设置文本的水平对齐方式
text-indent	设置段落的首行缩进
line-height	设置行高
word-spacing	设置字间距
letter-spacing	设置字符间距
text-transform	设置文本的大小写

6.1.1　设置文字的字体

字体具有两方面的作用：一是传递语义功能，二是美学效应。由于不同的字体给人带来不同的风格感受，所以对于网页设计人员来说，首先需要考虑的问题就是准确地选择字体。

除了利用 HTML 的 face 标签来设置字体外，也可以用 CSS 的 font-family 属性来设置需要的字体。

语法：font-family:字体名称

参数：字体名称按优先顺序排列，以逗号隔开。如果字体名称包含空格，则应用引号括起。

说明：当浏览器找不到字体队列中的字体时，将会用后面相邻的字体代替，以此类推；当浏览器完全找不到字体时，则使用默认字体（宋体）。

【例 6-1】　字体设置，本例页面 6-1.html 的显示效果如图 6-1 所示。

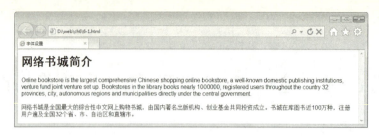

图 6-1　页面的显示效果

6-1.html 的代码如下：

```
<html>
<head>
<title>字体设置</title>
<style type="text/css">
    h1{
        font-family:黑体;
    }
    p{
        font-family: Arial, "Times New Roman";
    }
</style>
</head>
<body>
<h1>网络书城简介</h1>
<p> Online bookstore is the largest comprehensive Chinese shopping online bookstore, a well-known domestic publishing institutions, venture fund joint venture set up. Bookstores in the library books nearly 1000000, registered users throughout the country 32 provinces, city, autonomous regions and municipalities directly under the central government.</p>
    <p>网络书城是全国最大的综合性中文网上购物书城，由国内著名出版机构、创业基金共同投资成立。书城在库图书近100万种，注册用户遍及全国32个省、市、自治区和直辖市</p>
</body>
</html>
```

【说明】

（1）页面中字体的种类应控制在 2～3 种，这样整个页面的视觉效果较好。

（2）中文页面尽量首先使用"宋体"，英文页面可以使用"Arial"和"Verdana"等字体。

6.1.2　设置字体的大小

在设计页面时，通常使用不同大小的字体来突出要表现的主题，在 CSS 样式中使用 font-size 属性设置字体的大小。

语法：font-size:绝对大小 | 相对大小

参数：绝对大小以 px 为单位，以绝对大小的方式来设置字号。可以指定精确的大小，如 16px，或者使用关键字来指定大小，如 font-size 属性的关键字（xx-small | x-small | small | medium | large | x-large | xx-large）。在不同的设备下，这些关键字可能会显示不同的字号。

相对大小是利用百分比或者 em 以相对父元素大小的方式来设置字体大小。

【例 6-2】　字体大小设置，本例页面 6-2.html 的显示效果如图 6-2 所示。

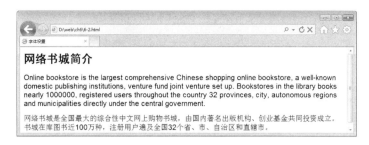

图 6-2 页面的显示效果

在例 6-1 的基础上，6-2.html 只修改了段落的 CSS 定义，代码如下：

```
p{
    font-family: Arial, "Times New Roman";
    font-size:16pt;
}
```

【说明】 不同字号的字在网页中有些是美观的，有些却不合适。本例为了演示正文字体放大的效果，将段落的字体大小定义为 16pt。但在实际的应用中，宋体 9pt 是公认的美观字号，绝大多数网页的正文都用它。11pt 也好看，多用于正文。

6.1.3 设置字体的粗细

CSS 样式中使用 font-weight 属性设置字体的粗细。

语法：**font-weight:bold | bolder | normal | lighter | 100-900**

参数：normal 表示默认字体，bold 表示粗体，bolder 表示粗体再加粗，lighter 表示比默认字体还细，100-900 共分为 9 个层次（100、200、…、900），数字越小字体越细、数字越大字体越粗。

说明：设置文本字体的粗细。

【例 6-3】 字体粗细设置，本例页面 6-3.html 的显示效果如图 6-3 所示。

图 6-3 页面的显示效果

6-3.html 的代码如下：

```
<html>
<head>
<title>字体设置</title>
<style type="text/css">
    h1{
        font-family:黑体;
    }
    p{
```

```
          font-family: Arial, "Times New Roman";
        }
        .one {
          font-weight:bold;
          font-size:30px;
        }/*设置字体为粗体*/
        .two {
          font-weight:400;
          font-size:30px;
        }/*设置字体为 400 粗细*/
        .three {
          font-weight:900;
          font-size:30px;
        }/*设置字体为 900 粗细*/
    </style>
  </head>
  <body>
    <h1>网络书城简介</h1>
    <p>Online bookstore is the largest comprehensive Chinese shopping <span class="one">online bookstore</span> , a well-known domestic publishing institutions, venture fund joint venture set up. Bookstores in the library books nearly 1000000, registered users throughout the country 32 provinces, city, autonomous regions and municipalities directly under the central government.</p>
    <p>网络书城是<span class="two">全国</span>最大的综合性中文网上购物书城，由国内著名出版机构、创业基金共同投资成立。书城在库图书近<span class="three">100</span>万种，注册用户遍及全国 32 个省、市、自治区和直辖市。</p>
  </body>
</html>
```

【说明】 需要注意的是，实际上大多数操作系统和浏览器还不能很好地实现非常精细的文字加粗设置，通常只能设置"正常"（normal）和"加粗"（bold）两种粗细。

6.1.4 设置字体的倾斜

CSS 中的 font-style 属性用来设置字体的倾斜。

语法： font-style:normal || italic || oblique

参数：normal 为"正常"（默认值），italic 为"斜体"，oblique 为"倾斜体"。

说明：设置文本字体的倾斜。

【例 6-4】 字体倾斜设置，本例页面 6-4.html 的显示效果如图 6-4 所示。

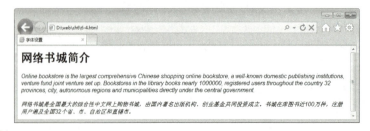

图 6-4 页面的显示效果

6-4.html 的代码如下：

```html
<html>
<head>
<title>字体设置</title>
<style type="text/css">
  h1{
    font-family:黑体;
  }
  p{
    font-family: Arial, "Times New Roman";
  }
  p.italic {
    font-style:italic;
  }/*设置斜体*/
  p.oblique {
    font-style:oblique;
  }/*设置倾斜体*/
</style>
</head>
<body>
<h1>网络书城简介</h1>
<p class="italic">Online bookstore is the largest comprehensive Chinese shopping online bookstore, a well-known domestic publishing institutions, venture fund joint venture set up. Bookstores in the library books nearly 1000000, registered users throughout the country 32 provinces, city, autonomous regions and municipalities directly under the central government.</p>
<p class="oblique">网络书城是全国最大的综合性中文网上购物书城,由国内著名出版机构、创业基金共同投资成立。书城在库图书近 100 万种,注册用户遍及全国 32 个省、市、自治区和直辖市。</p>
</body>
</html>
```

【说明】italic 和 oblique 都是向右倾斜的文字,但区别在于 italic 是指斜体字,而 oblique 是倾斜的文字,对于没有斜体的字体应该使用 oblique 属性值来实现倾斜的文字效果。

6.1.5 设置字体的修饰

使用 CSS 样式可以对文本进行简单的修饰,text 属性所提供的 text-decoration 属性,主要实现文字加下画线、顶线、删除线及文字闪烁等效果。

语法:**text-decoration:underline || blink || overline || line-through | none**

参数:underline 为下画线,blink 为闪烁,overline 为上划线,line-through 为贯穿线,none 为无装饰。

说明:设置对象中文本的修饰。对象 a、u、ins 的文字修饰默认值为 underline。对象 strike、s、del 的默认值是 line-through。如果应用的对象不是文本,则此属性不起作用。

【例 6-5】 字体修饰设置,本例页面 6-5.html 的显示效果如图 6-5 所示。

6-5.html 的代码如下:

```html
<html>
<head>
<title>字体设置</title>
<style type="text/css">
```

```
        h1{
            font-family:黑体;
        }
        p{
            font-family: Arial, "Times New Roman";
        }
        .one {
            font-size:30px;
            text-decoration: overline;
        }/*设置上划线*/
        .two {
            font-size:30px;
            text-decoration: line-through;
        }/*设置贯穿线*/
        .three {
            font-size:30px;
            text-decoration: underline;
        }/*设置下画线*/
    </style>
  </head>
  <body>
    <h1>网络书城简介</h1>
    <p>Online bookstore is the largest comprehensive Chinese shopping <span class="one">online bookstore</span> , a well-known domestic publishing institutions, venture fund joint venture set up. Bookstores in the library books nearly 1000000, registered users throughout the country 32 provinces, city, autonomous regions and municipalities directly under the central government.</p>
    <p>网络书城是<span class="two">全国</span>最大的综合性中文网上购物书城，由国内著名出版机构、创业基金共同投资成立。书城在库图书近<span class="three">100</span>万种，注册用户遍及全国 32 个省、市、自治区和直辖市。</p>
  </body>
</html>
```

【说明】 本例中只演示了 overline、line-through 和 underline 三种文字修饰效果，另外还有一个 blink 属性值能够使字体不断闪烁，但是由于 IE 浏览器不支持该效果，所以在 IE 浏览器中文字没有闪烁，用户可以在 Opera 浏览器中看到 blink 闪烁效果。

图 6-5　页面的显示效果

6.1.6　设置文本的颜色

在 CSS 样式中，对文字增加颜色修饰十分简单，只需添加 color 属性即可。

color 属性的语法格式：color:颜色值;

【说明】 HTML 语言使用十六进制的 RGB 颜色值对颜色进行控制，即颜色可以通过英文名称或者十六进制来表现。如标准的红色，可以用 red 作为名称来表现，也可以用#ff0000 作为十六进制来表现。常用的有 16 种颜色包括 Black、Olive、Teal、Red、Blue、Maroon、Navy、Gray、Lime、Fuchsia、White、Green、Purple、Silver、Yellow 和 Aqua。

【例 6-6】 文本颜色设置，本例页面 6-6.html 的显示效果如图 6-6 所示。

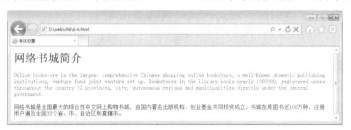

图 6-6 页面的显示效果

6-6.html 的代码如下：

```
<html>
<head>
<title>字体设置</title>
<style type="text/css">
body {
    color:blue;              /*body 中的文本显示蓝色*/
}
h1 {
    color:#333;              /*h1 标签的文本显示深灰色*/
}
p.red {
    color:rgb(255,0,0);      /*该段落中的文本是红色的*/
}
</style>
</head>
<body>
<h1>网络书城简介</h1>
<p class="red">Online bookstore is the largest comprehensive Chinese shopping online bookstore, a well-known domestic publishing institutions, venture fund joint venture set up. Bookstores in the library books nearly 1000000, registered users throughout the country 32 provinces, city, autonomous regions and municipalities directly under the central government.</p>
<p>网络书城是全国最大的综合性中文网上购物书城，由国内著名出版机构、创业基金共同投资成立。书城在库图书近 100 万种，注册用户遍及全国 32 个省、市、自治区和直辖市。</p>
</body>
</html>
```

【说明】 由于在 body 中定义了文本颜色为蓝色，因此，没有应用任何样式的普通段落的文字为蓝色。

6.2 文本的排版

CSS 文本属性可定义文本的外观，包括改变文本对齐、首行缩进、字符间距、首字下沉、行高、单词间距、字符间距和文本大小写等。

6.2.1 设置文字的对齐方式

使用 text-align 属性可以设置元素中文本的水平对齐方式。

语法：text-align : left | right | center | justify

参数：left 为左对齐，right 为右对齐，center 为居中，justify 为两端对齐。

说明：设置对象中文本的对齐方式。

示例：

```
<p style=" text-align: center; ">
居中对齐的文字
</p>
<p style=" text-align: left; ">
居左对齐的文字
</p>
<p style=" text-align: right; ">
居右对齐的文字
</p>
```

浏览器中的浏览效果如图 6-7 所示。

图 6-7 text-align 属性的浏览效果

6.2.2 设置首行缩进

段落的首行缩进是一种最常用的文本格式化手段。使用 text-indent 属性可以方便地实现文本缩进。

可以为所有块级元素应用 text-indent，但不能应用于行级元素。如果想把一个行级元素的第一行缩进，可以用左内边距或外边距创造这种效果。

语法：text-indent:length

参数：length 为百分比数字或由浮点数字、单位标识符组成的长度值，允许为负值。

说明：设置对象中的文本段落的缩进。本属性只应用于整块的内容。

【例 6-7】 设置首行缩进，本例页面 6-7.html 的显示效果如图 6-8 所示。

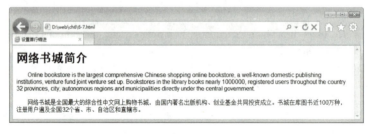

图 6-8 页面的显示效果

在例 6-1 的基础上，6-7.html 只修改了段落的 CSS 定义，代码如下：

```
p{
    font-family: Arial, "Times New Roman";
    text-indent:2em;      /*设置段落缩进两个相对长度*/
}
```

【说明】 text-indent 属性是以各种长度为属性值，为了缩进两个汉字的距离，最经常用的是"2em"这个距离。1em 等于一个中文字符,两个英文字符相当于一个中文字符,因此,细心的读者一定发现英文段落的首行缩进了 4 个英文字符。如果用户需要英文段落的首行缩进两个英文字符,只需设置"text-indent:1em;"即可。

6.2.3 设置首字下沉

在许多文档的排版中经常出现首字下沉的效果,所谓首字下沉指的是设置段落的第一行第一个字的字体变大,并且向下一定的距离,而段落的其他部分保持不变。

在 CSS 样式中伪对象:first-letter 可以实现对象内第一个字符的样式控制。

【例 6-8】 设置首字下沉,本例页面 6-8.html 的显示效果如图 6-9 所示。

图 6-9　页面的显示效果

在例 6-1 的基础上,6-8.html 只修改了段落的 CSS 定义,代码如下:

```
p:first-letter {
    float:left;              /*设置浮动,其目的是占据多行空间*/
    font-size:2em;           /*设置下沉字体大小为其他字体的 2 倍*/
    font-weight:bold;        /*设置首字体加粗显示*/
}
```

【说明】 如果不使用伪对象":first-letter"来实现首字下沉的效果,就要对段落中第一个文字添加<span>标签,然后定义<span>标签的样式。但是这样做的后果是,每个段落都要对第一个文字添加<span>标签,非常烦琐。因此,使用伪对象":first-letter"来实现首字下沉提高了网页排版的效率。

6.2.4 设置行高

段落中两行文字之间垂直的距离称为行高。在 HTML 中是无法控制行高的,在 CSS 样式中,使用 line-height 属性控制行与行之间的垂直间距。

语法:**line-height:length | normal**

参数:length 为由百分比数字或由数值、单位标识符组成的长度值,允许为负值。其百分比取值是基于字体的高度尺寸。normal 为默认行高。

说明:设置对象的行高。

【例 6-9】 设置行高,本例页面 6-9.html 的显示效果如图 6-10 所示。

6-9.html 的代码如下:

```
<html>
<head>
<title>设置行高</title>
<style type="text/css">
```

```
        h1{
            font-family:黑体;
        }
        p.english {
            line-height:10px;        /*使用百分比值设置行高为 10px*/
        }
        p.chinese {
            line-height:200%;        /*使用百分比值设置行高为 200%*/
        }
    </style>
</head>
<body>
    <h1>网络书城简介</h1>
    <p class="english">Online bookstore is the largest comprehensive Chinese shopping online bookstore, a well-known domestic publishing institutions, venture fund joint venture set up. Bookstores in the library books nearly 1000000, registered users throughout the country 32 provinces, city, autonomous regions and municipalities directly under the central government.</p>
    <p class="chinese">网络书城是全国最大的综合性中文网上购物书城，由国内著名出版机构、创业基金共同投资成立。书城在库图书近 100 万种，注册用户遍及全国 32 个省、市、自治区和直辖市。</p>
</body>
</html>
```

【说明】 需要注意的是，使用像素值对行高进行设置固然可以，但如果将当前文字字号放大或缩小，原本适合的行间距也会变得过紧或过松。解决的方法是，在 line-height 属性中使用百分比或数值对行高进行设置。因为设置的百分比值是基于当前字体尺寸的百分比行间距，而没有单位的数值会与当前的字体尺寸相乘，使用相乘的结果来设置行间距，不会出现因文字字号变化而行间距不变的情况。

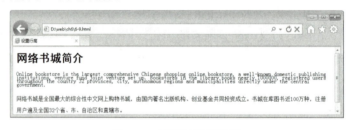

图 6-10　页面的显示效果

6.2.5　设置字间距

在 CSS 样式中，使用 word-spacing 属性设置字（单词）之间的间距。

语法：**word-spacing:length | normal**

参数：默认 normal，定义单词间的标准间距。length 是由浮点数字和单位标识符组成的长度值，允许为负值。

说明：该属性定义元素中字之间插入多少空白符。针对这个属性，"字"定义为由空白符包围的一个字符串。如果指定为长度值，会调整字之间的标准间距，允许指定负长度值，这会让字之间变得更拥挤。

【例 6-10】 设置字间距，本例页面 6-10.html 的显示效果如图 6-11 所示。

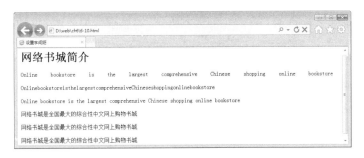

图 6-11 页面的显示效果

6-10.html 的代码如下：

```
<html>
<head>
<title>设置字间距</title>
<style type="text/css">
p.loose {
    word-spacing: 30px;          /*字间距为30px，使段落中的字变得松散，对中文无效*/
}
p.tight {
    word-spacing: -0.5em;        /*字间距为负值，使段落中的字变得拥挤，对中文无效*/
}
</style>
</head>
<body>
<h1>网络书城简介</h1>
<p class="loose">Online bookstore is the largest comprehensive Chinese shopping online bookstore</p>
<p class="tight">Online bookstore is the largest comprehensive Chinese shopping online bookstore</p>
<p>Online bookstore is the largest comprehensive Chinese shopping online bookstore</p>
<p class="loose">网络书城是全国最大的综合性中文网上购物书城</p>
<p class="tight">网络书城是全国最大的综合性中文网上购物书城</p>
<p>网络书城是全国最大的综合性中文网上购物书城</p>
</body>
</html>
```

【说明】 从页面的显示效果可以看出，应用了 loose 类样式的英文段落中的字变得松散，应用了 tight 类样式的英文段落中的字变得拥挤，而没有应用样式的英文段落中的字保持默认的标准间距。注意，word-spacing 属性对于象形文字（包括中文、埃及文等）无法指定字间距，因此页面中无论对中文段落应用何种调整字间距的样式都是无效的。

6.2.6 设置字符间距

letter-spacing 字符间距属性，可以设置字符与字符间的距离。

语法：**letter-spacing:length | normal**

参数：默认 normal，定义字符间的标准间距。length 是由浮点数字和单位标识符组成的长度值，允许为负值。

说明：该属性定义元素中字符之间插入多少空白符。如果指定为长度值，会调整字符之间的标准间距，允许指定负长度值，这会让字符之间变得更拥挤。

【例6-11】 设置字符间距，本例页面6-11.html的显示效果如图6-12所示。

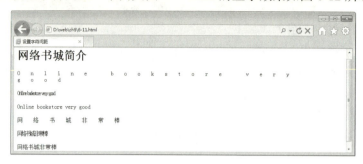

图6-12　页面的显示效果

6-11.html的代码如下：

```
<html>
<head>
<title>设置字符间距</title>
<style type="text/css">
p.loose {
    letter-spacing: 30px;            /*字符间距为30px，使段落中的字符变得松散，对中文也有效*/
}
p.tight {
    letter-spacing: -0.25em;         /*字符间距为负值，使段落中的字符变得拥挤，对中文也有效*/
}
</style>
</head>
<body>
<h1>网络书城简介</h1>
<p class="loose">Online bookstore very good</p>
<p class="tight">Online bookstore very good</p>
<p>Online bookstore very good</p>
<p class="loose">网络书城非常棒</p>
<p class="tight">网络书城非常棒</p>
<p>网络书城非常棒</p>
</body>
</html>
```

【说明】 从页面的显示效果可以看出，无论是英文段落还是中文段落，凡是应用了loose类样式的段落中的字符变得松散，应用了tight类样式的段落中的字符变得拥挤，而没有应用样式的段落中的字符保持默认的标准间距。

6.2.7　设置文本的大小写

在CSS样式中，使用text-transform属性设置文本的大小写。

语法：text-transform:none | capitalize | uppercase | lowercase

参数：默认none，定义带有小写字母和大写字母的标准的文本。capitalize定义文本中的每个单词以大写字母开头。uppercase定义仅有大写字母，无小写字母。lowercase定义仅有小写字母，无大写字母。

说明：由于中文不存在大小写的问题，因此该属性对中文无效。

【例 6-12】 设置字符间距，本例页面 6-12.html 的显示效果如图 6-13 所示。

图 6-13 页面的显示效果

6-12.html 的代码如下：

```html
<html>
<head>
<title>设置文本的大小写</title>
<style type="text/css">
p.uppercase {
    text-transform: uppercase        /*文本全部大写*/
}
p.lowercase {
    text-transform: lowercase        /*文本全部小写*/
}
p.capitalize {
    text-transform: capitalize       /*文本中的每个单词以大写字母开头*/
}
</style>
</head>
<body>
<h1>网络书城简介</h1>
<p>Online bookstore very good</p>
<p class="uppercase">Online bookstore very good</p>
<p class="lowercase">Online bookstore very good</p>
<p class="capitalize">Online bookstore very good</p>
</body>
</html>
```

6.3 设置图片样式

图片是网页中不可缺少的内容，它能使页面更加丰富多彩，能让人更直观地感受网页所要传达给浏览者的信息。本节详细介绍 CSS 设置图片风格样式的方法，包括图片的边框和图片的缩放等。

在 HTML 中，读者已经学习过图片元素的基本知识。图片即 img 元素，作为 HTML 的一个独立对象，需要占据一定的空间。因此，img 元素在页面中的风格样式仍然用盒模型来设计。

6.3.1 设置图片边框

在 HTML 中可以直接通过<img>标记的 border 属性值为图片添加边框,属性值为边框的粗细,以像素为单位,从而控制边框的粗细。当设置 border 属性值为 0 时,则显示为没有边框。例如以下示例代码:

```
<img src="images/book.jpg" border="0">    <!--显示为没有边框-->
<img src="images/book.jpg" border="1">    <!--设置边框的粗细为 1px-->
<img src="images/book.jpg" border="2">    <!--设置边框的粗细为 2px -->
<img src="images/book.jpg" border="3">    <!--设置边框的粗细为 3px -->
```

通过浏览器的解析,图片的边框粗细从左至右依次递增,效果如图 6-14 所示。

然而使用这种方法存在很大的限制,即所有的边框都只能是黑色,而且风格十分单一,都是实线,只是在边框粗细上能够进行调整。

如果希望更换边框的颜色,或者换成虚线边框,仅仅依靠 HTML 都是无法实现的。下面的实例讲解了如何用 CSS 样式美化图片的边框。

【例 6-13】 设置图片边框,本例页面 6-13.html 的显示效果如图 6-15 所示。

图 6-14 在 HTML 中控制图片的边框　　　　图 6-15 页面的显示效果

6-13.html 的代码如下:

```
<html>
<head>
<title>设置边框</title>
<style type="text/css">
.test1{
    border-style:dotted;            /* 点画线边框*/
    border-color:#996600;           /* 边框颜色为金黄色*/
    border-width:4px;               /* 边框粗细为 4px*/
    margin:2px;
}
.test2{
    border-style:dashed;            /* 虚线边框 */
    border-color:blue;              /* 边框颜色为蓝色*/
    border-width:2px;               /* 边框粗细为 2px*/
    margin:2px;
}
.test3{
    border-style:solid dotted dashed double;    /*4 边的线型依次为实线、点画线、虚线和双线边框 */
    border-color:red green blue purple;         /*4 边的颜色依次为红色、绿色、蓝色和紫色*/
```

```
        border-width:1px 2px 3px 4px;    /*4 边的边框粗细依次为 1px、2px、3px 和 4px*/
        margin:2px;
    }
    </style>
</head>
<body>
    <img src="images/book.jpg" class="test1">
    <img src="images/book.jpg" class="test2">
    <img src="images/book.jpg" class="test3">
</body>
</html>
```

【说明】 如果希望分别设置 4 条边框的不同样式，在 CSS 中也是可以实现的，只需要分别设定 border-left、border-right、border-top 和 border-bottom 的样式即可，依次对应于左、右、上、下 4 条边框。

6.3.2 设置图片缩放

使用 CSS 样式控制图片的大小，可以通过 width 和 height 两个属性来实现。需要注意的是，当 width 和 height 两个属性的取值使用百分比数值时，它是相对于父元素而言的。如果将这两个属性设置为相对于 body 的宽度或高度，就可以实现当浏览器窗口改变时，图片大小也发生相应变化的效果。

图 6-16　页面的显示效果

【例 6-14】设置图片缩放，本例页面 6-14.html 的显示效果如图 6-16 所示。

6-14.html 的代码如下：

```
<html>
<head>
<title>设置图片的缩放</title>
<style type="text/css">
#box {
    padding:2px;
    width:550px;
    height:180px;
    border:2px dashed #9c3;
}
img.test1{
    width:30%;          /* 相对宽度为 30% */
    height:40%;         /* 相对高度为 40% */
}
img.test2{
    width:150px;        /* 绝对宽度为 150px */
    height:150px;       /* 绝对高度为 150px */
}
</style>
```

```
        </head>
        <body>
        <div id="box">
            <img src="images/book.jpg">              <!--图片的原始大小-->
            <img src="images/book.jpg" class="test1">    <!--相对于父元素缩放的大小-->
            <img src="images/book.jpg" class="test2">    <!--绝对像素缩放的大小-->
        </div>
        </body>
        </html>
```

【说明】

(1) 本例中图片的父元素为 id="box" 的 DIV 容器, 在 img.test1 中定义 width 和 height 两个属性的取值为百分比数值, 该数值是相对于 id="box" 的 DIV 容器而言的, 而不是相对于图片本身。

(2) img.test2 中定义 width 和 height 两个属性的取值为绝对像素值, 图片将按照定义的像素值显示大小。

6.4 设置背景样式

在网页设计中, 无论是单一的纯色背景, 还是加载的背景图像, 都能够给整个页面带来丰富的视觉效果。CSS 允许应用颜色作为背景, 也可以使用图像作为背景。

需要注意的是, 背景占据元素的所有内容区域, 包括 padding 和 border, 但不包括元素的 margin。在 Opera 和 Firefox 浏览器中, background 包括 padding 和 border, 如图 6-17 所示。在 IE 浏览器中, background 没把 border 计算在内, 如图 6-18 所示。

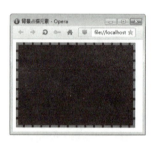 

图 6-17 Opera 浏览器中背景的效果   图 6-18 IE 浏览器中背景的效果

6.4.1 设置背景颜色

在 HTML 中, 可以使用标签的 bgcolor 属性设置网页的背景颜色。而在 CSS 里, 不仅可以用 background-color 属性来设置网页背景颜色, 还可以设置文字的背景颜色。

语法: **background-color : color | transparent**

参数: color 指定颜色。transparent 表示透明的意思, 也是浏览器的默认值。

说明: background-color 不能继承, 默认值是 transparent, 如果一个元素没有指定背景色, 那么背景就是透明的, 这样其父元素的背景才能看见。。

【例 6-15】设置背景颜色, 本例页面 6-15.html 的显示效果如图 6-19 所示。

图 6-19　页面的显示效果

在例 6-1 的基础上，6-15.html 增加了 body 背景色的定义，并为 h1 和 p 增加了背景色的定义，代码如下：

```
body{
    background-color:#eee;              /*十六进制色彩的背景色*/
}
h1{
    font-family:黑体;
    background-color:orange;            /*英文色彩名称的背景色*/
}
p{
    font-family: Arial, "Times New Roman";
    background-color:rgb(0,255,255);    /*rgb 函数的背景色*/
}
```

6.4.2　设置背景图像

CSS 除了可以设置背景的颜色，还可以用 background-image 来设置背景图片。

语法：**background-image : url(url) | none**

参数：url 表示要插入背景图片的路径。none 表示不加载图片。

说明：设置对象的背景图像。若把图像添加到整个浏览器窗口，可以将其添加到<body>标签。

【例 6-16】 设置背景图像，本例页面 6-16.html 的显示效果如图 6-20 所示。

图 6-20　页面的显示效果

6-16.html 的代码如下：

```
body {
    background-color:#66f;
    background-image:url(images/book.jpg);
    background-repeat:no-repeat;
}
```

【说明】　需要说明的是，如果网页中某元素同时具有 background-image 属性和 background-color 属性，那么 background-image 属性优先于 background-color 属性，也就是说背景图片永远覆盖于背景色之上。

6.4.3　设置背景重复

当背景图像的大小小于元素区域时，可以使用 background-repeat 属性设置是否及如何重复背景图像。

在默认情况下,图像会自动向水平和竖直两个方向平铺。如果不希望平铺,或者只希望沿着一个方向平铺,可以使用 background-repeat 属性来控制。

语法:**background-repeat : repeat | no-repeat | repeat-x | repeat-y**

参数:repeat 表示背景图像在水平和垂直方向平铺,是默认值;repeat-x 表示背景图像在水平方向平铺;repeat-y 表示背景图像在垂直方向平铺;no-repeat 表示背景图像不平铺。

说明:设置对象的背景图像是否平铺及如何平铺。必须先指定对象的背景图像。

【例 6-17】 设置背景重复,本例页面 6-17.html 的显示效果如图 6-21 所示。

　　背景不重复　　　　　　背景重复　　　　　　背景水平重复　　　　　背景垂直重复

图 6-21　页面的显示效果

背景不重复的 CSS 定义代码如下:

```
body {
    background-color:#66f;
    background-image:url(images/book.jpg);
    background-repeat: no-repeat;
}
```

背景重复的 CSS 定义代码如下:

```
body {
    background-color:#66f;
    background-image:url(images/book.jpg);
    background-repeat: repeat;
}
```

背景水平重复的 CSS 定义代码如下:

```
body {
    background-color:#66f;
    background-image:url(images/book.jpg);
    background-repeat: repeat-x;
}
```

背景垂直重复的 CSS 定义代码如下:

```
body {
    background-color:#66f;
    background-image:url(images/book.jpg);
    background-repeat: repeat-y;
}
```

6.4.4 设置背景图片位置

当在网页中插入背景图片时,每一次插入的位置都是位于网页的左上角,可以通过 background-position 属性来改变图片的插入位置。

语法:

    background-position : length || length

    background-position : position || position

参数:length 为百分比或者由数字和单位标识符组成的长度值。position 可取 top、center、bottom、left、center、right 之一。

说明:利用百分比和长度来设置图片位置时,都要指定两个值,并且这两个值都要用空格隔开。一个代表水平位置,一个代表垂直位置。水平位置的参考点是网页页面的左边,垂直位置的参考点是网页页面的上边。关键字在水平方向的主要有 left、center、right,关键字在垂直方向的主要有 top、center、bottom。水平方向和垂直方向相互搭配使用。

设置背景定位有以下 3 种方法。

1. 使用关键字进行背景定位

关键字参数的取值及含义如下:

top:将背景图像同元素的顶部对齐。

bottom:将背景图像同元素的底部对齐。

left:将背景图像同元素的左边对齐。

right:将背景图像同元素的右边对齐。

center:将背景图像相对于元素水平居中或垂直居中。

【例 6-18】 使用关键字进行背景定位,本例页面 6-18.html 的显示效果如图 6-22 所示。

图 6-22 页面的显示效果

6-18.html 的代码如下:

```
<html>
<head>
<title>设置背景定位</title>
<style type="text/css">
body {
    background-color:#66f;
}
#box {
    width:400px;                                /*设置元素宽度*/
    height:300px;                               /*设置元素高度*/
    border:6px dashed #f33;                     /*边框为粗细 6px 的红色虚线*/
    background-image:url(images/book.jpg);      /*设置背景图像*/
    background-repeat:no-repeat;                /*背景图像不重复*/
    background-position:center bottom;          /*定位背景向 box 的底部中央对齐*/
}
</style>
</head>
<body>
<div id="box"></div>
</body>
</html>
```

【说明】 根据规范，关键字可以按任何顺序出现，只要保证不超过两个关键字，一个对应水平方向，另一个对应垂直方向。如果只出现一个关键字，则认为另一个关键字是 center。

2．使用长度进行背景定位

长度参数可以对背景图像的位置进行更精确的控制，实际上定位的是图片左上角相对于元素左上角的位置。

【例 6-19】 使用长度进行背景定位，本例页面 6-19.html 的显示效果如图 6-23 所示。

在例 6-18 的基础上，6-19.html 修改了 box 的 CSS 定义，代码如下：

```
#box {
    width:400px;                /*设置元素宽度*/
    height:300px;               /*设置元素高度*/
    border:6px dashed #f33;     /*边框粗细 6px 的红色虚线*/
    background-image:url(images/book.jpg);
    background-repeat:no-repeat;
    background-position: 150px 70px;    /*定位背景在距容器左 150px、距顶 70px 的位置*/
}
```

3．使用百分比进行背景定位

使用百分比进行背景定位，其实是将背景图像的百分比指定的位置和元素的百分比位置对齐。也就是说，百分比定位改变了背景图像和元素的对齐基点，不再像使用关键字或长度单位定位时，使用背景图像和元素的左上角为对齐基点。

【例 6-20】 使用百分比进行背景定位，本例页面 6-20.html 的显示效果如图 6-24 所示。

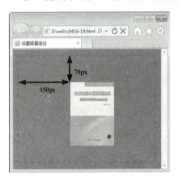 

图 6-23　页面的显示效果　　　　　　图 6-24　页面的显示效果

在例 6-18 的基础上，6-20.html 修改了 box 的 CSS 定义，代码如下：

```
#box {
    width:400px;                /*设置元素宽度*/
    height:300px;               /*设置元素高度*/
    border:6px dashed #f33;     /*边框 6px 的红色虚线*/
    background-image:url(images/book.jpg);   /*背景图像*/
    background-repeat:no-repeat;             /*背景图像不重复*/
    background-position: 100% 50%;
    /*背景在容器 100%(水平方向)、50%(垂直方向)的位置*/
}
```

【说明】 本例中使用百分比进行背景定位时，其实就是将背景图像的"100%(right),50%(center)"这个点和 box 容器的"100%(right),50%(center)"这个点对齐。

6.4.5 设置背景大小

在 CSS 样式中，可以使用 background-size 属性控制背景图的尺寸大小。

语法：**background-size:[length | percentage | auto]{1,2} | cover | contain**

参数：auto 为默认值，保持背景图片的原始高度和宽度。length 设置具体的值，可以改变背景图片的大小。percentage 为百分值，可以是 0%～100%之间任何值，但此值只能应用在块元素上，所设置百分值将使用背景图片大小根据所在元素的宽度的百分比来计算。cover 将图片放大以适合铺满整个容器，采用 cover 将背景图片放大到适合容器的大小，但这种方法会使背景图片失真。contain 的值刚好与 cover 相反，用于将背景图片缩小以适合铺满整个容器，这种方法同样会使图片失真。

当 background-size 取值为 length 和 percentage 时可以设置两个值，也可以设置一个值，当只取一个值时，第二个值相当于 auto，但这里的 auto 并不会使背景图片的高度保持自己原始高度，而会与第一个值相同。

说明：设置背景图片的大小，以像素或百分比显示。当指定为百分比时，大小会由所在区域的宽度、高度决定，还可以通过 cover 和 contain 来对图片进行伸缩。请看以下示例：

```
<div style="color:#fff;font-weight:bold;border: 1px solid #00f; padding:0px 5px 300px; background:url(images/book6.jpg) no-repeat;background-size:100% 300px">
    这里的 background-size: 100% 300px。背景图片将与 DIV 一样宽，高为 300px。
</div>
```

需要说明的是，IE 9 不支持该属性，Opera 浏览器中显示的效果如图 6-25 所示。

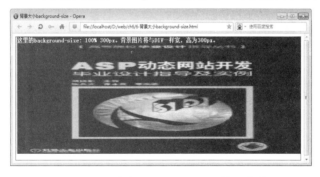

图 6-25　背景大小 background-size 的浏览效果

6.5 设置表格样式

在前面的章节中已经讲解了表格的基本用法，本节将重点讲解如何使用 CSS 设置表格样式进而美化表格的外观。

虽然我们一直强调网页的布局形式应该是 DIV+CSS，但并不是所有的布局都应该如此，在某些时候表格布局更为便利。

6.5.1 常用的 CSS 表格属性

CSS 表格属性可以帮助设计者极大地改善表格的外观，常用的 CSS 表格属性见表 6-2。

表 6-2 常用的 CSS 表格属性

属　　性	说　　明
border-collapse	设置表格的行和单元格的边是合并在一起还是按照标准的 HTML 样式分开
border-spacing	设置当表格边框独立时，行和单元格的边框在横向和纵向上的间距
caption-side	设置表格的 caption 对象是在表格的哪一边
empty-cells	设置当表格的单元格无内容时，是否显示该单元格的边框

1．border-collapse 属性

border-collapse 属性用于设置表格的边框是合并成单边框，还是分别有各自的边框。

语法：border-collapse:separate | collapse

参数：separate 为默认值，边框分开，不合并。collapse 使边框合并，即如果两个边框相邻，则共用同一个边框。

示例：

```
<table style="border-collapse:collapse;background-color:#66f;width:100%">
    <tr style="background-color:#ff6;">
        <td>使用 collapse 合并时表格的效果</td>
        <td>使用 collapse 合并时表格的效果</td>
    </tr>
    <tr style="background-color:#ff6;">
        <td>使用 collapse 合并时表格的效果</td>
        <td>使用 collapse 合并时表格的效果</td>
    </tr>
</table>
```

上面的示例在浏览器中的浏览效果如图 6-26 所示，没有设置 border-collapse 样式或设置样式为"border-collapse:separate;"时的传统表格效果如图 6-27 所示。

图 6-26 使用 collapse 合并时表格的效果　　图 6-27 没有使用 collapse 合并时表格的效果

2．border-spacing 属性

border-spacing 属性用来设置相邻单元格边框间的距离。

语法：border-spacing:length || length

参数：由浮点数字和单位标识符组成的长度值，不可为负值。

说明：该属性用于设置当表格边框独立（border-collapse 属性等于 separate）时，单元格的边框在横向和纵向上的间距。当只指定一个 length 值时，这个值将作用于横向和纵向上的间距；当指定了全部两个 length 值时，第 1 个作用于横向间距，第 2 个作用于纵向间距。

【例 6-21】 使用 border-spacing 属性设置相邻单元格边框间的距离，本例页面 6-21.html 的显示效果如图 6-28 所示。

图 6-28 页面的显示效果

6-21.html 的代码如下：

```
<!doctype html>
<html>
<head>
<style type="text/css">
table.one
{
    border-collapse: separate;     /*表格边框独立*/
    border-spacing: 10px           /*单元格水平、垂直距离均为10px*/
}
table.two
{
    border-collapse: separate;     /*表格边框独立*/
    border-spacing: 10px 50px      /*单元格水平距离为10px、垂直距离均为50px*/
}
</style>
</head>
<body>
<table class="one" border="1">
    <tr>
        <td>ASP 编程</td><td>JSP 编程</td></tr>
    <tr>
        <td>PHP 编程</td><td>C#编程</td>
    </tr>
</table>
<br />
<table class="two" border="1">
    <tr>
        <td>ASP 编程</td><td>JSP 编程</td>
    </tr>
    <tr>
        <td>PHP 编程</td><td>C#编程</td>
    </tr>
</table>
</body>
</html>
```

【说明】 如果让 IE 9 浏览器支持 border-spacing 属性，必须在页面代码的第一行声明 doctype 类型为<!doctype html>。

3．caption-side 属性

caption-side 属性用于设置表格标题的位置。

语法：**caption-side:top| bottom | left |right**

参数：top 为默认值，把表格标题定位在表格之上。bottom 把表格标题定位在表格之下。left 把表格标题定位在表格左侧。right 把表格标题定位在表格右侧。

说明：caption-side 属性必须和表格的 caption 标签一起使用。

4．empty-cells 属性

empty-cells 属性用于设置当表格的单元格无内容时，是否显示该单元格的边框。

图 6-29　页面的显示效果

语法：**empty-cells:hide | show**

参数：show 为默认值，表示当表格的单元格无内容时显示单元格的边框。hide 表示当表格的单元格无内容时隐藏单元格的边框。

说明：只有当表格边框独立时，该属性才起作用。

【例 6-22】 使用 border-spacing 属性设置相邻单元格边框间的距离，本例页面 6-22.html 的显示效果如图 6-29 所示。

6-22.html 的代码如下：

```
<!doctype html>
<html>
<head>
<style type="text/css">
table
{
    border-collapse: separate;    /*表格边框独立*/
    empty-cells: hide;            /*表格的单元格无内容时隐藏单元格的边框*/
}
</style>
</head>
<body>
<table border="1">
    <tr>
        <td>ASP 编程</td><td>JSP 编程</td>
    </tr>
    <tr>
        <td>PHP 编程</td><td></td>
    </tr>
</table>
</body>
</html>
```

【说明】 如果让 IE 8 浏览器支持 empty-cells 属性，必须在页面代码的第一行声明 doctype 类型为<!doctype html>。

6.5.2　案例——使用隔行换色表格制作畅销图书排行榜

当表格的行和列都很多时，单元格若采用相同的背景色，用户在实际使用时会感到凌乱。通常的解决方法就是采用隔行变色。

【例 6-23】 使用隔行换色表格制作畅销图书排行榜，本例页面 6-23.html 的显示效果如图 6-30 所示。

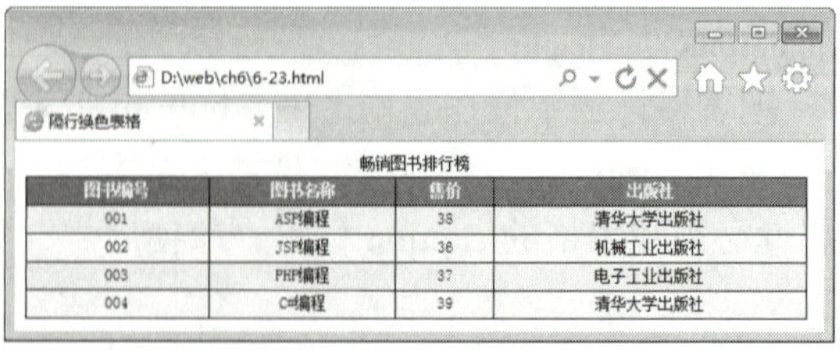

图 6-30　隔行换色表格

6-23.html 的代码如下:

```html
<!doctype html>
<head>
<meta charset="gb2312" />
<title>隔行换色表格</title>
<style type="text/css">
table {
    border:1px solid #000000;
    font:12px/1.5em "宋体";
    border-collapse:collapse;          /*合并单元格边框*/
}
caption {
    text-align:center;
}                                       /*设置标题信息居中显示 */
th {
    color:#F4F4F4;
    border:1px solid #000000;
    background: #328aa4;
}           /*设置表头的样式(表头文字颜色、边框、背景色)*/
td {
    text-align:center;
    border:1px solid #000000;
    background: #e5f1f4;
}           /*设置所有 td 内容单元格的文字居中显示,并添加黑色边框和背景颜色*/

.tr_bg td {
    background:#FDFBCC;
}           /*通过 tr 标签的类名修改相对应的单元格背景颜色 */
</style>
</head>
<body>
<table width="600" border="0">
  <caption>畅销图书排行榜</caption>
  <tr>
    <th>图书编号</th><th>图书名称</th><th>售价</th><th>出版社</th>
  </tr>
  <tr>
    <td>001</td><td>ASP 编程</td><td>38</td><td>清华大学出版社</td>
  </tr>
  <tr class="tr_bg">
    <td>002</td><td>JSP 编程</td><td>36</td><td>机械工业出版社</td>
  </tr>
  <tr>
    <td>003</td><td>PHP 编程</td><td>37</td><td>电子工业出版社</td>
  </tr>
  <tr class="tr_bg">
    <td>004</td><td>C#编程</td><td>39</td><td>清华大学出版社</td>
  </tr>
</table>
</body>
</html>
```

6.6 设置表单样式

在前面章节中讲解的表单设计大多采用表格布局,这种布局方法对表单元素的样式控制很少,仅局限于功能上的实现。本节主要讲解如何使用 CSS 控制和美化表单。

6.6.1 使用 CSS 美化常用的表单元素

表单中的元素很多,包括常用的输入框、文本框、单选钮、复选框、下拉菜单和按钮等。下面通过一个实例讲解怎样使用 CSS 美化常用的表单元素。

【例 6-24】 使用 CSS 美化常用的表单元素,本例页面 6-24.html 在没有美化之前的显示效果如图 6-31 所示,美化后的显示效果如图 6-32 所示。

图 6-31 没有美化之前的表单　　　　图 6-32 美化之后的表单

6-24.html 的代码如下:

```
<!doctype html>
<head>
<meta charset="gb2312" />
<title>使用 CSS 美化常用的表单元素</title>
<style type="text/css">
form{                              /*表单样式*/
    border: 1px dashed #00008B;    /*虚线边框*/
    padding: 1px 6px 1px 6px;
    margin:0px;
    font:14px Arial;
}
input{                             /*所有 input 标记*/
    color: #00008B;
}
input.txt{                         /*文本框单独设置*/
    border: 1px solid #00008B;
    padding:2px 0px 2px 16px;      /*文本框左内边距 16px 以便为背景图像预留显示空间*/
    background:url(images/username_bg.jpg) no-repeat left center;   /*文本框背景图像*/
}
input.btn{                         /*按钮单独设置*/
```

```
            color: #00008B;
            background-color: #ADD8E6;
            border: 1px solid #00008B;
            padding: 1px 2px 1px 2px;
        }
        select{                              /*菜单样式*/
            width: 80px;
            color: #00008B;
            border: 1px solid #00008B;
        }
        textarea{                            /*文本域样式*/
            width: 300px;
            height: 60px;
            color: #00008B;
            border: 4px double #00008B;      /*双线边框*/
        }
    </style>
</head>
<body>
<form method="post">
<p>姓名:<br><input type="text" name="name" id="name" class="txt"></p>
<p>你最喜欢的颜色:<br>
<select name="color" id="color">
    <option value="red">红</option>
    <option value="green">绿</option>
    <option value="blue">蓝</option>
</select></p>
<p>性别:<br>
    <input type="radio" name="sex" id="male" value="male">男
    <input type="radio" name="sex" id="female" value="female">女</p>
<p>爱好:<br>
    <input type="checkbox" name="hobby" id="book" value="book">下棋
    <input type="checkbox" name="hobby" id="net" value="net">音乐
    <input type="checkbox" name="hobby" id="sleep" value="sleep">足球</p>
<p>个人简历:<br><textarea name="comments" id="comments"></textarea></p>
<p><input type="submit" name="btnSubmit" class="btn" value="提交"></p>
</form>
</body>
</html>
```

【说明】 本例中设置文本框左内边距为16px，目的是为了给文本框背景图像（图像宽度16px）预留显示空间，否则输入的文字将覆盖在背景图像之上，以致用户在输入文字时看不清输入内容。

6.6.2 案例——制作网络书城联系我们表单

【例6-25】 制作网络书城联系我们表单，本例页面6-25.html的显示效果如图6-33所示。6-25.html的代码如下：

图 6-33　页面的显示效果

```
<!doctype html>
<html>
<head>
<meta charset="gb2312">
<title>网络书城联系页面</title>
<style type="text/css">
body{                              /*页面整体样式*/
    width:985px;
    margin:0 auto;                 /*页面居中对齐*/
    font-family:Tahoma;
    font-size:12px;                /*文字大小 12px*/
    color:#565656;                 /*灰色文字*/
    position:relative              /*相对定位*/
}
#contact{                          /*主体容器样式*/
    padding:0px 12px 30px 20px;
    float:left                     /*向左浮动*/
}
#contact p{                        /*容器中段落样式*/
    padding:0 0 10px 5px;
    margin:0px;
    text-indent:2em;               /*首行缩进*/
}
#contact_content{                  /*内容区域样式*/
    width:500px;
}
#contact_form {                    /*表单容器样式*/
    padding:20px 60px;
    width: 300px;
    margin:0 0 40px 20px;
    border:1px dashed #5a5a5a;     /*表单边框 1px 灰色虚线*/
}
#contact_form form {               /*表单样式*/
```

· 160 ·

```css
            margin: 0px;
            padding: 0px;
        }
        #contact_form form .input_field {        /*表单中文本框的样式*/
            font-family: Arial, Helvetica, sans-serif;
            width: 270px;
            padding: 5px;
            color: #808b98;
            background: #fff;
            border: 1px solid #dedede;           /*文本框边框1px 灰色实线*/
        }
        #contact_form form label {               /*表单中标签的样式*/
            display: block;                      /*块级元素*/
            width: 100px;
            margin-right:12px;
            font-size: 11px
        }
        #contact_form form textarea {            /*表单中文本域的样式*/
            font-family: Arial, Helvetica, sans-serif;
            width: 270px;
            height: 200px;
            padding: 5px;
            color: #808b98;
            background: #fff;
            border: 1px solid #dedede;           /*文本域边框1px 灰色实线*/
        }
        #contact_form form .submit_btn {         /*表单中按钮的样式*/
            display: block;                      /*块级元素*/
            padding: 5px 12px;
            text-align: center;                  /*文字居中对齐*/
            text-decoration: none;
            font-weight: bold;                   /*文字加粗*/
            background-color: #000;              /*黑色背景*/
            border: 1px solid #fff;
            color: #fff;                         /*白色文字*/
            font-size:11px;
        }
    </style>
</head>
<body>
<div id="contact">
    <h1>联系我们</h1>
    <div id="contact_content">
        <p>网络书城客户支持中心400热线服务于全国的最终客户和授权服务商，我们提供在线技术支持、商品查询、投诉受理、信息咨询等全方位的一站式服务。</p>
        <p>如果您有什么意见或建议，请填写以下信息提交给书城的客户服务部门。</p>
        <div id="contact_form">
            <form method="post" name="contact" action="#">
                <label for="author">姓名:</label>
                <input type="text" id="author" name="author" class="input_field" /><br><br>
```

```html
                    <label for="email">电子邮箱:</label>
                    <input type="text" id="email" name="email" class="input_field" /><br><br>
                    <label for="phone">电话:</label>
                    <input type="text" name="phone" id="phone" class="input_field" /><br><br>
                    <label for="text">信息:</label>
                    <textarea id="text" name="text" rows="0" cols="0"></textarea><br><br>
                    <input type="submit" class="submit_btn" id="submit" value="发送" />
                </form>
            </div>
        </div>
    </body>
</html>
```

【说明】 本例中设置表单容器的边框样式为"border:1px dashed #5a5a5a;",即表单边框线为 1px 灰色虚线,这是一种常用的对表单外部轮廓修饰的方法,以突出表单的显示效果,引起浏览者的注意。

6.7 图文混排

图文混排是制作精美页面必须使用的技术,通过将适当的图像与文字有效地排列在一起,可以大大丰富版面内容。图文混排的结构没有统一的标准,一般做法是把图像和文本信息同时封装在一个包含元素内,再嵌入其他布局元素或修饰元素。

图 6-34 页面的显示效果

图文混排所使用的图片与正文都有一定的联系,因此在加载此类图片的时候,不再使用 CSS 样式中的 background-image 来实现,而是采用 HTML 中的<img>标签进行控制。

图文混排一般出现在介绍性的内容或新闻内页中,其关键在于处理图片与文字之间的关系。请看下面的示例讲解。

【例 6-26】 图文混排,本例页面 6-26.html 的显示效果如图 6-34 所示。

6-26.html 的代码如下:

```
<html>
<head>
<title>图文混排</title>
<style type="text/css">
  body{
    background-color:#fff;          /*页面背景颜色*/
    margin:0px;                      /*外边距为 0px*/
    padding:0px;                     /*内边距为 0px*/
  }
  h1{
    font-family:黑体;
    color:red;
    text-align:center;               /*文字居中对齐*/
```

```
            padding-top:10px;
        }
        img{
            float:right;                        /*文字环绕图片,图片向右浮动*/
            margin:0 15px;                      /*设置左右外边距15px,增加图片与文字之间的间隔*/
            border:6px double purple;           /*图片边框为6px紫色双线*/
        }
        p{
            color:#000000;                      /*文字颜色黑色*/
            margin:0px;                         /*外边距为0px*/
            padding-top:10px;
            padding-left:5px;
            padding-right:5px;
        }
        span{
            float:left;                         /*向左浮动*/
            font-size:60px;                     /*首字放大*/
            font-family:黑体;
            color:red;
            margin:0px;
            padding-right:5px;
        }
    </style>
</head>
<body>
<h1>图书简介</h1>
<img src="images/book1.jpg">
<p><span>本</span>教材是学习网页设计与制作的基础教程,……(此处省略文字)</p>
<p><span>全</span>书共分为13章,第1章至第3章,主要介绍……(此处省略文字)</p>
</body>
</html>
```

【说明】 图文混排的重点就是将图片设置为浮动,本例中就是通过img{float:right;}规则将图片设置为右浮动,并且设置左右外边距为15px,目的是增加图片与文字之间的间隔。如果需要图片显示在文字的左侧,只需设置img{float:left;}即可。

6.8 综合案例——制作网络书城环保社区页面

前面已经讲解的 DIV+CSS 布局页面的案例中,都是页面的局部布局,按照循序渐进的学习规律,本节从一个页面的全局布局入手,讲解网络书城环保社区页面的制作,重点练习使用 CSS 设置网页常用样式修饰的相关知识。

6.8.1 页面布局规划

页面布局的首要任务是弄清网页的布局方式,分析版式结构,待整体页面搭建有明确规划后,再根据成熟的规划切图。

通过成熟的构思与设计,网络书城环保社区页面的效果如图 6-35 所示,页面布局示意图如图 6-36 所示。页面中的主要内容包括顶部的宣传语及广告条、左侧的登录表单及新闻频道、右侧的主体内容及图片列表、底部的版权信息。

图 6-35　网络书城环保社区页面的效果

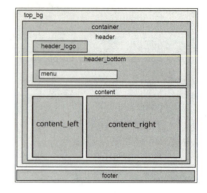

图 6-36　页面布局示意图

6.8.2　页面的制作过程

1．前期准备

（1）栏目目录结构。在栏目文件夹下创建文件夹 images 和 style，分别用来存放图像素材和外部样式表文件。

（2）页面素材。将本页面需要使用的图像素材存放在文件夹 images 下。

（3）外部样式表。在文件夹 style 下新建一个名为 style.css 的样式表文件。

2．制作页面

style.css 中各区域的样式设计如下。

（1）页面整体的制作。页面整体 body、超链接风格和整体容器 top_bg 的 CSS 定义代码如下：

```css
body {
    background: #232524;          /*设置浅绿色环保主题的背景色*/
    margin: 0;                    /*外边距为 0px*/
    padding:0;                    /*内边距为 0px*/
    font-family: "宋体", Arial, Helvetica, sans-serif;
    font-size: 12px;
    line-height: 1.5em;
    width: 100%;                  /*设置元素百分比宽度*/
}
a:link, a:visited {
    color: #069;
    text-decoration: underline;   /*下画线*/
}
a:active, a:hover {
    color: #990000;
    text-decoration: none;        /*链接无修饰*/
}
#top_bg {
    width:100%;                   /*设置元素百分比宽度*/
    background: #7bdaae url(../images/top_bg.jpg) repeat-x;   /*设置页面背景图像水平重复*/
}
```

（2）页面顶部的制作。页面顶部被放置在名为 header 的 DIV 容器中，用来显示页面宣传语，如图 6-37 所示。

图 6-37　页面顶部的显示效果

页面顶部的 CSS 代码如下：

```
#container {                        /*页面容器 container 的 CSS 规则*/
    width: 900px;                   /*设置元素宽度*/
    margin: 0 auto;                 /*设置元素自动居中对齐*/
}
#header {                           /*页面顶部容器 header 的 CSS 规则*/
    width: 100%;                    /*设置元素百分比宽度*/
    height: 280px;                  /*设置元素高度*/
}
#header_logo {                      /*页面顶部 logo 区域的 CSS 规则*/
    float: left;
    display:inline;                 /*此元素会被显示为内联元素*/
    width: 500px;
    height: 20px;
    font-family:Tahoma, Geneva, sans-serif;
    font-size: 20px;
    font-weight: bold;
    color: #678275;
    margin: 28px 0 0 15px;
    padding: 0;
}
#header_logo span {                 /*页面顶部 logo 区域宣传语的 CSS 规则*/
    margin-left:10px;               /*设置宣传语距"环保社区"左外边距为 10px*/
    font-size: 11px;
    font-weight: normal;
    color: #000;
}
#header_bottom {                    /*页面顶部背景图片及菜单区域的 CSS 规则*/
    float: left;                    /*向左浮动*/
    width: 873px;                   /*设置元素宽度*/
    height: 216px;                  /*设置元素高度*/
    background: url(../images/header_bottom_bg.png) no-repeat;   /*设置顶部背景图像无重复*/
    margin: 15px 0 0 15px;          /*上、右、下、左的外边距依次为 15px,0px, 0px,15px*/
}
#menu {                             /*菜单区域的 CSS 规则*/
    float: left;                    /*菜单向左浮动*/
    width: 465px;                   /*设置元素宽度*/
    height: 29px;                   /*设置元素高度*/
    margin: 170px 0 0 23px;         /*上、右、下、左的外边距依次为 170px,0px, 0px,23px*/
    display:inline;                 /*内联元素*/
```

```
        padding: 0;                    /*内边距为 0px*/
    }
    #menu ul {                         /*菜单列表的 CSS 规则*/
        list-style: none;              /*不显示项目符号*/
        display: inline;               /*内联元素*/
    }
    #menu ul li {                      /*菜单列表项的 CSS 规则*/
        float:left;                    /*将纵向导航菜单转换为横向导航菜单，该设置至关重要*/
        padding-left:20px;             /*左内边距为 20px*/
        padding-top:5px;               /*上内边距为 5px*/
    }
    #menu ul li a {                    /*菜单列表项超链接的 CSS 规则*/
        font-family:"黑体";
        font-size:16px;
        color:#393;
        text-decoration:none;          /*无修饰*/
    }
    #menu ul li a:hover {              /*菜单列表项鼠标悬停的 CSS 规则*/
        color:#fff;
        background:#396;
    }
```

（3）页面中部的制作。页面中部的内容被放置在名为 content 的 DIV 容器中，主要用来显示"环保社区"栏目的登录表单、新闻频道、职责及动物世界图片等内容，如图 6-38 所示。

图 6-38　页面中部的效果

页面中部的 CSS 代码如下：

```
    #content {                         /*页面中部容器的 CSS 规则*/
        overflow:auto;                 /*溢出内容自动处理*/
        margin: 15px;                  /*外边距为 15px*/
        padding: 0;                    /*内边距为 0px*/
    }
    #content_left {                    /*页面中部左侧区域的 CSS 规则*/
        float:left;                    /*向左浮动*/
        width: 250px;
        margin: 0 0 0 10px;            /*上、右、下、左的外边距依次为 0px,0px,0px,10px*/
        padding: 0;                    /*内边距为 0px*/
    }
    #section {                         /*左侧区域表单容器的 CSS 规则*/
        margin: 0 0 15px 0;            /*上、右、下、左的外边距依次为 0px,0px,15px,0px*/
```

```css
        padding: 0;                              /*内边距为0px*/
}
#section_1_top {                                 /*左侧区域表单上方登录图片及用户登录文字的CSS规则*/
        width: 176px;
        height: 36px;
        font-family:"黑体";
        font-weight: bold;
        font-size: 14px;
        color: #276b45;
        background: url(../images/section_1_top_bg.jpg) no-repeat;    /*表单上方背景图像无重复*/
        margin: 0px;                             /*外边距为0px*/
        padding: 15px 0 0 70px;                  /*上、右、下、左的内边距依次为15px,0px,0px,70px*/
}
#section_1_mid {                                 /*左侧区域表单中间部分的CSS规则*/
        width: 217px;
        background: url(../images/section_1_mid_bg.jpg) repeat-y;     /*表单中间背景图像垂直重复*/
        margin: 0;                               /*外边距为0px*/
        padding: 5px 15px;                       /*上、下内边距为5px、右、左内边距为15px*/
}
#section_1_mid .myform {                         /*左侧区域表单本身的CSS规则*/
        margin: 0;                               /*外边距为0px*/
        padding: 0;                              /*内边距为0px*/
}
.myform .frm_cont {                              /*表单内容下外边距的CSS规则*/
        margin-bottom:8px;                       /*下外边距为8px*/
}
.myform .username input, .myform .password input {      /*表单元素输入框的CSS规则*/
        width:120px;
        height:18px;
        padding:2px 0px 2px 15px;                /*上、右、下、左的内边距依次为2px,0px,2px,15px*/
        border:solid 1px #aacfe4;                /*边框为1px的细线*/
}
.myform .btns {                                  /*表单元素按钮的CSS规则*/
        text-align:center;
}
#section_1_bottom {                              /*左侧区域表单下方的CSS规则*/
        width: 246px;
        height: 17px;
        background: url(../images/section_1_bottom_bg.jpg) no-repeat;  /*表单底部细线的背景图像*/
}
#section2 {                                      /*左侧区域"新闻频道"容器的CSS规则*/
        margin: 0 0 15px 0;                      /*上、右、下、左的外边距依次为0px,0px,15px,0px*/
        padding: 0;                              /*内边距为0px*/
}
#section_2_top {                                 /*新闻频道上方图片及文字的CSS规则*/
        width: 176px;
        height: 42px;
        font-family:"黑体";
        font-weight: bold;
        font-size: 14px;
        color: #276b45;
        background:  url(../images/section_2_top_bg.jpg) no-repeat;    /*新闻频道上方的背景图像*/
```

```css
        margin: 0;                      /*外边距为0px*/
        padding: 15px 0 0 70px;         /*上、右、下、左的内边距依次为 15px,0px,0px,70px*/
}
#section_2_mid {                        /*新闻频道中间区域的 CSS 规则*/
        width: 246px;
        background:   url(../images/section_2_mid_bg.jpg) repeat-y;
        margin: 0;                      /*外边距为0px*/
        padding: 5px 0;                 /*上、下内边距为5px、右、左内边距为0px*/
}
#section_2_mid ul {                     /*新闻频道中间列表的 CSS 规则*/
        list-style: none;               /*不显示项目符号*/
        margin: 0 20px;                 /*上、下外边距为0px、右、左外边距为20px*/
        padding: 0;                     /*内边距为0px*/
}
#section_2_mid li {                     /*新闻频道中间列表项的 CSS 规则*/
        border-bottom: 1px dotted #fff;    /*底部边框为1px的点划线*/
        margin: 0;                      /*外边距为0px*/
        padding: 5px;                   /*内边距为5px*/
}
#section_2_mid li a {                   /*新闻频道中间列表项超链接的 CSS 规则*/
        color: #fff;
        text-decoration: none;          /*无修饰*/
}
#section_2_mid li a:hover {             /*新闻频道中间列表项鼠标悬停的 CSS 规则*/
        color:#363;
        text-decoration: none;          /*链接无修饰*/
}
#section_2_bottom {                     /*新闻频道下方区域的 CSS 规则*/
        width: 246px;
        height: 18px;
        background:   url(../images/section_2_bottom_bg.jpg) no-repeat;  /*新闻底部细线的背景图像*/
}
#content_right {                        /*页面中部右侧区域的 CSS 规则*/
        float:left;                     /*向左浮动*/
        width:580px;                    /*设置元素宽度*/
        padding:10px;                   /*内边距为10px*/
}
.post {                                 /*右侧区域内容的 CSS 规则*/
        padding:5px;                    /*内边距为5px*/
}
.post h1 {                              /*右侧区域内容中一级标题的 CSS 规则*/
        font-family: Tahoma;
        font-size: 18px;
        color: #588970;
        margin: 0 0 15px 0;             /*上、右、下、左的外边距依次为 0px,0px,15px,0px*/
        padding: 0;                     /*内边距为0px*/
}
.post p {                               /*右侧区域内容中段落的 CSS 规则*/
        font-family: Arial;
        font-size: 12px;
        color: #46574d;
        text-align: justify;            /*文字两端对齐*/
```

```
        margin: 0 0 15px 0;          /*上、右、下、左的外边距依次为 0px,0px,15px,0px*/
        padding: 0;                  /*内边距为 0px*/
    }
    .post img {                      /*右侧区域内容中图像的 CSS 规则*/
        margin: 0 0 0 25px;          /*上、右、下、左的外边距依次为 0px,0px,0px,25px*/
        padding: 0;                  /*内边距为 0px*/
        border: 1px solid #333;      /*图像显示粗细为 1px 的深灰色细边框*/
    }
```

（4）页面底部的制作。页面底部的内容被放置在名为 footer 的 DIV 容器中，用来显示版权信息，如图 6-39 所示。

Copyright © 2013 网络书城环保社区 All Rights Reserved

图 6-39　页面底部的效果

页面底部的 CSS 代码如下：

```
#footer {
    font-size: 12px;
    color: #7bdaae;
    text-align:center;              /*文字居中对齐*/
}
```

（5）网页结构文件。在当前文件夹中，用记事本新建一个名为 index.html 的网页文件，代码如下：

```html
<!doctype html>
<html>
<head>
<title>综合案例——制作网络书城环保社区页面</title>
<meta charset="gb2312">
<link href="style/style.css" rel="stylesheet" type="text/css" />
</head>
<body>
<div id="top_bg">
  <div id="container">
    <div id="header">
      <div id="header_logo">网络书城环保社区<span>[保护环境，从我做起]</span></div>
      <div id="header_bottom">
        <div id="menu">
          <ul>
            <li><a href="#">团队简介</a></li>
            <li><a href="#">环境监测</a></li>
            <li><a href="#">环境报告</a></li>
            <li><a href="#">环保常识</a></li>
            <li><a href="#">交流合作</a></li>
          </ul>
        </div>
      </div>
    </div>
    <div id="content">
      <div id="content_left">
        <div id="section">
          <div id="section_1_top">用户登录</div>
```

```html
            <div id="section_1_mid">
                <div class="myform">
                    <form action="" method="post">
                        <div class="frm_cont username">用户名：
                            <label for="username"></label>
                            <input type="text" name="username" id="username" />
                        </div>
                        <div class="frm_cont password">密　码：
                            <label for="password"></label>
                            <input type="password" name="password" id="password" />
                        </div>
                        <div class="btns">
                            <input type="submit" name="button1" id="button1" value="登录" />
                            <input type="button" name="button2"id="button2" value="注册" />
                        </div>
                    </form>
                </div>
            </div>
            <div id="section_1_bottom"></div>
        </div>
        <div id="section2">
            <div id="section_2_top">新闻频道</div>
            <div id="section_2_mid">
                <ul>
                    <li><a href="#" target="_blank">美洲鳄的保护环境日益改善</a></li>
                    <li><a href="#" target="_parent">网络书城颁发"环保天使"大奖</a></li>
                    <li><a href="#" target="_blank">世界环保组织到中国四川考察</a></li>
                    <li><a href="#" target="_blank">低碳生活离我们的生活远吗？</a></li>
                </ul>
            </div>
            <div id="section_2_bottom"></div>
        </div>
    </div>
    <div id="content_right">
        <div class="post">
            <h1>挑战与职责</h1>
            <p>网络书城环保社区是大家交流环保知识和发起环保活动的场所。</p>
            <p>生态文明是当今人类社会向更高阶段发展的大势……（此处省略文字）</p>
            <p>组织的核心胜任特征是构成组织核心竞争力……（此处省略文字）</p>
        </div>
        <div class="post" >
            <h1>动物世界</h1>
            <a href="#"><img src="images/thumb_1.jpg" width="108" height="108" /></a>
            <a href="#"><img src="images/thumb_2.jpg" width="108" height="108" /></a>
            <a href="#"><img src="images/thumb_3.jpg" width="108" height="108" /></a>
            <a href="#"><img src="images/thumb_4.jpg" width="108" height="108" /></a>
        </div>
    </div>
</div>
</div>
```

```
        </div>
        <div id="footer">Copyright &copy; 2013  网络书城环保社区  All Rights Reserved</div>
    </body>
</html>
```

【说明】 本例代码中使用了<ul>列表、<li>列表项来设计主导航菜单，请读者参考第 7 章中使用 CSS 设置列表及菜单的相关知识。

6.9 实训——制作家具商城会员注册页面

制作家具商城会员注册页面，页面效果如图 6-40 所示，布局示意图如图 6-41 所示。

图 6-40 会员注册页面

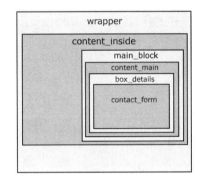

图 6-41 页面布局示意图

制作步骤如下。

1．前期准备

（1）栏目目录结构。在栏目文件夹下创建文件夹 images 和 css，分别用来存放图像素材和外部样式表文件。

（2）页面素材。将本页面需要使用的图像素材存放在文件夹 images 下。

（3）外部样式表。在文件夹 css 下新建一个名为 style.css 的样式表文件。

2．制作页面

（1）制作页面的 CSS 样式。打开建立的 style.css 文件，定义页面的 CSS 规则，代码如下：

```
*{                                    /**表示针对 HTML 的所有元素*/
    padding:0px;                      /*内边距为 0px*/
    margin:0px;                       /*外边距为 0px*/
    line-height: 20px;                /*行高 20px*/
}
body{                                 /*设置页面整体样式*/
    height:100%;                      /*高度为相对单位*/
    background-color:#f3f1e9;         /*浅灰色背景*/
    position:relative;                /*相对定位*/
}
img{
    border:0px;                       /*图片无边框*/
}
#wrapper{                             /*设置主体容器样式*/
    padding:0 0 5px 0                 /*上、右、下、左的内边距依次为 0px,0px,5px,0px*/
```

```css
}
#content_inside{                        /*设置页面内容区域样式*/
    background-image:url(../images/bg.gif);    /*背景图像*/
    background-position:top left;          /*背景图像顶端左对齐*/
    background-repeat:no-repeat;           /*背景图像无重复*/
    width:1000px;
    margin:0 auto;                      /*区域自动居中对齐*/
    overflow:hidden                     /*溢出内容隐藏*/
}
#main_block{                            /*设置主体内容右侧区域的样式*/
    font-family:Arial, Helvetica, sans-serif;
    font-size:12px;                     /*设置文字大小为 12px*/
    color:#464646;                      /*设置默认文字颜色为灰色*/
    overflow:hidden;                    /*溢出隐藏*/
    float:left;                         /*向左浮动*/
    width:752px;                        /*设置容器宽度为 752px*/
}
.pad20{                                 /*设置主体内容右侧区域内边距样式*/
    padding:0 0 20px 0                  /*上、右、下、左的内边距依次为 0px,0px,20px,0px*/
}
.content_main{                          /*设置右侧区域容器的样式*/
    width:720px;                        /*容器宽 720px*/
    float:left;                         /*向左浮动*/
    padding:20px 0 10px 20px;           /*上、右、下、左的内边距依次为 20px,0px,10px,20px*/
}
.box_details{                           /*设置右侧区域详细信息区域的样式*/
    padding:10px 0 10px 0;
    margin:10px 20px 10px 0;
    clear:both;                         /*清除所有浮动*/
}
.box_details p{                         /*设置详细信息区域中段落的样式*/
    padding:5px 15px 5px 15px;
    text-indent:2em                     /*首行缩进*/
}
.contact_form{                          /*设置表单容器的样式*/
    width:355px;
    float:left;                         /*向左浮动*/
    padding:25px 25px 0 25px;
    margin:20px 0 0 15px;
    border:1px #DFD1D2 dashed;          /*表单边框为 1px 灰色虚线*/
    position:relative;                  /*相对定位*/
}
.contact_form a{                        /*设置表单中超链接的样式*/
    color:#d81e7a;
}
.form_subtitle{                         /*设置表单左上角标题的样式*/
    position:absolute;                  /*绝对定位*/
    top:-11px;                          /*向上高过容器 11px*/
    left:7px;                           /*距离容器左端 7px*/
    width:auto;                         /*宽度自适应*/
    height:20px;                        /*高度 20px*/
    background-color:#565656;
```

```css
        text-align:center;
        padding:0 7px 0 7px;
        color:#fff;
        font-size:11px;
        line-height:20px;
}
.form_row{                              /*设置表单每行的样式*/
        width:335px;
        clear:both;                     /*清除所有浮动*/
        padding:10px 0 10px 0;
        color:#a53d17;
}
label.contact{                          /*设置表单中标签的样式*/
        width:75px;
        float:left;                     /*向左浮动*/
        font-size:12px;
        text-align:right;
        padding:4px 5px 0 0;
        color: #333333;
}
input.contact_input{                    /*设置表单中文本框的样式*/
        width:253px;
        height:18px;
        background-color:#fff;
        color:#999999;
        border:1px #DFDFDF solid;       /*文本框的边框为 1px 灰色实线*/
        float:left;                     /*向左浮动*/
}
textarea.contact_textarea{              /*设置表单中文本域的样式*/
        width:253px;
        height:120px;
        font-family:Arial, Helvetica, sans-serif;
        font-size:12px;
        color: #999999;
        background-color:#fff;
        border:1px #DFDFDF solid;       /*文本域的边框为 1px 灰色实线*/
        float:left;                     /*向左浮动*/
}
input.register{                         /*设置表单中注册按钮的样式*/
        width:71px;
        height:25px;
        border:none;
        cursor:pointer;
        text-align:center;              /*文字居中对齐*/
        float:right;
        color:#FFFFFF;
        background:url(../images/register_bt.gif) no-repeat center;   /*背景图像无重复中央对齐*/
}
.terms{                                 /*设置表单中服务条款区域的样式*/
        padding:0 0 0 80px;
}
```

（2）网页结构文件。在当前文件夹中，用记事本新建一个名为 register.html 的网页文件，代码如下：

```html
<!doctype html>
<html>
<head>
<title>注册页</title>
<link rel="stylesheet" type="text/css" href="css/style.css" />
</head>
<body>
<div id="wrapper">
    <div id="content_inside">
        <div id="main_block" class="pad20">
            <div class="content_main">
                <h1>注册会员</h1>
                <div class="box_details">
                    <p class="details">欢迎您注册成为商城的会员，请输入您的详细个人信息，然后单击"注册"按钮！</p>
                    <div class="contact_form">
                        <div class="form_subtitle">创建新账号</div>
                        <form name="register" action="#">
                            <div class="form_row">
                                <label class="contact"><strong>账号:</strong></label>
                                <input type="text" class="contact_input" />
                            </div>
                            <div class="form_row">
                                <label class="contact"><strong>密码:</strong></label>
                                <input type="text" class="contact_input" />
                            </div>
                            <div class="form_row">
                                <label class="contact"><strong>邮箱:</strong></label>
                                <input type="text" class="contact_input" />
                            </div>
                            <div class="form_row">
                                <label class="contact"><strong>电话:</strong></label>
                                <input type="text" class="contact_input" />
                            </div>
                            <div class="form_row">
                                <label class="contact"><strong>单位:</strong></label>
                                <input type="text" class="contact_input" />
                            </div>
                            <div class="form_row">
                                <label class="contact"><strong>住址:</strong></label>
                                <input type="text" class="contact_input" />
                            </div>
                            <div class="form_row">
                                <div class="terms">
                                    <input type="checkbox" name="terms" />
                                    我同意 <a href="#">服务条款</a> </div>
                            </div>
                            <div class="form_row">
                                <input type="submit" class="register" value="注册" />
```

```
                        </div>
                    </form>
                </div>
            </div>
        </div>
    </div>
</div>
</body>
</html>
```

习题6

1. 针对例3-13所制作的表格布局登录表单进行改进，使用CSS美化表单技术制作家具商城会员登录页面，如图6-42所示。

2. 使用CSS对页面中的网页元素加以修饰，制作介绍清明上河园的图文混排页面，如图6-43所示。

3. 使用CSS对页面中的网页元素加以修饰，制作如图6-44所示的家具商城网店融资平台页面。

图6-42 题1图

图6-43 题2图

图6-44 题3图

4. 扫描二维码（如图6-45所示），对本章部分知识点进行测验。

图6-45 题4二维码

第 7 章　使用 CSS 设置链接、列表与菜单

网页中链接、列表与菜单随处可见，网页设计人员为了使页面结构更加符合语义，会将列表以各种样式体现在页面中。本章将讲解使用 CSS 设置链接、列表与导航菜单的方法。

7.1　设置链接

网页中随处可见的都是链接，一个包含美观链接的页面能给浏览者带来新鲜的感觉，而要实现链接的多样化效果离不开 CSS 样式的辅助。在前面的章节中已经讲到了伪类选择符的基本概念和简单应用，本节重点讲解使用 CSS 设置超链接伪类的各种方法。

7.1.1　设置文字链接

伪类中通过:link、:visited、:hover 和:active 来控制链接内容访问前、访问后、鼠标悬停时以及用户激活时的样式。需要说明的是，这 4 种状态的顺序不能颠倒，否则可能会导致伪类样式不能实现。并且这 4 种状态并不是每次都要用到，一般情况下只需要定义链接标签的样式以及:hover 伪类样式即可。

为了更清楚地理解如何使用 CSS 设置文字链接的外观，下面讲解一个简单的示例。

【例 7-1】改变文字链接的外观。本例文件为 7-1.html，当鼠标未悬停时文字链接的效果如图 7-1（a）所示，鼠标悬停在文字链接上时的效果如图 7-1（b）所示。

　　　　　　　（a）　　　　　　　　　　　　　　（b）

图 7-1　改变文字链接的外观

7-1.html 的代码如下：

```
<style type="text/css">
.nav a {
    padding:8px 15px;
    text-decoration:none;              /*正常的链接状态无修饰*/
}
.nav a:hover {
    color:#f00;                        /*鼠标悬停时改变颜色*/
    font-size:20px;                    /*鼠标悬停时字体放大*/
    text-decoration:underline;         /*鼠标悬停时显示下画线*/
}
</style>
<body>
```

```
<div class="nav">
    <a href="#">首页</a>
    <a href="#">关于</a>
    <a href="#">帮助</a>
    <a href="#">联系</a>
</div>
</body>
```

【例7-2】 制作网页中不同区域的链接效果，鼠标经过导航区域的链接风格与鼠标经过客户服务中心文字的链接风格截然不同。本例文件7-2.html在浏览器中显示的效果如图7-2所示。

图 7-2 使用 CSS 制作不同区域的超链接风格

7-2.html 的代码如下：

```
<html>
<head>
<title>使用CSS制作不同区域的超链接风格</title>
<style type="text/css">
    a:link {                            /*未访问的链接*/
        font-size: 13pt;
        color: #0000ff;
        text-decoration: none;          /*无修饰*/
    }
    a:visited {                         /*访问过的链接*/
        font-size: 13pt;
        color: #00ffff;
        text-decoration: none;          /*无修饰*/
    }
    a:hover {                           /*鼠标经过的链接*/
        font-size: 13pt;
        color: #cc3333;
        text-decoration: underline;     /*下画线*/
    }
    .navi {
        text-align:center;              /*文字居中对齐*/
        background-color: #cccccc;
    }
    .navi span{
        margin-left:10px;               /*左外边距为10px*/
        margin-right:10px;              /*右外边距为10px*/
    }
    .navi a:link {
        color: #ff0000;
```

```
            text-decoration: underline;          /*下画线*/
            font-size: 17pt;
            font-family: "华文细黑";
        }
        .navi a:visited {
            color: #0000ff;
            text-decoration: none;               /*无修饰*/
            font-size: 17pt;
            font-family: "华文细黑";
        }
        .navi a:hover {
            color: #00f;
            font-family: "华文细黑";
            font-size: 17pt;
            text-decoration: overline;           /*上划线*/
        }
        .footer{
            text-align:center;                   /*文字居中对齐*/
            margin-top:120px;                    /*上外边距为 120px*/
        }
    </style>
</head>
<body>
    <h2 align="center">网络书城</h2>
    <p class="navi">
        <a href="#">首页</a>
        <a href="#">关于</a>
        <a href="#">帮助</a>
        <a href="#">联系</a>
    </p>
    <div class="footer">
        版权所有 &copy;  <a href="#">客户服务中心</a>
    <div>
</body>
</html>
```

【说明】

（1）在定义超链接的伪类 link、visited、hover、active 时，应该遵从一定的顺序，否则在浏览器中显示时超链接的 hover 样式就会失效。在指定超链接样式时，建议按 link、visited、hover、active 的顺序指定。如果先指定 hover 样式，然后再指定 visited 样式，则在浏览器中显示时 hover 样式将不起作用。

（2）由于页面中的导航区域套用了类.navi，并且在其后分别定义了.navi a:link、.navi a:visited 和.navi a:hover 这 3 个继承，从而使导航区域的超链接风格区别于版权区域文字默认的超链接风格。

7.1.2 设置图文链接

网页设计中对文字链接的修饰不仅限于增加边框、修改背景颜色等方式，还可以利用背景图片将文字链接进一步美化。

【例 7-3】 设置图文链接。本例文件为 7-3.html，当鼠标未悬停时文字链接的效果如

图 7-3（a）所示，鼠标悬停在文字链接上时的效果如图 7-3（b）所示。

图 7-3　图文链接的效果

7-3.html 的代码如下：

```
<html>
<head>
<title>图文链接</title>
<style type="text/css">
    .a {
        padding-left:40px;              /*设置左内边距用于增加空白显示背景图片*/
        font-size:16px;
        text-decoration: none;          /*无修饰*/
    }
    .a:hover {
        background:url(images/carts.gif) no-repeat left center;  /*增加背景图*/
        text-decoration: underline;     /*下画线*/
    }
</style>
</head>
<body>
<a href="#" class="a">魔术链接：鼠标悬停在链接上将显示购物车</a>
</body>
</html>
```

【说明】　本例 CSS 代码中的 padding-left:40px;用于增加容器左侧的空白，为后来显示背景图片做准备。当触发鼠标悬停操作时，增加背景图片，位置是容器的左边中间。

7.1.3　设置按钮链接

按钮式超链接的实质就是将超链接样式的 4 个边框的颜色分别进行设置，左和上设置为加亮效果，右和下设置为阴影效果，当鼠标悬停到按钮上时，加亮效果与阴影效果刚好相反。

【例 7-4】　设置按钮链接，本例文件为 7-4.html，当鼠标悬停到按钮上时，可以看到超链接类似按钮"被按下"的效果，如图 7-4 所示。

图 7-4　页面的显示效果

7-4.html 的代码如下：

```
<html>
<head>
<title>创建按钮式超链接</title>
```

```html
<style type="text/css">
    a{
        font-family: Arial;              /*统一设置所有样式 */
        font-size: 14px;
        text-align:center;               /*文字居中对齐*/
        margin:3px;                      /*外边距 3px*/
    }
    a:link,a:visited{                    /* 超链接正常状态、被访问过的样式 */
        color: #333;
        padding:4px 10px 4px 10px;       /*上、右、下、左的内边距依次为 4px,10px,4px,10px*/
        background-color: #ddd;
        text-decoration: none;           /*无修饰*/
        border-top: 1px solid #eee;      /* 边框实现阴影效果 */
        border-left: 1px solid #eee;
        border-bottom: 1px solid #717171;
        border-right: 1px solid #717171;
    }
    a:hover{                             /* 鼠标悬停时的超链接 */
        color:#06f;                      /* 改变文字颜色 */
        padding:5px 8px 3px 12px;        /* 改变文字位置 */
        background-color:#ccc;           /* 改变背景色 */
        border-top: 1px solid #717171;   /* 边框变换，实现"按下去"的效果 */
        border-left: 1px solid #717171;
        border-bottom: 1px solid #eee;
        border-right: 1px solid #eee;
    }
</style>
</head>
<body>
    <h2>网络书城</h2>
    <a href="#">首页</a>
    <a href="#">关于</a>
    <a href="#">帮助</a>
    <a href="#">联系</a>
</body>
</html>
```

7.2 设置列表

列表形式在网站设计中占有很大比重，信息的显示非常整齐直观，便于用户理解与点击。从网页出现到现在，列表元素一直是页面中非常重要的应用形式。传统的 HTML 语言提供了项目列表的基本功能，当引入 CSS 后，项目列表被赋予了许多新的属性，甚至超越了它最初设计时的功能。

7.2.1 表格布局与列表布局的对比

1．表格布局

在表格布局时代，类似于新闻列表这样的效果，一般采用表格来实现，该列表采用多行多列的表格进行布局。其中，第 1 列放置小图标作为修饰，第 2 列放置新闻标题，如图 7-5 所示。

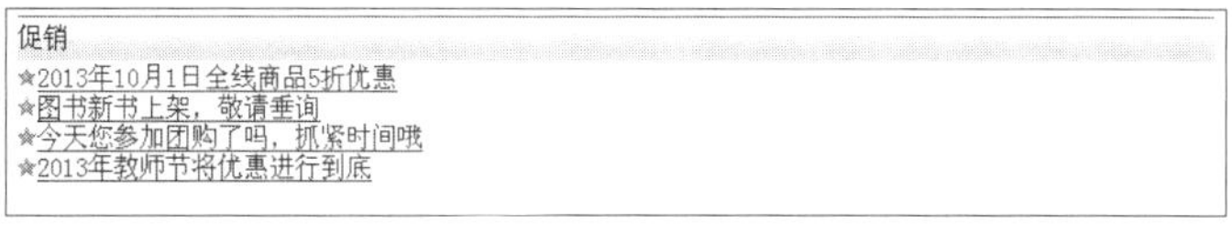

图 7-5 表格布局的新闻列表

以上表格的结构代码如下：

```
<table width="745" border="0" align="center" cellpadding="0" cellspacing="0">
  <tr>
    <td height="30" background="images/back.jpg">促销</td>
  </tr>
  <tr>
    <td><img src="images/star_red.gif"/><a href="#">2013 年 10 月 1 日全线商品 5 折优惠</a></td>
  </tr>
  <tr>
    <td><img src="images/star_red.gif"/><a href="#">图书新书上架，敬请垂询</a></td>
  </tr>
  <tr>
    <td><img src="images/star_red.gif"/><a href="#">今天您参加团购了吗，抓紧时间哦</a></td>
  </tr>
  <tr>
    <td><img src="images/star_red.gif"/><a href="#">2013 年教师节将优惠进行到底</a></td>
  </tr>
</table>
```

这种新闻列表既有修饰图片，又有具体内容，结构比较复杂。而采用 CSS 样式对整个页面布局时，列表标签的作用被充分挖掘出来。从某种意义上讲，除了描述性的文本，任何内容都可以认为是列表。

图 7-6 列表布局的新闻列表

2．列表布局

使用列表布局来实现新闻列表，不仅结构清晰，而且代码数量明显减少，如图 7-6 所示。新闻列表的结构代码如下：

```
<div id="main_left_top">
  <h3>促销</h3>
  <ul class="news_list">
    <li><a href="#"> 2013 年 10 月 1 日全线商品 5 折优惠</a> <span>[2013-9-30]</span></li>
    <li><a href="#">图书新书上架，敬请垂询</a> <span>[2013-9-22]</span></li>
    <li><a href="#">今天您参加团购了吗，抓紧时间哦</a> <span>[2013-9-15]</span></li>
    <li><a href="#">2013 年教师节将优惠进行到底</a> <span>[2013-9-10]</span></li>
  </ul>
</div>
```

在 CSS 样式中，主要是通过 list-style-type、list-style-image 和 list-style-position 这 3 个属性改变列表修饰符的类型。

7.2.2 设置列表类型

通常的项目列表主要采用<ul>或<ol>标签,然后配合<li>标签罗列各个项目。在 CSS 样式中,列表项的标志类型是通过属性 list-style-type 来修改的,无论是<ul>标记还是<ol>标记,都可以使用相同的属性值,而且效果是完全相同的。

list-style-type 属性主要用于修改列表项的标志类型,例如,在一个无序列表中,列表项的标志是出现在各列表项旁边的圆点,而在有序列表中,标志可能是字母、数字或另外某种符号。当 list-style-image 属性为 none 或者指定的图像不可用时,list-style-type 属性将发生作用。list-style-type 属性常用的属性值见表 7-1。

表 7-1 常用的 list-style-type 属性值

属性值	说明
disc	默认值,标记是实心圆
circle	标记是空心圆
square	标记是实心正方形
decimal	标记是数字
upper-alpha	标记是大写英文字母,如 A,B,C,D,E,F,…
lower-alpha	标记是小写英文字母,如 a,b,c,d,e,f,…
upper-roman	标记是大写罗马字母,如 Ⅰ,Ⅱ,Ⅲ,Ⅳ,Ⅴ,Ⅵ,Ⅶ,…
lower-roman	标记是小写罗马字母,如 i,ii,iii,iv,v,vi,vii,…
none	不显示任何符号

图 7-7 页面的显示效果

在页面中使用列表,要根据实际情况选用不同的修饰符,或者不选用任何一种修饰符而使用背景图片作为列表的修饰。需要说明的是,当选用背景图片作为列表修饰时,list-style-type 属性和 list-style-image 属性都要设置为 none。

【例 7-5】 设置列表类型,本例页面 7-5.html 的显示效果如图 7-7 所示。

7-5.html 的代码如下:

```
<html>
<head>
<title>设置列表类型</title>
<style>
  body{
    background-color:#ccc;
  }
  ul{
    font-size:1.5em;
    color:#00458c;
    list-style-type:square;         /* 标记是实心正方形 */
  }
  li.special{
    list-style-type:circle;         /* 标记是空心圆形*/
  }
```

```
        </style>
    </head>
    <body>
        <h2>图书分类</h2>
        <ul>
            <li>人文</li>
            <li>科学</li>
            <li class="special">教育</li>
            <li>生活</li>
            <li>文艺</li>
        </ul>
    </body>
</html>
```

【说明】

（1）当给<ul>或者<ol>标签设置 list-style-type 属性时，在它们中间的所有<li>标签都采用该设置，而如果对<li>标签单独设置 list-style-type 属性，则仅仅作用在该项目上。例如，页面中项目为"教育"的类型变成了空心圆，但是并没有影响其他项目的类型（实心正方形）。

（2）需要特别注意的是，list-style-type 属性在页面显示效果方面与左内边距（padding-left）和左外边距（margin-left）有密切的联系。下面在上述定义 ul 的样式中添加左内边距为 0 的规则，代码如下：

```
ul
{
    font-size:1.5em;
    color:#00458c;
    list-style-type:square;          /* 标记是实心正方形 */
    padding-left:0;                   /* 左内边距为 0 */
}
```

在 Opera 浏览器中没有显示列表修饰符，页面效果如图 7-8 所示；而在 IE 9 浏览器中显示出列表修饰符，页面效果如图 7-9 所示。

（3）继续讨论上述示例，如果将示例中的"padding-left:0;"修改为"margin-left:0;"，则在 Opera 浏览器中能正常显示列表修饰符，而在 IE 浏览器中不能正常显示。引起显示效果不同的原因在于，浏览器在解析列表的内外边距的时候产生了错误的解析方式。也正是这个原因，设计人员习惯直接使用背景图片作为列表的修饰符。

【例 7-6】 使用背景图片替代列表修饰符，本例页面 7-6.html 在浏览器中的显示效果如图 7-10 所示。

图 7-8　Opera 浏览器查看的页面效果　　图 7-9　IE 浏览器查看的页面效果　　图 7-10　页面的显示效果

7-6.html 的代码如下:

```html
<html>
<head>
<title>设置列表类型</title>
<style>
  body{
    background-color:#ccc;
  }
  ul{
    font-size:1.5em;
    color:#00458c;
    list-style-type:none;         /*设置列表类型为不显示任何符号*/
  }
  li{
    padding-left:30px;            /*设置左内边距为30px,目的是为背景图片留出位置*/
    background:url(images/book.gif) no-repeat left center; /*设置背景图片无重复,位置左侧居中*/
  }
</style>
</head>
<body>
<h2>图书分类</h2>
<ul>
  <li>人文</li>
  <li>科学</li>
  <li>教育</li>
  <li>生活</li>
  <li>文艺</li>
</ul>
</body>
</html>
```

【说明】 在设置背景图片替代列表修饰符时,必须确定背景图片的宽度。本例中的背景图片宽度为30px,因此,CSS代码中的padding-left:30px;设置左内边距为30px,目的是为背景图片留出位置。

7.2.3 设置列表项图片符号

除了传统的项目符号外,CSS还提供了属性list-style-image,可以将项目符号显示为任意图片。当list-style-image属性的属性值为none或者设置的图片路径出错时,list-style-type属性会替代list-style-image属性对列表产生作用。

list-style-image属性的属性值包括url(图像的路径)、none(默认值,无图像被显示)和inherit(从父元素继承属性,部分浏览器对此属性不支持)。

【例7-7】 设置列表项图片符号,本例页面7-7.html的显示效果如图7-11所示。

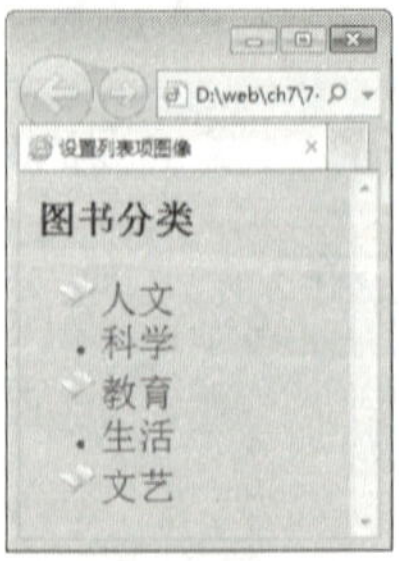

7-7.html 的代码如下:

图7-11 页面的显示效果

```html
<html>
<head>
<title>设置列表项图像</title>
<style>
    body{background-color:#ccc;}
    ul{
      font-size:1.5em;
      color:#00458c;
      list-style-image:url(images/book.gif);      /*设置列表项图像*/
    }
    .img_fault{
      list-style-image:url(images/fault.gif);     /*设置列表项图像错误的URL,图片不能正确显示*/
    }
    .img_none{
      list-style-image:none;                      /*设置列表项图像为不显示,所以没有图片显示*/
    }
</style>
</head>
<body>
<h2>图书分类</h2>
<ul>
    <li>人文</li>
    <li class="img_fault">科学</li>
    <li>教育</li>
    <li class="img_none">生活</li>
    <li>文艺</li>
</ul>
</body>
</html>
```

【说明】

（1）页面预览后可以清楚地看到，当 list-style-image 属性设置为 none 或者设置的图片路径出错时，list-style-type 属性会替代 list-style-image 属性对列表产生作用。

（2）虽然使用 list-style-image 很容易实现设置列表项图像的目的，但是也失去了一些常用特性。list-style-image 属性不能精确控制图片替换的项目符号距文字的位置，在这个方面不如 background-image 灵活。

7.2.4 设置列表项位置

list-style-position 属性用于设置在何处放置列表项标记，其属性值只有两个关键词：outside（外部）和 inside（内部）。使用 outside 属性值后，列表项标记被放置在文本以外，环绕文本且不根据标记对齐；使用 inside 属性值后，列表项标记放置在文本以内，像是插入在列表项内容最前面的内联元素一样。

【例 7-8】 设置列表项位置，本例页面 7-8.html 的显示效果如图 7-12 所示。

图 7-12　页面的显示效果

7-8.html 的代码如下：

```html
<html>
<head>
<title>设置列表项位置</title>
<style>
  body{background-color:#ccc;}
  ul.inside {
     list-style-position: inside;      /*将列表修饰符定义在列表之内*/
  }
  ul.outside {
     list-style-position: outside;     /*将列表修饰符定义在列表之外*/
  }
  li {
     font-size:1.5em;
     color:#00458c;
     border:1px solid #00458c;         /*增加边框突出显示效果*/
  }
</style>
</head>
<body>
<h2>图书分类</h2>
<ul class="inside">
   <li>人文</li>
   <li>科学</li>
   <li>教育</li>
</ul>
<ul class="outside">
   <li>生活</li>
   <li>文艺</li>
</ul>
</body>
</html>
```

7.2.5 设置图文信息列表

网页中经常可以看到图文信息列表，如图 7-13 所示。之所以称为图文信息列表，是因为列表的内容是以图片和简短语言的形式呈现在页面中。

图 7-13 常见的购物网站图文信息列表

由图 7-13 可以看出,图文信息列表其实就是图文混排的一部分,在处理图片和文字之间的关系时大同小异,下面以一个示例讲解图文信息列表的实现。

【例 7-9】 使用图文信息列表制作网络书城图书展示页面的局部信息,本例页面 7-9.html 的显示效果如图 7-14 所示。

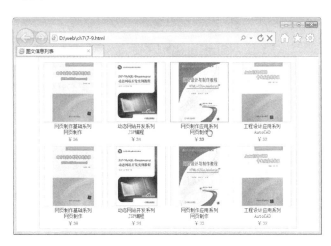

图 7-14 页面的显示效果

制作过程如下。

(1) 网页结构文件。在当前文件夹中,用记事本新建一个名为 7-9.html 的网页文件。

首先建立一个简单的无序列表,插入相应的图片和文字说明。为了突出显示说明文字和商品价格的效果,采用<strong>、<span>、<em>和
标签对文字进行修饰。

7-9.html 的代码如下:

```
<body>
<ul>
    <li><a href="#"><img src="images/01.jpg" width="150" height="150" /><strong>网页制作基础系列<br>网页制作</strong> <span>¥<em>36</em></span></a></li>
    <li><a href="#"><img src="images/02.jpg" width="150" height="150" /><strong>动态网站开发系列<br>JSP 编程</strong> <span>¥<em>34</em></span></a></li>
    <li><a href="#"><img src="images/03.jpg" width="150" height="150" /><strong>网页制作应用系列<br>网页制作</strong> <span>¥<em>33</em></span></a></li>
    <li><a href="#"><img src="images/04.jpg" width="150" height="150" /><strong>工程设计应用系列<br>AutoCAD</strong> <span>¥<em>32</em></span></a></li>
    <li><a href="#"><img src="images/01.jpg" width="150" height="150" /><strong>网页制作基础系列<br>网页制作</strong> <span>¥<em>36</em></span></a></li>
    <li><a href="#"><img src="images/02.jpg" width="150" height="150" /><strong>动态网站开发系列<br>JSP 编程</strong> <span>¥<em>34</em></span></a></li>
    <li><a href="#"><img src="images/03.jpg" width="150" height="150" /><strong>网页制作应用系列<br>网页制作</strong> <span>¥<em>33</em></span></a></li>
    <li><a href="#"><img src="images/04.jpg" width="150" height="150" /><strong>工程设计应用系列<br>AutoCAD</strong> <span>¥<em>32</em></span></a></li>
</ul>
</body>
```

在没有 CSS 样式的情况下,图片和文字说明均以列表模式显示,页面效果如图 7-15 所示。

图 7-15 无 CSS 样式的效果

（2）使用内部样式初步美化图文信息列表。图文信息列表的结构确定后，接下来开始编写 CSS 样式规则。首先定义 body 的样式规则，代码如下：

```
body {
    margin:0;
    padding:0;
    font-size:12px;
}
```

接下来，定义整个列表的样式规则。将列表的宽度和高度分别设置为 656px 和 420px，且列表在浏览器中居中显示。为了美化显示效果，去除默认的列表修饰符，设置内边距，增加浅色边框。代码如下：

```
ul {
    width:656px;              /*设置元素宽度*/
    height:420px;             /*设置元素高度*/
    margin:0 auto;            /*设置元素自动居中对齐*/
    padding:12px 0 0 12px;    /*上、右、下、左的内边距依次为 12px,0px,0px,12px*/
    border:1px solid #ccc;    /*边框为 1px 的灰色实线*/
    border-top-style:dotted;  /*上边框样式为点划线*/
    list-style:none;          /*列表无样式*/
}
```

为了让多个<li>标签横向排列，这里使用"float:left;"实现这种效果，并且增加外边距进一步美化显示效果。需要注意的是，由于设置了浮动效果，并且又增加了外边距，IE 浏览器可能会产生双倍间距的 bug，所以再增加"display:inline;"规则解决兼容性问题。代码如下：

```
ul li {
    float:left;                /*向左浮动*/
    margin:0 12px 12px 0;      /*上、右、下、左的外边距依次为 0px,12px,12px,0px*/
    display:inline;            /*内联元素*/
}
```

与之前的示例一样，将内联元素 a 标签转化为块元素使其具备宽和高的属性，并将转换后的 a 标签设置宽度和高度。接着设置文本居中显示，定义超出 a 标签定义的宽度时隐藏文字，代码如下：

```
ul li a {
    display:block;              /*将内联元素 a 标签转化为块元素*/
    width:152px;                /*a 标签的宽度*/
    height:200px;               /*a 标签的高度*/
    text-decoration:none;
    text-align:center;
    overflow:hidden;            /*超出 a 标签定义的宽度时隐藏文字*/
}
```

经过以上 CSS 样式初步美化图文信息列表，页面显示效果如图 7-16 所示。

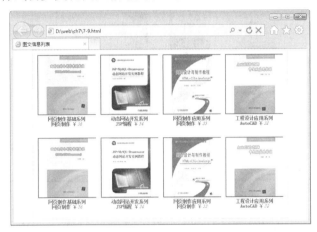

图 7-16 CSS 样式初步美化图文信息列表

（3）使用内部样式进一步美化图文信息列表。在使用 CSS 样式初步美化图文信息列表之后，虽然页面的外观有了明显的改善，但是在显示细节上并不理想，还需要进一步美化。这里依次对列表中的<img>、<strong>、<span>、和<em>标签定义样式规则，代码如下：

```
ul li a img {
    width:150px;                /*图片显示的宽度为 200px（等同于图片原始宽度）*/
    height:150px;               /*图片显示的高度为 150px（等同于图片原始高度）*/
    border:1px solid #ccc;      /*边框为 1px 的灰色实线*/
}
ul li a strong {
    display:block;              /*块级元素*/
    width:152px;                /*设置元素宽度*/
    height:30px;                /*设置元素高度*/
    line-height:15px;           /*行高 15px*/
    font-weight:100;
    color:#333;
    overflow:hidden;            /*溢出隐藏*/
}
ul li a span {
    display:block;              /*块级元素*/
    width:152px;                /*设置元素宽度*/
    height:20px;                /*设置元素高度*/
    line-height:20px;           /*行高 20px*/
    color:#666;
}
```

```
ul li a span em {
    font-style:normal;
    font-weight:800;
    color:#f60;                    /*商品价格文字的颜色为桔黄色*/
}
```

经过进一步美化图文信息列表，页面显示效果如图 7-17 所示。

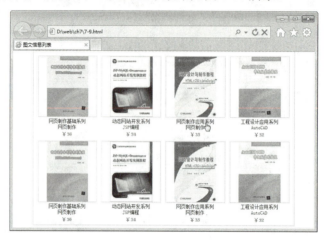

图 7-17　进一步美化图文信息列表

（4）使用内部样式设置超链接的样式。在图 7-17 中，当鼠标悬停于图片列表及文字上时，未能看到超链接的样式。为了更好地展现视觉效果，引起浏览者的注意，还需要添加鼠标悬停于图片列表及文字上时的样式变化，代码如下：

```
ul li a:hover img {
    border-color:#f33;             /*鼠标悬停于图片时，图片显示红色边框*/
}
ul li a:hover strong {
    color:#03c;                    /*鼠标悬停于 strong 区域时，文字显示蓝色*/
}
ul li a:hover span em {
    color:#f00;                    /*鼠标悬停于 em 区域时，文字显示红色*/
}
```

以上设计完成后，最终的页面效果如图 7-14 所示。

7.3　设置导航菜单

作为一个成功的网站，导航菜单是必不可少的。导航菜单的风格往往也决定了整个网站的风格。制作导航菜单的方法可以分为普通的链接导航菜单和使用列表标签构建的导航菜单。

7.3.1　普通的链接导航菜单

普通的链接导航菜单的制作比较简单，主要采用将文字链接从"行级元素"变为"块级元素"的方法来实现。

【例 7-10】 制作链接导航菜单，鼠标未悬停在菜单项上时的效果如图 7-18（a）所示，鼠标悬停在菜单项上时的效果如图 7-18（b）所示。

制作过程如下。

（1）网页结构文件。在当前文件夹中，用记事本新建一个名为 7-10.html 的网页文件。

首先建立一个包含超链接的 DIV 容器，在容器中建立 5 个用于实现导航菜单的文字链接。

(a)　　　　(b)

图 7-18　普通的超链接导航菜单

7-10.html 的代码如下：

```html
<body>
    <div id="menu">
        <a href="#">首页</a>
        <a href="#">关于</a>
        <a href="#">帮助</a>
        <a href="#">联系</a>
    </div>
</body>
```

在没有 CSS 样式的情况下，菜单的效果如图 7-19 所示。

（2）设置容器的内部样式。接着设置菜单 DIV 容器的整体区域样式，设置菜单的宽度、背景色，以及文字的字体和大小。代码如下：

```css
#menu {
    font-family:Arial;
    font-size:14px;
    font-weight:bold;
    width:100px;            /*设置元素宽度*/
    padding:8px;            /*内边距 8px*/
    background:#cba;
    margin:0 auto;          /*设置元素自动居中对齐*/
    border:1px solid #ccc;  /*边框为 1px 的灰色实线*/
}
```

经过以上设置容器的 CSS 样式，菜单显示效果如图 7-20 所示。

图 7-19　无 CSS 样式的菜单效果　　图 7-20　设置容器 CSS 样式后的菜单效果

（3）设置菜单项的内部样式。在设置容器的 CSS 样式之后，菜单项的排列效果并不理想，还需要进一步美化。为了使 4 个文字链接依次竖直排列，需要将它们从"行级元素"变为"块级元素"。此外，还应该为它们设置背景色和内边距，以使菜单文字之间不要过于局促。接下来设置文字的样式，取消链接下画线，并将文字设置为深灰色。最后，建立鼠标悬停于菜单项上时的样式。代码如下：

```
#menu a, #menu a:visited{
    display:block;              /*文字链接从"内联元素"变为"块级元素"*/
    padding:4px 8px;            /*上、下内边距为4px、右、左内边距为8px*/
    color:#333;
    text-decoration:none;       /*链接无修饰*/
    border-top:8px solid #69f;  /*上边框为8px的淡蓝色实线*/
    height:1em;
}
#menu a:hover{                  /*鼠标悬停于菜单项上时的样式*/
    color:#63f;
    border-top:8px solid #63f;  /*上边框为8px的深蓝色实线*/
}
```

菜单经过进一步美化,显示效果如图7-18所示。

7.3.2 纵向列表导航菜单

当列表项目的 list-style-type 属性值为"none"时,制作各式各样的导航菜单便成了项目列表最大的用处之一。

1. 纵向列表导航菜单的特点

相对于普通的超链接导航菜单,列表模式的导航菜单能够实现更美观的效果,其中纵向列表模式的导航菜单又是应用比较广泛的一种,如图7-21所示。

图 7-21 典型的纵向导航菜单

由于纵向导航菜单的内容并没有逻辑上的先后顺序,因此可以使用无序列表制作纵向导航菜单。

【例7-11】制作纵向列表模式的导航菜单,鼠标未悬停在菜单项上时的效果如图7-22(a)所示,鼠标悬停在菜单项上时的效果如图7-22(b)所示。

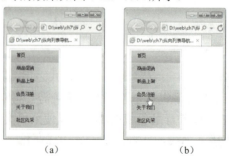

图 7-22 纵向列表模式的导航菜单

制作过程如下。

（1）网页结构文件。在当前文件夹中，用记事本新建一个名为 7-11.html 的网页文件。

首先建立一个包含无序列表的 DIV 容器，列表包含 4 个选项，每个选项中包含 1 个用于实现导航菜单的文字链接。

7-11.html 的代码如下：

```
<body>
<div id="menu">
    <ul>
        <li><a href="#" class="current">首页</a></li>
        <li><a href="#">商品促销</a></li>
        <li><a href="#">新品上架</a></li>
        <li><a href="#">会员注册</a></li>
        <li><a href="#">关于我们</a></li>
        <li><a href="#">社区风采</a></li>
    </ul>
</div>
</body>
```

在没有 CSS 样式的情况下，菜单的效果如图 7-23 所示。

（2）设置容器及列表的内部样式。接着设置菜单 DIV 容器的整体区域样式，设置菜单的宽度、字体，以及列表和列表选项的类型和边框样式。代码如下：

```
#menu {
    width:130px;
    border:1px solid #cccccc;
    padding:3px;
    font:12px/18px Tahoma, Arial, Helvetica, sans-serif;
}
#menu * {
    margin:0;
    padding:0;
}
#menu li {
    list-style:none;                    /* 不显示项目符号*/
    border-bottom:1px solid #ffce88;    /*列表项之间的间隔线*/
}
```

经过以上设置，菜单显示效果如图 7-24 所示。

图 7-23　无 CSS 样式的效果

图 7-24　修改后的菜单效果

（3）设置菜单项超链接的内部样式。在设置容器的 CSS 样式之后，菜单项的显示效果并不理想，还需要进一步美化。接下来设置菜单项超链接的区块显示。最后，建立未访问过的链接、访问过的链接及鼠标悬停于菜单项上时的样式。代码如下：

```
#menu li a {
    display:block;                    /* 区块显示 */
    background:#fbd346 url(menu_bg.jpg) repeat-y left;
    color:#000;
    text-decoration:none;             /*取消超链接文字下画线效果*/
    padding:5px 5px 10px 15px;        /*设置内边距，将 a 元素所在的容器预留空间以显示背景图像*/
}
#menu li a:hover {                    /* 鼠标悬停于菜单项上时的样式 */
    background:#f7941d url(menu_h.jpg) repeat-x top;
}
#menu li a.current, #menu li a:hover.current {   /* 当前页面链接的样式 */
    background:#f7941d url(menu_h.jpg) repeat-x top;
}
```

菜单经过进一步美化，显示效果如图 7-22 所示。

2．案例——制作网络书城图书分类纵向导航菜单

【例 7-12】 制作网络书城图书分类纵向导航菜单，本例文件 7-12.html 的页面效果如图 7-25 所示。

图 7-25 网络书城商品分类纵向导航菜单

制作过程如下。

（1）网页结构文件。在当前文件夹中，用记事本新建一个名为 7-12.html 的网页文件。

首先建立一个包含无序列表的 DIV 容器，容器包含 1 个分类标题和 1 个列表，列表又包含 17 个选项，每个选项中包含 1 个用于实现导航菜单的文字链接。

7-12.html 的代码如下：

```
<body>
<div id="container">
    <div id="left" class="column">
        <div class="block">
            <h1>图书分类</h1>
            <ul id="navigation">
                <li class="color"><a href="#">文艺</a></li>
```

```
                <li><a href="#">社科</a></li>
                <li class="color"><a href="#">生活</a></li>
                <li><a href="#">教育</a></li>
                <li class="color"><a href="#">人文</a></li>
                <li><a href="#">军事</a></li>
                <li class="color"><a href="#">管理</a></li>
                <li><a href="#">财经</a></li>
                <li class="color"><a href="#">科技</a></li>
                <li><a href="#">期刊</a></li>
                <li class="color"><a href="#">青春</a></li>
                <li><a href="#">少儿</a></li>
                <li class="color"><a href="#">美术</a></li>
                <li><a href="#">体育</a></li>
                <li class="color"><a href="#">工业</a></li>
                <li><a href="#">农业</a></li>
                <li class="color"><a href="#">医学</a></li>
            </ul>
        </div>
    </div>
</div>
</body>
```

在没有 CSS 样式的情况下，菜单的效果如图 7-26 所示。

（2）设置容器及列表的内部样式。接着设置页面整体的样式、菜单 DIV 容器的样式、菜单列表及列表项的样式，如图 7-27 所示。

图 7-26　无 CSS 样式的效果　　　　　图 7-27　修改后的菜单效果

代码如下：

```
body{                           /*设置页面整体样式*/
    width:985px;
    margin:0 auto;              /*页面居中对齐*/
    font-family:Tahoma;
    font-size:12px;             /*文字大小 12px*/
    color:#565656;              /*灰色文字*/
    position:relative           /*相对定位*/
```

```css
}
#container {                              /*主体容器样式*/
    height:100%                           /*相对单位*/
}
#container .column {                      /*column 类样式*/
    position: relative;                   /*相对定位*/
    float: left;                          /*向左浮动*/
    margin-bottom: 10px;
}
#left {                                   /*纵向菜单容器的样式*/
    width: 172px;                         /*宽度 172px*/
}
.block{                                   /*纵向菜单内容区域的样式*/
    width:168px;
    border:1px solid #C5C5C5;             /*菜单边框为 1px 灰色实线*/
    padding:1px 1px 14px 1px;
    margin-bottom:4px;
}
#navigation{                              /*纵向菜单列表的样式*/
    width:168px;
    margin:0px;
    padding:0px;
}
#navigation li{                           /*纵向菜单列表项的样式*/
    list-style-type:none;                 /* 不显示项目符号*/
    line-height:20px;
    padding:0 0 0 13px;
}
.color{
    background-color:#EBEBEB              /*奇数行菜单项背景色为浅灰色*/
}
```

(3) 设置菜单项超链接的内部样式。在设置容器及列表的内部样式之后，菜单项的显示效果并不理想，还需要进一步美化。接下来设置菜单项超链接和鼠标悬停链接的样式。代码如下：

```css
#navigation a{                            /*列表项超链接的样式*/
    color:#565656;                        /*文字深灰色*/
    text-decoration:none                  /*链接无修饰*/
}
#navigation a:hover{                      /*列表项悬停链接的样式*/
    color:#0283DD;                        /*文字青色*/
}
```

菜单经过进一步美化，显示效果如图 7-25 所示。读者可以在纵向列表模式导航菜单的基础上进一步制作二级纵向列表模式的导航菜单，但是这里并不推荐采用这种方式。其原因在于，CSS 样式存在的意义是为页面外在表现服务，而不是为页面行为服务。包含二级导航的菜单需要根据行为显示或隐藏菜单的二级内容，这种显示或隐藏的行为应该使用 JavaScript 脚本语言来完成。在后面章节中将会讲解如何使用 CSS 样式结合 JavaScript 脚本实现二级纵向列表模式的导航菜单。

7.3.3 横向列表导航菜单

1. 横向列表导航菜单的特点

导航菜单不只有纵向排列的形式,许多时候还需要页面的菜单能够在水平方向显示。通过 CSS 属性的控制,可以实现列表模式导航菜单的横竖转换。在保持原有 HTML 结构不变的情况下,将纵向导航转变成横向导航最重要的环节就是设置<li>标签为浮动。

【例 7-13】 制作横向列表模式的导航菜单,页面效果如图 7-28 所示。

图 7-28 横向列表模式的导航菜单

制作过程如下。

(1)网页结构文件。在当前文件夹中,用记事本新建一个名为 7-13.html 的网页文件。

首先建立一个包含无序列表的 DIV 容器,容器包含 1 个列表,列表又包含 11 个选项,每个选项中包含 1 个用于实现导航菜单的文字链接。

7-13.html 的代码如下:

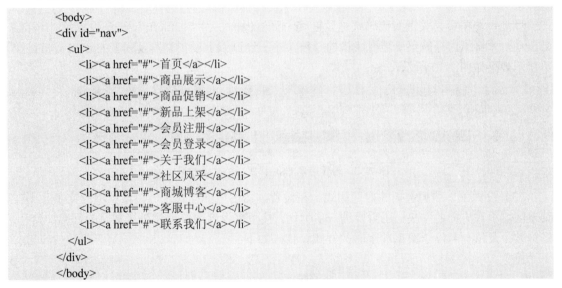

在没有 CSS 样式的情况下,菜单的效果如图 7-29 所示。

图 7-29 无 CSS 样式的效果

（2）设置容器及列表的内部样式。接着设置菜单 DIV 容器的整体区域样式，设置菜单的宽度、字体，以及列表和列表选项的类型和边框样式。代码如下：

```css
#nav {
    width:980px;
    margin:0 auto;
    font:14px/1.5 Tahoma, Arial, Helvetica, sans-serif;
}
#nav * {
    margin:0;
    padding:0;
}
#nav ul {
    width:980px;
    height:45px;
    background:url(nav_bg.jpg) no-repeat center center;
}
#nav li {
    list-style:none;          /*清除列表默认风格*/
    float:left;               /*设置浮动，让列表横向排列*/
    margin-left:27px;         /*设置列表项之间的距离*/
}
```

以上设置中最为关键的代码就是设置<li>标签的样式为"float:left;"，正是设置了<li>标签为浮动，才将纵向导航菜单转变成横向导航菜单。经过以上设置容器及列表的 CSS 样式，菜单显示效果如图 7-30 所示。

图 7-30　设置容器 CSS 样式后的菜单效果

（3）设置菜单项超链接的内部样式。在设置容器的内部样式之后，菜单项的文字并不在菜单区域垂直方向的中央，还需要进一步美化。接下来设置菜单项超链接文字的行高、颜色、修饰效果及鼠标悬停于菜单项上时的样式。代码如下：

```css
#nav li a {
    display:block;            /*区块显示*/
    line-height:35px;         /*设置行高，目的让文字处于垂直居中的位置*/
    color:#fff;
    text-decoration:none;     /*取消超链接文字下画线效果*/
}
#nav li a:hover {
    color:#f00;               /*设置鼠标悬停时的文字颜色*/
}
```

菜单经过进一步美化，显示效果如图 7-28 所示。

2．案例——制作网络书城主导航菜单

【例 7-14】　制作网络书城主导航菜单，菜单项之间设置了分隔线，使整个菜单看起来结构分明。本例文件 7-14.html 的页面效果如图 7-31 所示。

图 7-31　网络书城主导航菜单

制作过程如下。

(1) 网页结构文件。在当前文件夹中，用记事本新建一个名为 7-14.html 的网页文件。

首先建立一个包含无序列表的 DIV 容器，列表包含 6 个选项，每个选项中包含 1 个用于实现导航菜单的文字链接。

7-14.html 的代码如下：

```html
<body>
<div id="menu_tab">
  <ul class="menu">
    <li><a href="index.html" class="nav">首页</a></li>
    <li class="divider"></li>
    <li><a href="product.html" class="nav">图书</a></li>
    <li class="divider"></li>
    <li><a href="about.html" class="nav">关于</a></li>
    <li class="divider"></li>
    <li><a href="faqs.html" class="nav">服务</a></li>
    <li class="divider"></li>
    <li><a href="checkout.html" class="nav">结算</a></li>
    <li class="divider"></li>
    <li><a href="contact.html" class="nav">联系</a></li>
  </ul>
</div>
</body>
```

在没有 CSS 样式的情况下，菜单的效果如图 7-32 所示。

(2) 设置容器及列表的内部样式。接着设置页面整体的样式、菜单 DIV 容器的样式、菜单列表及列表项的样式。代码如下：

```css
body{                              /*设置页面整体样式*/
    width:985px;
    margin:0 auto;                 /*页面居中对齐*/
    font-family:Tahoma;
    font-size:12px;                /*文字大小 12px*/
    color:#565656;                 /*灰色文字*/
    position:relative              /*相对定位*/
}
#menu_tab {                        /*设置菜单容器样式*/
    clear:both;                    /*清除所有浮动*/
    width:985px;
    height:36px;
    background: url(images/menu_bg.gif) repeat-x;   /*背景图像水平重复*/
    margin-bottom: 10px;
```

```
        }
        ul.menu {                                        /*设置菜单列表的样式*/
            list-style-type:none;                        /*不显示项目符号*/
            float:left;                                  /*向左浮动*/
            display:block;                               /*块级元素*/
            width:982px;
            margin:0px;
            padding:0px;
        }
        ul.menu li {                                     /*设置菜单列表项的样式*/
            display:inline;                              /*内联元素*/
            font-size:12px;
            font-weight:bold;                            /*字体加粗*/
            line-height:36px;                            /*行高 36px*/
        }
        ul.menu li.divider {                             /*菜单项分隔线的样式*/
            display:inline;                              /*内联元素*/
            width:4px;
            height:36px
            float:left;                                  /*向左浮动*/
            background: url(images/menu_divider.gif) no-repeat center;    /*背景图像居中对齐无重复*/
        }
```

经过以上设置容器及列表的内部样式，菜单显示效果如图 7-33 所示。

图 7-32 无 CSS 样式的效果　　　　　　图 7-33 修改后的菜单效果

（3）设置菜单项超链接的内部样式。在设置容器及列表的内部样式之后，菜单项的显示效果并不理想，还需要进一步美化，接下来设置菜单项未访问过链接、访问过链接的样式及鼠标悬停链接的样式。代码如下：

```
        a.nav:link, a.nav:visited {                      /*菜单项未访问过链接、访问过链接的样式*/
            display:block;                               /*块级元素*/
            float:left;                                  /*向左浮动*/
            padding:0px 8px 0px 8px;                     /*上、右、下、左的内边距依次为 0px,8px, 0px,8px*/
            margin:0 14px 0 14px;                        /*上、右、下、左的外边距依次为 0px,14px, 0px,14px*/
            height:36px;
            text-decoration:none;                        /*链接无修饰*/
            text-align:center;                           /*文字居中对齐*/
            color:#fff;                                  /*白色文字*/
        }
        a.nav:hover {                                    /*鼠标悬停链接的样式*/
            display:block;                               /*块级元素*/
            float:left;                                  /*向左浮动*/
```

```
            padding:0px 8px 0px 8px;
            margin:0 14px 0 14px;
            height:36px;
            text-decoration:none;        /*链接无修饰*/
            text-align:center;           /*文字居中对齐*/
            color:#ccc;                  /*灰色文字*/
        }
```

菜单经过进一步美化，显示效果如图 7-31 所示。

7.4 综合案例——使用 CSS 设置链接与导航菜单

本节主要讲解书城网络服务中心页面的制作，重点讲解使用 CSS 设置链接、列表与导航菜单等相关知识。

7.4.1 页面布局规划

页面布局的首要任务是弄清网页的布局方式，分析版式结构，待整体页面搭建有明确规划后，再根据成熟的规划切图。

通过成熟的构思与设计，书城网络服务中心的效果如图 7-34 所示，页面布局示意图如图 7-35 所示。页面中的主要内容包括网站 Logo、广告条、横向导航菜单、纵向导航菜单、图文混排及版权区域。

图 7-34 书城网络服务中心页面的效果

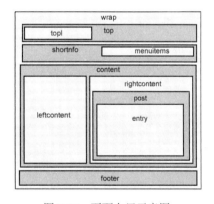

图 7-35 页面布局示意图

7.4.2 页面的制作过程

1. 前期准备

（1）栏目目录结构。在栏目文件夹下创建文件夹 images 和 css，分别用来存放图像素材和外部样式表文件。

(2) 页面素材。将本页面需要使用的图像素材存放在文件夹 images 下。

(3) 外部样式表。在文件夹 css 下新建一个名为 div.css 的样式表文件。

2．制作页面

div.css 中各区域的样式设计如下：

(1) 页面整体的制作。页面整体 body、整体容器 wrap 和图片样式的 CSS 定义代码如下：

```css
body {                                  /*设置页面整体样式*/
    margin: 0pt;
    padding: 0pt;
    font-family: Tahoma, Arial, Helvetica, sans-serif;
    font-size: 11px;                    /*设置文字大小为 11px*/
    color: rgb(102, 102, 102);          /*设置默认文字颜色为灰色*/
}
.wrap {                                 /*设置页面容器样式*/
    margin: 0pt auto;                   /*自动水平居中*/
    background: url('../images/main_bg.gif') repeat-y center top; /*背景图像垂直重复顶端中央对齐*/
    width: 762px;
}
img {                                   /*设置图片样式*/
    border: 0px none;                   /*图片无边框*/
    margin: 0pt;
    padding: 0pt;
}
```

(2) 页面顶部的制作。页面顶部的内容被放置在名为 top 的 DIV 容器中，主要用来显示网站的标志图片和文字，如图 7-36 所示。

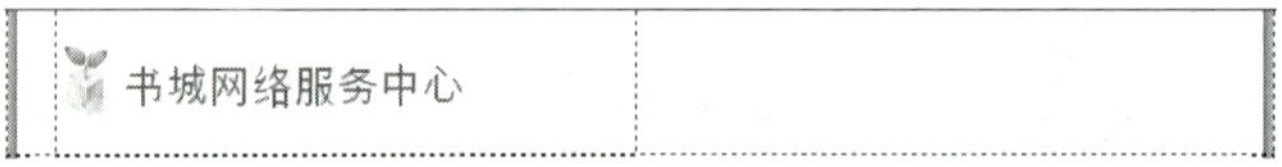

图 7-36　页面顶部的显示效果

页面顶部的 CSS 代码如下：

```css
.top {                                  /*设置页面顶部容器样式*/
    background: url('../images/main_bg.gif') repeat-y center top; /*背景图像垂直重复顶端中央对齐*/
    height: 83px;
    clear: both;
    width: 702px;
    padding-left: 30px;                 /*容器左内边距 30px*/
    padding-right: 30px;                /*容器右内边距 30px*/
}
.topl {                                 /*设置页面顶部容器左端区域样式*/
    background: url('../images/top_paint.gif') no-repeat left center; /*背景图像无重复左端中央对齐*/
    float: left;                        /*向左浮动*/
    width: 350px;
    height: 83px;
}
.topl h1 {                              /*设置左端区域 h1 标题样式*/
    margin: 0px 40px;
    padding: 25px 0pt 0pt;
```

```css
        background-color: rgb(255, 255, 255);
        font-size: 26px;              /*设置文字大小为 26px*/
        font-weight: normal;          /*字体正常粗细*/
    }
    .topl h1 a {                      /*设置左端区域 h1 标题超链接样式*/
        color: #08519C;               /*文字颜色为青色*/
        text-decoration: none;        /*链接无修饰*/
    }
```

（3）页面广告条及菜单的制作。页面广告条及菜单被放置在名为 shortnfo 的 DIV 容器中，主要用来显示页面的主题图片和主导航菜单，如图 7-37 所示。

图 7-37　页面广告条及菜单的显示效果

页面广告条及菜单的 CSS 代码如下：

```css
    .shortnfo {                       /*设置广告条及菜单容器样式*/
        background: url('../images/header.jpg') no-repeat center top;  /*背景图像无重复顶端中央对齐*/
        height: 225px;
        font-family: Tahoma, Arial, Helvetica, sans-serif;
        font-size: 12px;
    }
    .shortnfo .menuitems {            /*设置广告条容器中菜单区域样式*/
        padding: 12px 34px 30px 30px;
        text-align: right;            /*文字右对齐*/
    }
    .shortnfo ul {                    /*设置菜单区域中无序列表样式*/
        margin: 0px;
        list-style-type: none;        /*列表项无样式类型*/
        list-style-image: none;
        list-style-position: outside;
    }
    .shortnfo li {                    /*列表项样式*/
        padding: 0pt 9px;             /*上、右、下、左的内边距依次为 0px,9px,0px,9px*/
        display: inline;              /*内联元素*/
    }
    .shortnfo li a:link, .shortnfo li a:visited {   /*列表项正常链接和访问过链接样式*/
        margin: 0px;
        color:#08519C;                /*文字颜色为青色*/
        text-decoration: none;
    }
    .shortnfo li a:hover {            /*列表项悬停链接样式*/
        margin: 0px;
        color: rgb(176, 0, 0);
        text-decoration: underline;   /*加下画线*/
    }
```

（4）页面中部的制作。页面中部的内容被放置在名为 content 的 DIV 容器中，包括左侧区域和右侧区域。左侧区域主要用来显示服务中心市场营销和项目合作菜单的内容，右侧区域主要用来显示服务中心的图文混排的简介信息，如图 7-38 所示。

图 7-38　页面中部的效果

页面中部的 CSS 代码如下：

```
.content {                              /*设置主体内容容器样式*/
    clear: both;                        /*清除所有浮动*/
    width: 762px;
}
.content .leftColumn {                  /*设置主体内容左侧区域样式*/
    margin: 0pt;
    padding: 10px 8px 10px 25px;        /*上、右、下、左的内边距依次为 10px,8px,10px,25px*/
    float: left;                        /*向左浮动*/
    width: 225px;
}
.leftColumn h2, .leftColumn h2 a {      /*设置左侧区域 h2 标题及标题内链接的样式*/
    font-size: 20px;
}
.leftColumn ul {                        /*设置左侧区域无序列表样式*/
    margin: 0pt;
    padding: 0pt 0pt 5px;
    font-size: 12px;
    font-family: "宋体";
    list-style-type: none;              /*列表项无样式类型*/
}
.leftColumn li {                        /*设置列表项样式*/
    margin: 7px 0px;
    padding-left:30px;                  /*左内边距 30px*/
}
.leftColumn a:link, .leftColumn a:visited {   /*左侧区域正常链接和访问过链接样式*/
    color: rgb(102, 102, 102);
```

```css
        font-weight: normal;              /*字体正常粗细*/
        text-decoration: none;
    }
    .leftColumn a:hover {                 /*左侧区域悬停链接样式*/
        color: rgb(176, 0, 0);
        font-weight: bold;                /*字体加粗*/
        text-decoration: none;
    }
    .content .rightColumn {               /*设置主体内容左侧区域样式*/
        padding: 15px 0px 10px 8px;
        float: left;                      /*向左浮动*/
        width: 470px;
    }
    .rightColumn h2, .rightColumn h2 a {  /*设置右侧区域 h2 标题及标题内链接的样式*/
        margin: 0pt;
        padding: 0pt;
        font-size: 18px;
        color: rgb(85, 85, 85);           /*文字深灰色*/
        letter-spacing: 0px;
        font-weight: normal;              /*字体正常粗细*/
        text-decoration: none;
    }
    .rightColumn h2 a:hover {             /*设置右侧区域 h2 标题悬停链接的样式*/
        margin: 0pt;
        padding: 0pt;
        font-size: 18px;
        color: rgb(180, 0, 0);            /*文字红色*/
        letter-spacing: 0px;
        font-weight: normal;              /*字体正常粗细*/
        text-decoration: none;
    }
    .post {                               /*设置右侧区域内容容器样式*/
        margin: 0pt 0pt 20px;
    }
    .entry {                              /*设置内容容器中不包含欢迎信息区域的样式*/
        padding:5px;                      /*内边距 5px*/
    }
    .center p {                           /*设置内容容器段落样式*/
        margin: 5px 0px;
        font-size:12px;
        line-height:1.5;                  /*设置行高是字符的 1.5 倍*/
        text-indent:2em;                  /*首行缩进*/
    }
    .post img {                           /*设置内容容器中图片样式*/
        margin-right:10px;                /*图片右外边距 10px，以便和右侧的文字留有一定的空隙*/
    }
```

（5）页面底部的制作。页面底部的内容被放置在名为 footer 的 DIV 容器中，用来显示版权信息，如图 7-39 所示。

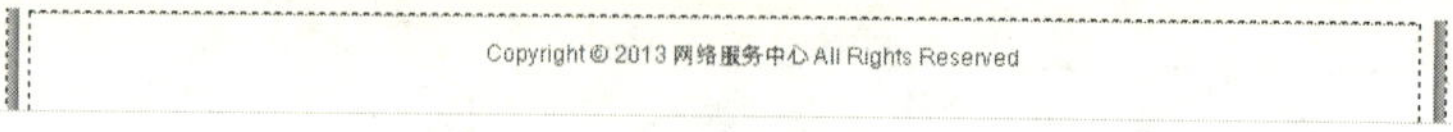

图 7-39　页面底部的效果

页面底部的 CSS 代码如下：

```css
.footer {                                /*设置页面底部容器样式*/
    width: 702px;
    height: 40px;
    margin-left:12px;
    padding-top: 10px;
    padding-left: 34px;
    border-top:1px solid #999;           /*容器上边框为 1px 灰色实线*/
    clear: both;
    font-family: Verdana, Geneva, Arial, Helvetica, sans-serif;
    font-size: 12px;
    color: #08519C;
}
.footer p {                              /*设置页面底部容器中段落的样式*/
    text-align:center;                   /*文字居中对齐*/
    margin: 0pt;
    padding: 0pt;
}
```

（6）网页结构文件。在当前文件夹中，用记事本新建一个名为 index.html 的网页文件，代码如下：

```html
<!doctype html>
<html>
<head>
<meta charset="gb2312">
<title>书城网络服务中心</title>
<link href="css/div.css" rel="stylesheet" type="text/css" />
</head>
<body>
<div class="wrap">
  <div class="top">
    <div class="topl">
      <h1><a href="#">书城网络服务中心</a></h1>
    </div>
  </div>
  <div class="shortnfo">
    <div class="menuitems">
      <ul>
        <li><a href="#"><strong>首页</strong></a></li>
        <li><a href="#"><strong>关于</strong></a></li>
        <li><a href="#"><strong>产品展示</strong></a></li>
        <li><a href="#"><strong>技术服务</strong></a></li>
        <li><a href="#"><strong>联系我们</strong></a></li>
      </ul>
    </div>
  </div>
```

```html
            <div class="content">
                <div class="leftColumn">
                    <h2>市场营销</h2>
                    <ul>
                        <li><a href="#">营销网络</a></li>
                        <li><a href="#">营销管理</a></li>
                        <li><a href="#">营销方案</a></li>
                        <li><a href="#">营销策略</a></li>
                    </ul>
                    <h2>项目合作</h2>
                    <ul>
                        <li><a href="#">项目加盟</a></li>
                        <li><a href="#">技术开发</a></li>
                        <li><a href="#">项目培训</a></li>
                        <li><a href="#">团队建设</a></li>
                        <li><a href="#">项目融资</a></li>
                        <li><a href="#">服务指南</a></li>
                    </ul>
                </div>
                <div class="rightColumn">
                    <div class="center">
                        <div class="post">
                            <h2><a href="#" rel="bookmark">欢迎走进书城网络服务中心</a></h2>
                            <div class="entry"> <img src="images/pic1.jpg" alt="fotos" align="left" />
                                <p>书城网络服务中心成立于 2006 年 9 月，……（此处省略文字）</p>
                                <img src="images/pic2.jpg" alt="fotos" align="right" />
                                <p>中心组建商务产业研究脑库机构和产业联盟，……（此处省略文字）</p>
                                <p>中心举办电子商务产业培训、国内外电子商务……（此处省略文字）</p>
                            </div>
                        </div>
                    </div>
                </div>
            </div>
            <div class="footer">
                <p>Copyright &copy; 2013  网络服务中心  All Rights Reserved</p>
            </div>
        </div>
    </body>
</html>
```

7.5 实训——制作家具商城关于页面

在第 4 章的实训中已经讲解了使用 CSS 制作家具商城简介的局部信息，本节从全局布局的角度讲解家具商城关于页面的详细制作过程。

【实训】 制作家具商城关于页面，重点练习使用 CSS 设置链接、列表与导航菜单等相关知识。页面效果如图 7-40 所示，布局示意图如图 7-41 所示。

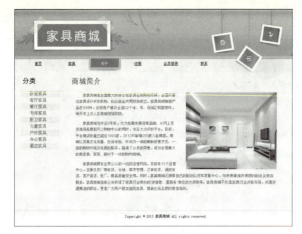

图 7-40　家具商城关于页面

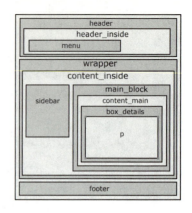

图 7-41　页面布局示意图

制作步骤如下。

1. 前期准备

（1）栏目目录结构。在栏目文件夹下创建文件夹 images 和 css，分别用来存放图像素材和外部样式表文件。

（2）页面素材。将本页面需要使用的图像素材存放在文件夹 images 下。

（3）外部样式表。在文件夹 css 下新建一个名为 style.css 的样式表文件。

2. 制作页面

style.css 中各区域的样式设计如下。

（1）页面整体的制作。页面整体的 CSS 定义代码如下：

```
*{                              /**表示针对 HTML 的所有元素*/
    padding:0px;                /*外边距为 0px*/
    margin:0px;                 /*内边距为 0px*/
    line-height: 20px;          /*行高 20px*/
}
body{                           /*设置页面整体样式*/
    height:100%;                /*高度为相对单位*/
    background-color:#f3f1e9;   /*浅灰色背景*/
    position:relative;          /*相对定位*/
}
img{
    border:0px;                 /*图片无边框*/
}
```

（2）页面顶部的制作。页面顶部的内容被放置在名为 header 的 DIV 容器中，主要用来显示页面 Logo 和横向导航菜单，如图 7-42 所示。

图 7-42　页面顶部的显示效果

页面顶部的 CSS 代码如下：

```css
#header{                                    /*设置页面顶部容器的样式*/
    height:200px;                           /*容器高 200px*/
    background-image:url(../images/header_bg.gif);     /*背景图像*/
    background-position:top left;           /*背景图像顶端左对齐*/
    background-repeat:repeat-x;             /*背景图像水平重复*/
}
#header_inside{                             /*设置页面顶部内容区域的样式*/
    width:1000px;                           /*宽度 1000px*/
    margin:0 auto;                          /*页面居中对齐*/
    position:relative;                      /*相对定位*/
}
#menu{                                      /*设置页面顶部菜单的样式*/
    position:absolute;                      /*绝对定位，这个设置很关键，下面是菜单绝对定位的参数*/
    top:156px;                              /*菜单位于距离容器顶部 156px 的位置*/
    left:26px;                              /*菜单位于距离容器左端 26px 的位置*/
}
#menu li{                                   /*菜单列表项的样式*/
    display:inline;                         /*内联元素*/
}
#menu a{                                    /*菜单中超链接的样式*/
    margin:0 1px 0 0;
    width:110px;
    text-align:center;                      /*文字居中对齐*/
    padding:8px 0 18px 0;
    display:block;                          /*块级元素*/
    float:left;                             /*向左浮动*/
    font-family:Arial, Helvetica, sans-serif;
    font-size:12px;
    color:#0D0D0D;
    text-decoration:underline;              /*链接加下画线*/
    background-position:top left;           /*背景定位位置为顶端左对齐*/
    background-repeat:no-repeat;            /*背景无重复*/
}
#menu .but1_active, #menu .but1:hover{      /*第 1 个菜单项鼠标悬停或按下时的样式*/
    background-image:url(../images/but.gif);   /*加载背景图像*/
    text-decoration:none;                   /*去除下画线*/
    color:#fff;
}
#menu .but2_active, #menu .but2:hover{      /*第 2 个菜单项鼠标悬停或按下时的样式*/
    background-image:url(../images/but.gif);
    -decoration:none;
    color:#fff;
}
#menu .but3_active, #menu .but3:hover{      /*第 3 个菜单项鼠标悬停或按下时的样式*/
    background-image:url(../images/but.gif);
    text-decoration:none;
```

```css
        color:#fff;
    }
    #menu .but4_active, #menu .but4:hover{    /*第4个菜单项鼠标悬停或按下时的样式*/
        background-image:url(../images/but.gif);
        text-decoration:none;
        color:#fff;}
    #menu .but5_active, #menu .but5:hover{    /*第5个菜单项鼠标悬停或按下时的样式*/
        background-image:url(../images/but.gif);
        text-decoration:none;
        color:#fff;
    }
    #menu .but6_active, #menu .but6:hover{    /*第6个菜单项鼠标悬停或按下时的样式*/
        background-image:url(../images/but.gif);
        text-decoration:none;
        color:#fff;
    }
```

需要说明的是，当前页的菜单项背景要区别于其他菜单项，以起到突出显示当前页的作用。实现这种效果的方法很简单，只需要为当前页菜单项设置鼠标悬停或按下时加载背景图像即可。

（3）页面中部的制作。页面中部的内容被放置在名为 content 的 DIV 容器中，包括左侧区域和右侧区域。左侧区域包括家具分类的纵向导航菜单，右侧区域包括商城简介的图文混排信息，如图 7-43 所示。

图 7-43　页面中部的显示效果

页面中部的 CSS 代码如下：

```css
    #wrapper{                          /*设置主体容器样式*/
        padding:0 0 5px 0              /*上、右、下、左的内边距依次为 0px,0px,5px,0px*/
    }
    #content_inside{                   /*设置页面内容区域样式*/
        background-image:url(../images/bg.gif);  /*背景图像*/
        background-position:top left;  /*背景图像顶端左对齐*/
        background-repeat:no-repeat;   /*背景图像无重复*/
        width:1000px;
        margin:0 auto;                 /*区域自动居中对齐*/
        overflow:hidden                /*溢出内容隐藏*/
```

```css
}
#sidebar{                                    /*设置页面内容左侧区域样式*/
    width:135px;                             /*宽 135px*/
    float:left;                              /*向左浮动*/
    padding:13px 12px 0 23px;                /*上、右、下、左的内边距依次为 13px,12px,0px,23px*/
}
#list{                                       /*设置左侧区域列表样式*/
    list-style-type:none;                    /*不显示项目符号*/
    margin:11px 0 0 0;
    line-height:22px;                        /*行高 22px*/
    height:18px;
}
#list li{                                    /*设置列表项样式*/
    width:100px;                             /*宽 100px*/
    padding:0 0 0 30px;                      /*上、右、下、左的内边距依次为 0px,0px,0px,30px*/
}
.color{
    background-color:#ECECC5                 /*菜单项奇数行的颜色为淡黄色*/
}
#list a{                                     /*设置列表链接样式*/
    font-family:Arial, Helvetica, sans-serif;
    font-size:14px;
    color:#464646;
    text-decoration:none                     /*链接无修饰*/
}
#list a:visited{                             /*设置列表访问过链接样式*/
    text-decoration:none                     /*链接无修饰*/
}
#list a:hover{                               /*设置列表悬停链接样式*/
    text-decoration:underline                /*加下画线*/
}
#main_block{                                 /*设置主体内容右侧区域的样式*/
    font-family:Arial, Helvetica, sans-serif;
    font-size:12px;                          /*设置文字大小为 12px*/
    color:#464646;                           /*设置默认文字颜色为灰色*/
    overflow:hidden;                         /*溢出隐藏*/
    float:left;                              /*向左浮动*/
    width:752px;                             /*设置容器宽度为 752px*/
}
.pad20{                                      /*设置主体内容右侧区域内边距样式*/
    padding:0 0 20px 0                       /*上、右、下、左的内边距依次为 0px,0px,20px,0px*/
}
.content_main{                               /*设置右侧区域容器的样式*/
    width:720px;                             /*容器宽 720px*/
    float:left;                              /*向左浮动*/
    padding:20px 0 10px 20px;                /*上、右、下、左的内边距依次为 20px,0px,10px,20px*/
}
.box_details{                                /*设置右侧区域详细信息区域的样式*/
    padding:10px 0 10px 0;
    margin:10px 20px 10px 0;
```

```
            clear:both;                    /*清除所有浮动*/
        }
        .box_details p{                    /*设置详细信息区域中段落的样式*/
            padding:5px 15px 5px 15px;
            text-indent:2em                /*首行缩进*/
        }
        img.right{                         /*设置详细信息区域中图片的样式*/
            float:right;                   /*向右浮动*/
            padding:0 0 0 30px;
        }
```

（4）页面底部的制作。页面底部的内容被放置在名为 footer 的 DIV 容器中，用来显示版权信息，如图 7-44 所示。

Copyright © 2013 家具商城 All rights reserved.

图 7-44　页面底部的显示效果

页面底部的 CSS 代码如下：

```
#footer {                                  /*设置版权区域的样式*/
    clear:both;                            /*清除所有浮动*/
    width:100%;                            /*宽度相对页面100%的宽度*/
    height:45px;                           /*高度45px*/
    background: url(../images/footer_bg.gif) repeat-x top;   /*背景图像水平重复顶端对齐*/
    text-align:center;                     /*文字居中对齐*/
    padding:10px;
    font-size:12px
}
```

（5）网页结构文件。在当前文件夹中，用记事本新建一个名为 about.html 的网页文件，代码如下：

```
<!doctype html>
<html>
<head>
<meta charset="gb2312">
<title>关于页</title>
<link rel="stylesheet" type="text/css" href="css/style.css" />
</head>
<body>
    <div id="header">
        <div id="header_inside">
            <img src="images/header.jpg" alt="setalpm" width="999" height="200" border="0" />
            <br />
            <ul id="menu">
                <li><a href="index.html" class="but1">首页</a></li>
                <li><a href="products.html" class="but2">家具</a></li>
                <li><a href="about.html" class="but3_active">关于</a></li>
                <li><a href="register.html" class="but4">注册</a></li>
                <li><a href="login.html" class="but5">会员登录</a></li>
```

```
                <li><a href="contact.html" class="but6">联系</a></li>
            </ul>
        </div>
    </div>
    <div id="wrapper">
        <div id="content_inside">
            <div id="sidebar">
                <img src="images/title1.gif" alt="" width="100" height="30" /><br />
                <ul id="list">
                    <li class="color"><a href="#">卧室家具</a></li>
                    <li><a href="#">客厅家具</a></li>
                    <li class="color"><a href="#">餐厅家具</a></li>
                    <li><a href="#">书房家具</a></li>
                    <li class="color"><a href="#">厨卫家具</a></li>
                    <li><a href="#">儿童家具</a></li>
                    <li class="color"><a href="#">户外家具</a></li>
                    <li><a href="#">办公家具</a></li>
                    <li class="color"><a href="#">酒店家具</a></li>
                </ul>
            </div>
            <div id="main_block" class="pad20">
                <div class="content_main">
                    <h1>商城简介</h1>
                    <div class="box_details">
                        <p> <img src="images/intro.jpg" alt="" title="" class="right" />家具商城是全国最大的综合性家具在线购物商城，由国内著名家具设计开发机构……（此处省略文字）</p>
                        <p>家具商城自开业5年来，大力拓展……（此处省略文字）</p>
                        <p>家具商城拥有业界公认的一流的……（此处省略文字）</p>
                    </div>
                </div>
            </div>
        </div>
    </div>
    <div id="footer">
        <div id="footer_inside">
            <p>Copyright &copy;.2013 家具商城 All rights reserved. </p>
        </div>
    </div>
</body>
</html>
```

【说明】 在网页中，如果某元素同时具有 background-image 属性和 background-color 属性，那么 background-image 属性将优先于 background-color 属性，也就是说背景图片总是覆盖于背景色之上。

习题 7

1. 综合使用链接和导航菜单技术制作如图 7-45 所示的页面。

图 7-45　题 1 图

2．综合使用链接和导航菜单技术制作如图 7-46 所示的页面。

图 7-46　题 2 图

3．扫描二维码（如图 7-47 所示），对本章部分知识点进行测验。

图 7-47　题 3 二维码

第 8 章 使用 JavaScript 制作网页特效

JavaScript 是一种基于对象和事件驱动并具有相对安全性的客户端脚本语言，同时也是一种广泛用于客户端 Web 开发的脚本语言，常用来给 HTML 网页添加动态功能。JavaScript 是制作网页的行为标准之一，在 Web 标准中，使用 HTML 设计网页的结构，使用 CSS 设计网页的表现，使用 JavaScript 制作网页的特效。

8.1 JavaScript 概述

JavaScript 是一种由 Netscape 公司的 LiveScript 发展而来的客户端脚本语言，Netscape 公司最初将其脚本语言命名为 LiveScript，Netscape 在与 Sun 合作之后将其改名为 JavaScript。JavaScript 最初是受 Java 启发而开始设计的，目的之一就是"看上去像 Java"，因此语法上有类似之处，一些名称和命名规范也来源于 Java。

JavaScript 具有非常丰富的特性，是一种动态、弱类型、基于原型的语言，内置支持类。JavaScript 可与 HTML、CSS 一起实现在一个 Web 页面中链接多个对象，与 Web 客户交互的作用，从而开发出客户端的应用程序。JavaScript 通过嵌入或调入到 HTML 文档中实现其功能，它弥补了 HTML 语言的不足，是 Java 与 HTML 折中的选择。JavaScript 的开发环境很简单，不需要 Java 编译器，而是直接运行在浏览器中，因而备受网页设计者的喜爱。

目前流行的多数浏览器都支持 JavaScript，如 Netscape 公司的 Navigator 3.0 以上版本，Microsoft 公司的 Internet Explorer 3.0 以上版本。

作为一个运行于浏览器环境中的语言，JavaScript 被设计用来向 HTML 页面添加交互行为，利用它可以完成以下任务。

- 响应事件：页面加载完成或者单击某个 HTML 元素时，调用指定的 JavaScript 程序。
- 读写 HTML 元素：JavaScript 程序可以读取及改变当前 HTML 页面内某个元素的内容。
- 验证用户输入的数据：在数据被提交到服务器之前验证这些数据。
- 检测访问者的浏览器：根据所检测到的浏览器，为这个浏览器载入相应的页面。
- 创建 cookies：存储和取回位于访问者的计算机中的信息。

8.2 在网页中调用 JavaScript

8.2.1 直接加入 HTML 文档

JavaScript 的脚本程序包括在 HTML 中，使之成为 HTML 文档的一部分。其格式为：

```
<script language ="JavaScript">
   JavaScript 语言代码;
   JavaScript 语言代码;
       …
</script>
```

语法说明如下。

script：脚本标记。它必须以<script type="text/javascript">开头，以</script>结束，界定程序开始的位置和结束的位置。属性 language ="JavaScript"指出使用的脚本语言是 JavaScript。

script 在页面中的位置决定了什么时候装载脚本，如果希望在其他所有内容之前装载脚本，就要确保脚本在页面的<head>……</head>之间。

JavaScript 脚本本身不能独立存在，它是依附于某个 HTML 页面，在浏览器端运行的。在编写 JavaScript 脚本时，可以像编辑 HTML 文档一样，在文本编辑器中输入脚本的代码。

【例 8-1】 在 HTML 文档中嵌入 JavaScript 的脚本，本例文件 8-1.html 在浏览器中显示的效果如图 8-1 和图 8-2 所示。

图 8-1　加载时的运行结果　　　　图 8-2　单击"确定"按钮后的运行结果

8-1.html 的代码如下：

```
<html>
  <head>
    <title>JavaScript 示例</title>
    <script language="JavaScript">
      document.write("Hello，JavaScript！");
      alert("欢迎进入 JavaScript 世界！");
    </script>
  </head>
  <body>
    <h3 style="font:14pt;text-align:center"> JavaScript 网页特效</h3>
  </body>
</html>
```

【说明】

（1）document.write()是文档对象的输出函数，其功能是将括号中的字符或变量值输出到窗口。alert()是 JavaScript 的窗口对象方法，其功能是弹出一个对话框并显示其中的字符串。

（2）如图 8-1 所示为浏览器加载时的显示结果，如图 8-2 所示为单击自动弹出对话框中的"确定"按钮后的最终显示结果。从上面的例题中可以看出，在用浏览器加载 HTML 文件时，是从文件头向后解释并处理 HTML 文档的。

（3）在<script language ="JavaScript">……</script>中的程序代码有大、小写之分，例如将 document.write()写成 Document.write()，程序将无法正确执行。

8.2.2　引用脚本文件

如果已经存在一个脚本文件（以 js 为扩展名），则可以使用 script 标记的 src 属性引用外部脚本文件的 URL。采用引用脚本文件的方式，可以提高程序代码的利用率。其格式为：

```
<head>
    …
    <script type="text/javascript" src="脚本文件名.js"></script>
    …
</head>
```

type="text/javascript"属性定义文件的类型是 JavaScript。src 属性定义.js 文件的 URL。

如果使用 src 属性，则浏览器只使用外部文件中的脚本，并忽略任何位于<script>…</script>之间的脚本。脚本文件可以用任何文本编辑器（如记事本）打开并编辑，一般脚本文件的扩展名为.js，内容是脚本，不包含 HTML 标记。其格式为：

```
JavaScript 语言代码;         // 注释
    …
JavaScript 语言代码;
```

例如，将例 8-1 改为链接脚本文件，运行过程和结果与例 8-1 相同。

```
<html>
    <head>
        <title>JavaScript 示例</title>
        <script type="text/javascript" src="test.js">  </script>          <!-- URL 为 test.js -->
    </head>
    <body>
        <h3 style="font:14pt;text-align:center"> JavaScript 网页特效</h3>
    </body>
</html>
```

脚本文件 test.js 的内容为：

```
document.write("Hello，JavaScript！");
alert("欢迎进入 JavaScript 世界！");
```

8.2.3 在 HTML 标签内添加脚本

可以在 HTML 表单的输入标签内添加脚本，以响应输入的事件。

【例 8-2】 在标记中添加 JavaScript 的脚本，本例文件 8-2.html 在浏览器中显示的效果如图 8-3 和图 8-4 所示。

图 8-3 初始显示

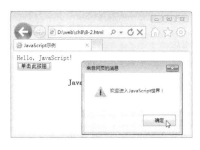

图 8-4 单击按钮后的运行结果

8-2.html 的代码如下：

```
<html>
    <head><title>JavaScript 示例</title></head>
    <body>
      Hello，JavaScript！
      <form>
        <input type="button" onClick="JavaScript:alert('欢迎进入 JavaScript 世界！');" value="单击此按钮">
      </form>
      <h3 style="font:14pt;text-align:center"> JavaScript 网页特效</h3>
    </body>
</html>
```

8.3 制作网页特效

在网页中添加一些适当的网页特效，使页面具有动态效果，丰富页面的观赏性与表现力，能吸引更多的浏览者访问页面。下面讲解几个常见的网页特效。

8.3.1 Flash 幻灯片广告

在网站的首页中经常能够看到幻灯片切换的广告，既美化了页面的外观，又可以节省版面的空间。本节主要讲解如何使用 JavaScript 脚本制作 Flash 幻灯片广告。

1．准备幻灯片播放器

幻灯片切换广告的特效需要使用特定的 Flash 幻灯片播放器，本例中使用的幻灯片播放器名为 playswf.swf，将其复制到示例文件夹的根目录中。

2．案例——制作 Flash 幻灯片广告

【例 8-3】 制作 Flash 幻灯片广告，每隔一段时间，广告自动切换到下一幅画面；用户单击广告下方的数字，将直接切换到相应的画面；用户单击链接文字，可以打开相应的网页（读者可以根据需要自己设置链接的页面，这里不再制作该链接功能），页面显示的效果如图 8-5 所示。

(a) （b）

图 8-5 Flash 幻灯片广告

制作步骤如下。

（1）前期准备。在示例文件夹下创建图像文件夹 images，用来存放图像素材。将本页面需要使用的图像素材存放在文件夹 images 下，本实例中使用的图片素材大小均为 410px×200px。

（2）建立网页。在示例文件夹下新建一个名为 8-3.html 的网页。
（3）编写代码。8-3.html 的代码如下：

```
<!doctype html>
<html>
<head>
<title>Flash 幻灯片广告</title>
</head>
<body>
<div style="width:410px;height:220px;border:1px solid #000">
<script type=text/javascript>
<!--
    imgUrl1="images/01.jpg";
    imgtext1="曲院幽荷";
    imgLink1=escape("#");
    imgUrl2="images/02.jpg";
    imgtext2="杨柳垂堤";
    imgLink2=escape("#");
    imgUrl3="images/03.jpg";
    imgtext3="夕阳断桥";
    imgLink3=escape("#");
    imgUrl4="images/04.jpg";
    imgtext4="翠绿竹林";
    imgLink4=escape("#");
    var focus_width=410              //图片的宽度
    var focus_height=200             //图片的高度
    var text_height=20               //文字的高度
    var swf_height = focus_height+text_height     //播放器的高度=图片的高度+文字的高度
    var pics = imgUrl1+"|"+imgUrl2+"|"+imgUrl3+"|"+imgUrl4
    var links = imgLink1+"|"+imgLink2+"|"+imgLink3+"|"+imgLink4
    var texts = imgtext1+"|"+imgtext2+"|"+imgtext3+"|"+imgtext4
    document.write('<object ID="focus_flash" classid="clsid:d27cdb6e-ae6d-11cf-96b8-44553540000"
    codebase="http://fpdownload.macromedia.com/pub/shockwave/cabs/flash/swflash.cab#version=6,0,0,0"
width="'+ focus_width +'" height="'+ swf_height +'">');
    document.write('<param name="allowScriptAccess" value="sameDomain"><param name="movie"
value="playswf.swf"><param name="quality" value="high"><param name="bgcolor" value="#fff">');
    document.write('<param name="menu" value="false"><param name="wmode" value="opaque">');
    document.write('<param name="FlashVars" value="pics='+pics+'&links='+links+'&texts='+
texts+'&borderwidth='+focus_width+'&borderheight='+focus_height+'&textheight='+text_height+'">');
    document.write('<embed    ID="focus_flash"    src="playswf.swf"    wmode="opaque"
FlashVars="pics='+pics+'&links='+links+'&texts='+texts+'&borderwidth='+focus_width+'&borderheight='+focus_h
eight+'&textheight='+text_height+'" menu="false" bgcolor="#c5c5c5" quality="high"
    width="'+   focus_width+'"   height="'+   swf_height   +'"   allowScriptAccess="sameDomain"
type="application/x-shockwave-flash" pluginspage="http://www.macromedia.com/go/getflashplayer" />');
    document.write('</object>');
-->
</script>
</div>
</body>
</html>
```

【说明】制作幻灯片切换效果的关键在于播放器参数的设置及合适的图像素材，要求如下：

（1）播放器参数中的 focus_width 设置为图片的宽度（410px），focus_height 设置为图片的高度（200px），text_height 设置为文字的高度（20px），pics 用于定义图片的来源，links 用于定义链接文字的链接地址，texts 用于定义链接文字的内容。

（2）幻灯片所在 DIV 容器的宽度应当等于图片的宽度，DIV 容器的高度应当等于图片的高度+文字的高度。例如，设置 DIV 容器的宽度为 410px，恰好等于图片的宽度；设置 DIV 容器的高度为 220px，恰好等于图片的高度（200px）+文字的高度（20px）。

8.3.2 循环滚动的图文字幕

在网站的首页经常可以看到循环滚动的图文展示信息，来引起浏览者的注意，这种技术是通过滚动字幕技术实现的。

1. 字幕标签的语法

在网页中，制作滚动字幕使用<marquee>标签，其格式为：

```
<marquee direction="left|right|up|down" behavior="scroll|side|alternate" loop="i|-1|infinite" hspace="m" vspace="n" scrollamount="i" scrolldelay="j" bgcolor="色彩" width="x|x%" height="y|y%"> 流动文字或（和）图片 </marquee>
```

字幕属性的含义如下。

direction：设置字幕内容的滚动方向。

behavior：设置滚动字幕内容的运动方式。

loop：设置字幕内容滚动次数，默认值为无限。

hspace：设置字幕水平方向空白像素数。

vspace：设置字幕垂直方向空白像素数。

scrollamount：设置字幕滚动的数量，单位是像素。

scrolldelay：设置字幕滚动的延迟时间，单位是毫秒。

bgcolor：设置字幕的背景颜色。

width：设置字幕的宽度，单位是像素。

height：设置字幕的高度，单位是像素。

2. 案例——循环展示的图书

【例 8-4】 制作循环滚动的图像字幕。制作书城图书展示的网页，滚动的图像支持超链接，并且鼠标指针移动到图像上时画面静止；鼠标指针移出图像后图像继续滚动，页面显示的效果如图 8-6 所示。

(a)　　　　　　　　　　　　　　(b)

图 8-6　循环滚动的图像字幕

制作步骤如下。

（1）前期准备。在示例文件夹下创建图像文件夹 images，用来存放图像素材。将本页面需要使用的图像素材存放在文件夹 images 下，本实例中使用的图片素材大小均为 92px×130px。

（2）建立网页。在示例文件夹下新建一个名为 8-4.html 的网页。

（3）编写代码。8-4.html 的代码如下：

```
<html>
<head>
<title>循环展示的图书</title>
</head>
<body>
<table width="450" border="0" align="center">
<tr>
  <td>
  <div id=demo style="overflow: hidden; width: 450px; color: #ffffff; height: 180px">
    <table cellPadding=0 width=100% align=left border=0 cellspace=0>
    <tbody>
    <tr>
<!--------------------demo1-------------------->
    <td id=demo1 vAlign=top>
      <table cellSpacing=1 cellPadding=1>
      <tbody>
      <tr vAlign=top>
      <td vAlign=top noWrap>
        <div align=right>
          <table cellSpacing=0 cellPadding=0 align=center border=0>
          <tbody>
          <tr>
          <td align=middle>
          <table cellSpacing=0 cellPadding=0 width=120 align=center border=0>
          <tbody>
          <tr>
          <td align=middle height=130>
          <a href="#" target=_blank>
          <img width=92 height=130 src="images/01.jpg" border=0>
          </a></td></tr>
          <tr>
          <td class=nav1 align=middle height=20>
          <a class=apm2 href="#" target=_blank>网页制作
          </a></td></tr></tbody></table></td>
          <td align=middle>
          <table cellSpacing=0 cellPadding=0 width=120 align=center border=0>
          <tbody>
          <tr>
          <td align=middle height=130>
          <a href="#" target=_blank>
          <img width=92 height=130 src="images/02.jpg" border=0>
          </a></td></tr>
```

```html
<tr>
<td class=nav1 align=middle height=20>
<a class=apm2 href="#" target=_blank>JSP 编程
</a></td></tr></tbody></table></td>
<td align=middle>
<table cellspacing=0 cellpadding=0 width=120 align=center border=0>
<tbody>
<tr>
<td align=middle height=130>
<a href="#" target=_blank>
<img width=92 height=130 src="images/03.jpg" border=0>
</a></td></tr>
<tr>
<td class=nav1 align=middle height=20>
<a class=apm2 href="#" target=_blank>网页制作
</a></td></tr></tbody></table></td>
<td align=middle>
<table cellspacing=0 cellpadding=0 width=120 align=center border=0>
<tbody>
<tr>
<td align=middle height=130>
<a href="#" target=_blank>
<img width=92 height=130 src="images/04.jpg" border=0>
</a></td></tr>
<tr>
<td class=nav1 align=middle height=20>
<a class=apm2 href="#" target=_blank>AutoCAD
</a></td></tr></tbody></table></td>
<td align=middle>
<table cellspacing=0 cellpadding=0 width=120 align=center border=0>
<tbody>
<tr>
<td align=middle height=130>
<a href="#" target=_blank>
<img width=92 height=130 src="images/05.jpg" border=0>
</a></td></tr>
<tr>
<td class=nav1 align=middle height=20>
<a class=apm2 href="#" target=_blank>PHP 编程
</a></td></tr></tbody></table></td>
<td align=middle>
<table cellspacing=0 cellpadding=0 width=120 align=center border=0>
<tbody>
<tr>
<td align=middle height=130>
<a href="#" target=_blank>
<img width=92 height=130 src="images/06.jpg" border=0>
</a></td></tr>
<tr>
<td class=nav1 align=middle height=20>
```

```
                <a class=apm2 href="#" target=_blank>ASP 编程
                </a></td></tr></tbody></table></td>
                </tr></tbody></table></div></td></tr></tbody></table></td>
    <!-----------------demo2-------------------->
                <td id=demo2 width="0">
                </td>
            </tr></tbody></table>
        </div>
    <!-----------------demo end----------------->
    <script>
        var dir=1                   //每步移动像素,该值越大,字幕滚动越快
        var speed=20                //循环周期(毫秒),该值越大,字幕滚动越慢
        demo2.innerHTML=demo1.innerHTML
        function Marquee(){         //正常移动
            if (dir>0  && (demo2.offsetWidth-demo.scrollLeft)<=0) demo.scrollLeft=0
            if (dir<0 && (demo.scrollLeft<=0)) demo.scrollLeft=demo2.offsetWidth
            demo.scrollLeft+=dir
            demo.onmouseover=function() {clearInterval(MyMar)}           //暂停移动
            demo.onmouseout=function() {MyMar=setInterval(Marquee,speed)} //继续移动
        }
        var MyMar=setInterval(Marquee,speed)
    </script>
    </td>
    </tr>
    </table>
    </body>
    </html>
```

【说明】 制作循环滚动字幕的关键在于字幕参数的设置及合适的图像素材,要求如下:

(1)滚动字幕代码的第 1 行定义的是字幕 DIV 容器,其宽度决定了字幕中能够同时显示的最多图片个数。例如,本例中每张图片的宽度为 92px,设置字幕 DIV 的宽度为 450px。这样,在字幕 DIV 中最多能显示 4 个完整的图片。字幕所在表格的宽度应当等于字幕 DIV 的宽度。例如,设置表格的宽度为 450px,恰好等于字幕 DIV 的宽度。

(2)字幕 DIV 的高度应当大于图片的高度,这是因为在图片下方定义的还有超链接文字,而文字本身也会占用一定的高度。例如,本例中每个图片的高度为 130px,设置字幕 DIV 的高度为 160px,这样既可以显示出图片,也可以显示出链接文字。

8.4 实训——制作二级纵向列表模式的导航菜单

【实训】 在前面的章节中已经讲解了纵向列表模式导航菜单,在本章的实训中将讲解使用 CSS 样式结合 JavaScript 脚本制作二级纵向列表模式的导航菜单。本例文件 8-5.html 在浏览器中的浏览效果如图 8-7 所示。

制作过程如下。

(1)网页结构文件。在当前文件夹中,用记事本新建一个名为 8-5.html 的网页文件。

首先建立一个包含二级导航菜单选项的嵌套无序列表。其中,一级导航菜单包含 4 个菜单项,二级导航菜单包含用于实现导航的文字链接。

(a)   (b)

图 8-7 二级纵向列表模式的导航菜单

8-5.html 的代码如下：

```html
<body>
<ul id="nav">
    <li><a href="#">商品管理</a>
        <ul>
            <li><a href="#">添加商品</a></li>
            <li><a href="#">商品分类</a></li>
            <li><a href="#">品牌管理</a></li>
            <li><a href="#">用户评论</a></li>
        </ul>
    </li>
    <li><a href="#">订单管理</a>
        <ul>
            <li><a href="#">订单查询</a></li>
            <li><a href="#">添加订单</a></li>
            <li><a href="#">合并订单</a></li>
        </ul>
    </li>
    <li><a href="#">促销管理</a>
        <ul>
            <li><a href="#">添加用户</a></li>
            <li><a href="#">删除用户</a></li>
            <li><a href="#">修改权限</a></li>
        </ul>
    </li>
    <li><a href="#">网店设置</a></li>
</ul>
</body>
```

图 8-8 菜单的初始效果

在没有 CSS 样式的情况下，菜单的初始效果如图 8-8 所示。

（2）设置菜单的内部样式。在设计网页菜单时，一般二级导航是被隐藏的，只有当鼠标经过一级导航时才会触发二级导航的显示，而当鼠标移开后，二级导航又自动隐藏。在这个设计思路的基础上，接着设置菜单的宽度、字体，以及列表和列表选项的类型和边框样式。代码如下：

```css
ul {
    margin:0;                               /*外边距为0px*/
    padding:0;                              /*内边距为0px*/
    list-style:none;                        /*列表无项目符号*/
    width:120px;
    border-bottom:1px solid    #999;
    font-size:12px;
    text-align:center;                      /*文字居中对齐*/
}
ul li {
    position:relative;                      /*相对定位*/
}
li ul {
    position:absolute;                      /*绝对定位*/
    left:119px;
    top:0;
    display:none;
}
ul li a {
    width:108px;
    display:block;                          /*块级元素*/
    text-decoration:none;                   /*无修饰*/
    color:#666666;
    background:#fff;
    padding:5px;
    border:1px solid #ccc;
    border-bottom:0px;
}
ul li a:hover {
    background-color:#f8a734;
    color:#fff;
}
/*解决ul在IE 8下显示不正确的问题*/
* html ul li {
    float:left;
    height:1%;
}
* html ul li a {
    height:1%;
}
/* end */
li:hover ul, li.over ul {
    display:block;
}
```

需要说明的是，CSS 代码中的:hover 属于伪类，而 IE 8 浏览器只支持<a>标签的伪类，不支持其他标签的伪类。为此在 CSS 中定义了一个鼠标经过一级导航时的类.over，并将其属性也设置为"display:block;"。除此之外，如果想在 IE 8 浏览器中也能正确显示，还需要借助 JavaScript 脚本来实现。

（3）添加实现二级导航菜单的 JavaScript 脚本。在页面的<head>…</head>之间添加实现二级导航菜单的 JavaScript 脚本。代码中需要指定鼠标经过一级导航时的类名 over，代码如下：

```
<script type="text/javascript">
startList = function() {
  if (document.all&&document.getElementById) {
    navRoot = document.getElementById("nav");           //获取页面元素无序列表 nav
    for (i=0; i<navRoot.childNodes.length; i++) {
      node = navRoot.childNodes[i];
      if (node.nodeName=="LI") {
        node.onmouseover=function() {
          this.className+=" over";                       //指定鼠标经过一级导航时的类名 over
        }
        node.onmouseout=function() {
          this.className=this.className.replace(" over", "");
        }
      }
    }
  }
}
window.onload=startList;                                 //页面加载时调用函数
</script>
```

至此，二级纵向列表模式的导航菜单制作完毕，页面预览后的效果如图 8-7 所示。

【说明】

（1）CSS 代码中将列表<li>标签定义为 ul li {position:relative;}相对定位方式，目的在于将其作为子级定位的对象，而不会导致最终在绝对定位时，二级导航菜单会出现错位现象。

（2）将列表<li>标签内部的无序列表设置为绝对定位，相对于父级元素距左 119px，距顶部 0px，并且隐藏不可见。代码如下：

```
li ul {
    position:absolute;
    left:119px;
    top:0;
    display:none;
}
```

这里设置绝对定位距左 119px，而不是<ul>标签最初定义的 120px，少了 1px 的距离是因为绝对定位的二级导航感应区的位置需要能被鼠标所触及到，如果设置不当就会造成鼠标还未到达二级导航的位置时，二级导航就又被隐藏了。

（3）代码中的 li:hover ul, li.over ul {display:block;}表示当鼠标经过时，ul 的样式为 display:block，即鼠标经过时显示相应的二级导航。

习题 8

1. 在网页中插入 JavaScript 脚本实现滚动字幕的特效，如图 8-9 所示。

2. 制作一个循环切换画面的广告网页。每隔一段时间，广告自动切换到下一幅画面；用户单击广告右边的小图，将直接切换到相应的画面，效果如图 8-10 所示。

图 8-9　题 1 图

图 8-10　题 2 图

3．在网页中显示一个工作中的数字时钟，如图 8-11 所示。

4．制作一个禁止使用鼠标右键操作的网页。当浏览者在网页上单击鼠标右键时，自动弹出一个警告对话框，禁止用户使用右键快捷菜单，实例效果如图 8-12 所示。

5．文字循环向上滚动，当光标移动到文字上时，文字停止滚动；光标移开则继续滚动，如图 8-13 所示。

图 8-11　题 3 图

 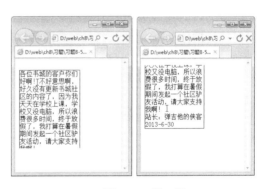

图 8-12　题 4 图　　　　　　　　　图 8-13　题 5 图

6．扫描二维码（如图 8-14 所示），对本章部分知识点进行测验。

图 8-14　题 6 二维码

第 9 章　网络书城前台页面

网上购物商城是指提供网上购物的平台，而这种平台主要是指网上购物网站。消费者在网上寻找自己想要的商品，然后进行网上购买与支付。本章主要运用前面章节讲解的各种网页制作技术讲解如何制作一个电子商务网站，从而进一步巩固网页设计与制作的基本知识。

9.1　网站的开发流程

为了加快网站建设的速度和减少失误，应该采用一定的开发流程来策划、设计、制作和发布网站。好的开发流程能帮助设计者解决策划网站的烦琐性，减小项目失败的风险。典型的网站开发流程包括以下几个阶段。

（1）需求分析：包括建站目的及目标定位分析。
（2）站点规划：包括结构规划、内容规划、界面规划及网站功能设置。
（3）网站制作：包括设置网站的开发环境、创建内容资源、页面设计和布局等。
（4）测试发布：测试页面的链接及网站的兼容性，并将站点发布到服务器上。

9.1.1　需求分析

1．建站目的

建立网站的目的要么是增加利润，要么是传播信息或观点。显然，创建网络书城网站的目的是第一种：增加利润。随着网上交易安全性方面的逐渐完善，网上购物已逐渐成为人们消费的时尚。同时，通过网上在线销售，可以扩展企业的销售渠道，提高公司的知名度，降低企业的销售成本。网络书城正是在这样的业务背景下建立的。

2．目标定位

提出目标定位是非常简单的事情，更重要的是如何实现目标。在很多 Web 网站项目中，有包容一切的倾向。实际上一个网站不可能满足所有人的需求，对设计者来说，网站一定要有特定的用户和特定的任务。

不同年龄、爱好的浏览者，对站点的要求是不同的。所以最初的规划阶段，确定目标用户是一个至关重要的步骤。网络书城网站主要针对网上购买图书的消费者，年龄一般以 18~55 岁为主。针对这个年龄阶段的特点，网站提供的功能和服务需符合现代、时尚、便捷的特点。设计整站风格时也需考虑时尚、明快的设计样式，包括整个网站的色彩、Logo、图片设计等。

9.1.2　站点规划

在站点的规划中，最重要的就是"构思"。良好的创意往往比实际的技术更为重要，因为它直接决定了站点的质量和未来的访问量。

1．网站结构规划

（1）网站结构图。在设计网站之前，需先画出网站结构图，其中包括网站栏目、结构层次、连接内容。首页中的各功能按钮、内容要点、友情链接等都要体现出来，一定要切题，并突出重点，同时在首页上应把大段的文字换成标题性的、吸引人的文字，将单项内容交给分支页面去表达，这样才显得页面精炼。

（2）使用合理的文件夹保存文档。若要有效地规划和组织站点，除了规划站点的外观外，就是规划站点的基本结构和文件的位置。一般来说，使用文件夹可以清晰明了地表现文档的结构，所以应该用文件夹来合理构建文档结构。首先为站点建立一个根文件夹（根目录），在其中创建多个子文件夹，然后将文档分门别类存储到相应的文件夹下。如果必要，还可创建多级子文件夹，这样可以避免很多不必要的麻烦。设计合理的站点结构，能够提高工作效率，方便对站点的管理。

文档中不仅有文字，还包含其他任何类型的对象，例如图像、声音等，这些文档资源不能直接存储在 HTML 文档中，所以更需要注意它们的存放位置。例如，可以在 images 文件夹中放置网页中所用到的各种图像文件，在 product 文件夹中放置商品方面的网页。

（3）使用合理的文件名称。当网站的规模变得很大的时候，使用合理的文件名就显得十分必要，文件名应该容易理解且便于记忆，让人看文件名就能知道网页表述的内容。

虽然使用中文的文件名对中国人来说显得很方便，但在实际的网页设计过程中应避免使用中文，因为很多 Web 服务器使用的是英文操作系统，不能对中文文件名提供很好的支持。另外，很多 Web 服务器采用不同的操作系统，有可能区分文件名大小写，所以在构建站点时全部要使用小写的文件名。

2．网站内容规划

网站内容分为重点内容、主要内容和辅助性内容，这些内容在网站中具有各自的体现形式。内容划分好以后，还需要把每个内容包装成栏目。网上购物商城系统包括的栏目很多，除了购物网站之外，还涉及到商品管理、客户管理、订单管理、支付管理、物流管理等诸多方面。

3．网站界面规划

结合网站的主题进行界面规划，如网站色彩包括主色、辅色和突出色，版式设计包括全局、导航、核心区、内容区、广告区、版权区及板块设计等。

4．网站功能设置

书城前台页面的主要功能包括：书城首页展示各种类型的图书，帮助客户搜索到欲购买的商品，展示商品的详细信息，会员的注册与登录，书城的购物流程和指南，购买商品的购物车，客户确认订单并填写送货地址，选择支付方式和物流方式等。

书城后台页面的主要功能包括商品管理、订单管理、促销管理、广告管理、文章管理、会员管理和系统设置等。

由于篇幅所限，本书只讲解书城前台的首页、商品页、商品详细信息页、查看购物车页和书城后台的登录页、图书查询页、图书添加页、图书修改页。

首页（index.html）：显示网站的 Logo、导航、分类、特别推荐、书城简介、新书上架、购物车链接、会员登录、最新消息和友情链接等信息。

商品页（product.html）：显示商品展示列表页面。

商品详细信息页（productdetail.html）：消费者查看商品细节时显示的页面。

查看购物车页（cart.html）：查看添加到购物车中的商品信息及金额。
登录页（login.html）：使用账号登录书城后台管理程序的页面。
图书查询页（search.html）：在书城后台管理页面中查询需要管理的商品。
图书添加页（add.html）：在书城后台管理页面中添加新的商品。
图书修改页（update.html）：在书城后台管理页面中修改已有的商品。

9.1.3 网站制作

完整的网站制作包括以下两个过程。

1．前台页面制作

前台页面制作包括内容采集整理、图片的处理、背景设置、页面排版及样式设计等。

2．后台程序开发

后台程序开发包括网站数据库设计、网站和数据库的连接、动态网页编程等。本书主要讲解前台页面的制作，后台程序开发的有关知识读者可以在动态网站设计的课程中学习。

9.1.4 测试发布

在把站点发布到服务器之前，对网页内容和网站整体性能进行有效的测试是十分必要的。

1．测试站点

网站测试与传统的软件测试不同，它不但需要检查是否按照设计的要求运行，而且还要测试系统在不同用户端的显示是否合适，最重要的是从最终用户的角度进行安全性和可用性测试。测试网页主要从以下 3 个方面着手。

- 页面的效果是否美观。
- 页面中的链接是否正确。
- 页面的浏览器兼容性是否良好。

2．发布站点

当完成了网站的设计、调试、测试和网页制作等工作后，需要把设计好的站点上传到服务器来完成整个网站的发布。Dreamweaver 内置了强大的 FTP 功能，可以帮助用户实现对站点文档的上传。

9.2 设计首页布局

熟悉了网站的开发流程后，就可以开始制作首页了。制作首页前，用户还需要利用 Dreamweaver 创建站点，搭建整个网站的大致结构。

9.2.1 使用 Dreamweaver 创建站点

在实际的网站开发中，设计人员常用 Dreamweaver 工具辅助开发。该软件提供代码智能提示、视图预览、项目管理、站点管理等强大功能。下面以网络书城为例，讲解如何在 Dreamweaver 中创建网站，采用的版本是 Dreamweaver CS3，其主工作区由插入工具栏、文档工具栏、文档窗口、属性面板等部分组成，如图 9-1 所示。

图 9-1 Dreamweaver 主界面

1. 建立站点

操作步骤如下:

(1)打开"管理站点"对话框。在主菜单中选择"站点"→"管理站点"命令,打开"管理站点"对话框。单击"新建"按钮,选择"站点"项,如图 9-2 所示。

(2)定义站点名称。在弹出的站点定义对话框中选择"高级"选项卡。在"站点名称"文本框中输入站点名称,例如输入"网络书城",如图 9-3 所示。该站点名称只是在 Dreamweaver 中的一个站点标识,因此也可以使用中文名称。

图 9-2 新建站点

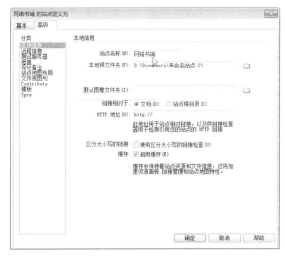

图 9-3 站点定义对话框

(3)定义站点使用的本地根文件夹。单击"本地根文件夹"文本框旁边的浏览按钮,在打开的"选择站点网络书城的本地根文件夹"对话框中,定位到事先建立的站点文件夹中,或者单击右上角的"新建文件夹"按钮 创建一个新文件夹,如图 9-4 所示。打开并选定 web 文件夹后,站点定义对话框中相应文本框的内容将自动更新。

(4)以上操作完成后即完成了站点的定义,单击"确定"按钮,返回"管理站点"对话框。单击"完成"按钮,此时站点面板中出现新建的站点窗口,如图9-5所示。

图9-4 选择站点的本地根文件夹

图9-5 站点结构

2. 建立目录结构

在制作各网页前,用户需要确定整个网站的目录结构。对于中小型网站,一般会创建如下通用的目录结构:

images 目录:存放网站的所有图片。
css 目录:存放网站的 CSS 样式文件,实现内容和样式的分离。
js 目录:存放 JavaScript 脚本文件。
admin 目录:存放网站后台管理程序。

对于网站下的各网页文件,例如 index.html 等一般存放在网站根目录下。需要注意的是,网站的目录、网页文件名及网页素材文件名一般都为小写,并采用代表一定含义的英文命名。

打开"文件"面板,右键单击"站点—网络书城",在弹出的菜单中选择"新建文件夹"命令,如图9-6所示,依次添加相应的目录,完成后站点的目录结构如图9-7所示。

图9-6 新建文件夹

图9-7 站点的目录结构

9.2.2 页面布局规划

书城首页包括网站的 Logo、导航、分类、特别推荐、书城简介、新书上架、购物车链接、会员登录、最新消息和友情链接等信息，是一个典型的三列布局页面。书城首页的效果如图 9-8 所示，布局示意图如图 9-9 所示。

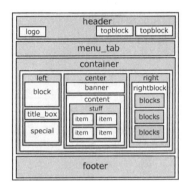

图 9-8　书城首页的效果　　　　　　　图 9-9　首页的布局示意图

9.3　首页的制作

在实现了首页的整体布局后，接下来就要完成网络书城首页的制作。在文件夹 css 下新建一个名为 style.css 的样式表文件，样式表 style.css 中各区域的样式设计如下。

1. 页面整体的制作

页面全局规则包括页面 body、普通段落、图像、超链接、各级标题、浮动及清除浮动的 CSS 定义，代码如下：

```
/*---------页面全局样式---------*/
*{
    padding:0px;         /* *表示针对 HTML 的所有元素*/
    margin:0px;          /*内边距为 0px*/
                         /*外边距为 0px*/
}
p {
    margin: 0 0 10px 0;  /*段落样式*/
    padding: 0;          /*上、右、下、左的外边距依次为 0px,0px,10px,0px*/
}
img {
    border: none;        /*设置图片样式*/
                         /*图片无边框*/
}
a, a:link, a:visited {   /*设置超链接及访问过链接的样式*/
```

```css
        font-weight: normal;           /*字体正常粗细*/
        text-decoration: none;         /*链接无修饰*/
}
a:hover {                              /*设置鼠标悬停链接的样式*/
        text-decoration: underline;    /*加下画线*/
}
h1 {
        font-size: 26px;
        margin: 0 0 15px 5px;
        padding: 5px 0
}
h3 {                                   /*设置h3标题独立的样式*/
        font-size: 20px;
        margin: 5px 0 20px;
        padding: 0;
}
h4 {                                   /*设置h4标题独立的样式*/
        font-size: 16px;
        margin: 0 0 15px;
        padding: 0;
}
.cleaner {
        clear: both                    /*清除所有浮动*/
}
.h10 {
        height: 10px                   /*清除浮动后保留的空白区域的高度为10px*/
}
.h20 {
        height: 20px                   /*清除浮动后保留的空白区域的高度为20px*/
}
.h50 {
        height: 50px                   /*清除浮动后保留的空白区域的高度为50px*/
}
.float_l {
        float: left                    /*向左浮动*/
}
.float_r {
        float: right                   /*向右浮动*/
}
body{                                  /*设置页面整体样式*/
        width:985px;
        margin:0 auto;                 /*页面自动居中对齐*/
        font-family:Tahoma;
        font-size:12px;                /*设置文字大小为12px*/
        color:#565656;                 /*设置默认文字颜色为灰色*/
        position:relative              /*相对定位*/
}
```

2．页面顶部的制作

页面顶部的内容被放置在名为 header 的 DIV 容器中，主要用来显示网站 Logo、购物车统计信息及语言选择链接，如图 9-10 所示。

图 9-10　页面顶部的布局效果

页面顶部的 CSS 代码如下：

```css
/*--------页面顶部区域--------*/
#header{                                  /*设置页面顶部样式*/
    padding:17px 0 0 47px;                /*上、右、下、左的内边距依次为 17px,0px,0px,47px*/
}
.float{                                   /*设置 Logo 图片的浮动方式及右外边距*/
    float:left;                           /*向左浮动*/
    margin-right:164px;                   /*右外边距 164px*/
}
.topblock{                                /*设置购物车区块和语言区块的样式*/
    background-image:url(../images/blockbg.gif);   /*背景图片*/
    background-position:top left;         /*背景图片顶端左对齐*/
    background-repeat:no-repeat;          /*背景图片无重复*/
    width:179px;
    height:46px;
    padding:15px 1px 0 24px;              /*上、右、下、左的内边距依次为 15px,1px,0px,24px*/
    float:right;                          /*向右浮动*/
    font-family:Tahoma;
    color:#5b5b5b;                        /*设置文字颜色为灰色*/
    font-weight:normal                    /*文字正常粗细*/
}
.topblock p{                              /*设置购物车区块和语言区块段落的样式*/
    line-height:15px;                     /*段落行高 15px*/
}
.topblock span{                           /*设置购物车区块和语言区块局部范围文字的样式*/
    font-weight:normal;                   /*文字正常粗细*/
}
.topblock strong{                         /*设置购物车中商品数量突出显示文字的样式*/
    color:#0283dd                         /*设置文字颜色为青色*/
}
.topblock a{                              /*设置购物车区块和语言区块超链接的样式*/
    margin:5px 4px 0 0;                   /*上、右、下、左的外边距依次为 5px,4px,0px,0px*/
    color:#5b5b5b;                        /*设置文字颜色为灰色*/
    text-decoration:none                  /*链接无修饰*/
}
.topblock a:hover{                        /*设置购物车区块和语言区块悬停链接的样式*/
    color:#0283dd;                        /*设置文字颜色为青色*/
    text-decoration:underline             /*加下画线*/
}
.shopping{                                /*设置购物车图标的样式*/
    float:left;                           /*向左浮动*/
    padding:3px 12px 0 0                  /*上、右、下、左的内边距依次为 3px,12px,0px,0px*/
}
```

3. 菜单区域的制作

页面菜单区域的内容被放置在名为 menu_tab 的 DIV 容器中，主要用来显示网站的主导航菜单，如图 9-11 所示。

图 9-11　页面菜单区域的布局效果

菜单区域的 CSS 代码如下：

```css
/*---------页面菜单区域---------*/
#menu_tab {                    /*设置菜单容器样式*/
    clear:both;                /*清除所有浮动*/
    width:985px;
    height:36px;
    background: url(../images/menu_bg.gif) repeat-x;    /*背景图像水平重复*/
    margin-bottom: 10px;
}
ul.menu {                      /*设置菜单列表的样式*/
    list-style-type:none;      /*不显示项目符号*/
    float:left;                /*向左浮动*/
    display:block;             /*块级元素*/
    width:982px;
    margin:0px;
    padding:0px;
}
ul.menu li {                   /*设置菜单列表项的样式*/
    display:inline;            /*内联元素*/
    font-size:12px;
    font-weight:bold;          /*字体加粗*/
    line-height:36px;          /*行高 36px*/
}
ul.menu li.divider {           /*菜单项分隔线的样式*/
    display:inline;            /*内联元素*/
    width:4px;
    height:36px;
    float:left;                /*向左浮动*/
    background: url(../images/menu_divider.gif) no-repeat center;   /*背景图像居中对齐无重复*/
}
a.nav:link, a.nav:visited {    /*菜单项未访问过链接、访问过链接的样式*/
    display:block;             /*块级元素*/
    float:left;                /*向左浮动*/
    padding:0px 8px 0px 8px;   /*上、右、下、左的内边距依次为 0px,8px,0px,8px*/
    margin:0 14px 0 14px;      /*上、右、下、左的外边距依次为 0px,14px,0px,14px*/
    height:36px;
    text-decoration:none;      /*链接无修饰*/
    text-align:center;         /*文字居中对齐*/
    color:#fff;                /*白色文字*/
}
a.nav:hover {                  /*鼠标悬停链接的样式*/
    display:block;             /*块级元素*/
```

```css
    float:left;                    /*向左浮动*/
    padding:0px 8px 0px 8px;
    margin:0 14px 0 14px;
    height:36px;
    text-decoration:none;          /*链接无修饰*/
    text-align:center;             /*文字居中对齐*/
    color:#ccc;                    /*灰色文字*/
}
```

4．左侧区域的制作

本页面中，左侧区域被放置在名为 left 的 DIV 容器中，用来显示图书分类和特别推荐图书信息，如图 9-12 所示。

左侧区域的 CSS 代码如下：

```css
/*--------左侧边栏区域--------*/
#container {                       /*主体容器样式*/
    height:100%                    /*相对单位*/
}
#container .column {               /*column 类样式*/
    position: relative;            /*相对定位*/
    float: left;                   /*向左浮动*/
    margin-bottom: 10px;
}
#left {                            /*纵向菜单容器的样式*/
    width: 172px;                  /*宽度 172px*/
}
.block{                            /*纵向菜单内容区域的样式*/
    width:168px;
    border:1px solid #C5C5C5;      /*菜单边框为 1px 灰色实线*/
    padding:1px 1px 14px 1px;
    margin-bottom:4px;
}
#navigation,#recommend{            /*纵向菜单列表的样式*/
    width:168px;
    margin:0px;
    padding:0px;
}
#navigation li,#recommend li{      /*纵向菜单列表项的样式*/
    list-style-type:none;          /* 不显示项目符号*/
    line-height:20px;
    padding:0 0 0 13px;
}
.color{
    background-color:#EBEBEB       /*奇数行菜单项背景色为浅灰色*/
}
#navigation a,#recommend a{        /*列表项超链接的样式*/
    color:#565656;                 /*文字深灰色*/
    text-decoration:none           /*链接无修饰*/
}
#navigation a:hover,#recommend a:hover{    /*列表项悬停链接的样式*/
```

```
        color:#0283DD;              /*文字青色*/
}
.title_box {                        /*特别推荐标题文字的样式*/
        width:168px;
        height:30px;
        margin:5px 0 0 0;
        text-align:center;          /*文字居中对齐*/
        font-size:13px;
        font-weight:bold;           /*字体加粗*/
        line-height:30px;           /*行高 30px*/
}
.special {                          /*特别推荐图书容器的样式*/
        width:168px;
        border:1px solid #c5c5c5;
        padding: 10px 0;
}
```

5．中央区域的制作

本页面中，中央区域被放置在名为 center 的 DIV 容器中，用来显示书城促销广告和新书上架信息，如图 9-13 所示。

图 9-12　左侧区域

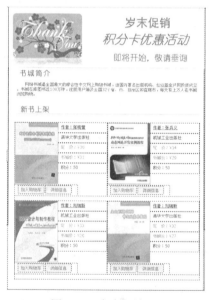

图 9-13　中央区域

中央区域的 CSS 代码如下：

```
/*---------中央区域---------*/
#center{                            /*设置相关图片所在中央区域容器的样式*/
        width: 572px;               /*设置容器宽度为 572px*/
        position:relative;          /*相对定位*/
}
.banner{                            /*设置书城促销广告的样式*/
        margin:0 2px 0 1px;         /*上、右、下、左的外边距依次为 0px,2px,0px,1px*/
        float:left;                 /*向左浮动*/
}
```

```css
#content{                                      /*设置内容区域的样式*/
    padding:0px 12px 30px 20px;                /*上、右、下、左的内边距依次为 0px,12px,30px,20px*/
    float:left                                 /*向左浮动*/
}
#content p{                                    /*设置内容区域段落的样式*/
    padding:10px 0 0 5px;                      /*上、右、下、左的内边距依次为 10px,0px,0px,5px*/
    margin:0px;                                /*外边距为 0px*/
    text-indent:2em;                           /*首行缩进*/
}
.pad25{                                        /*设置相关图书标题图片上内边距*/
    padding-top:25px;                          /*图片上内边距 25px,使标题图片和明细区域保持分隔距离*/
}
.stuff{                                        /*设置所有图书信息区域的样式*/
    margin:25px 0 0 0;                         /*上、右、下、左的外边距依次为 25px,0px,0px,0px*/
    float:left;                                /*向左浮动*/
}
.item{                                         /*设置单个图书信息区域的样式*/
    width:270px;                               /*宽度为 270px*/
    float:left;                                /*向左浮动*/
    margin:0 0 15px 0                          /*上、右、下、左的外边距依次为 0px,0px,15px,0px*/
}
.item img{                                     /*设置单个图书信息区域图片的样式*/
    float:left;                                /*向左浮动*/
    border:1px solid #999;                     /*图片边框为 1px 灰色实线*/
}
.item span{                                    /*设置图书右侧简介文字区域的样式*/
    font-weight:normal;                        /*正常粗细文字*/
    font-size:12px;
    display:block;                             /*块级元素*/
    width:135px;
    float:left;                                /*向左浮动*/
    padding:5px 0 10px 8px;                    /*上、右、下、左的内边距依次为 5px,0px,10px,8px*/
}
.name{                                         /*设置图书作者文字的样式*/
    color:#4a4a4a;                             /*设置文字颜色为深灰色*/
    text-decoration:underline;                 /*加下画线*/
}
.name:link,.name:visited{                      /*设置图书作者正常链接和访问过链接的样式*/
    text-decoration:underline                  /*加下画线*/
}
.name:hover{                                   /*设置鼠标悬停链接的样式*/
    text-decoration:none                       /*链接无修饰*/
}
a.prod_buy,a.prod_details,a.prod_like {    /*按钮链接样式*/
    width:75px;                                /*宽度 75px*/
    height:24px;                               /*高度 24px*/
    display:block;                             /*块级元素*/
    float:left;                                /*向左浮动*/
    background: url(../images/link_bg.gif) no-repeat center;
    margin:2px 5px 0 0;
```

```
        text-align:center;           /*文字居中对齐*/
        line-height:24px;            /*行高 24px*/
        text-decoration:none;        /*链接无修饰*/
        color:#159dcc;
    }
```

6．右侧区域的制作

本页面中，右侧区域被放置在名为 right 的 DIV 容器中，用来显示会员登录表单、最新消息和友情链接信息，如图 9-14 所示。

图 9-14　右侧区域

右侧区域的 CSS 代码如下：

```
    /*---------右侧区域---------*/
    #right {                         /*右侧区域容器样式*/
        width: 238px;                /*容器宽 238px*/
    }
    .rightblock{                     /*右侧区域内容的样式*/
        padding:0 0 0 14px
    }
    .blocks{                         /*右侧区域 3 个子栏目的样式*/
        width:218px;                 /*子栏目宽 218px*/
        background-image:url(../images/bg.gif);    /*背景图像*/
        background-position:top left  /*背景图像顶端左对齐*/
        background-repeat:repeat-y;   /*背景图像垂直重复*/
        margin:0 0 2px 0
    }
    .blocks span{                    /*子栏目中局部文字信息的样式*/
        font-size:11px;
        font-weight:bold;            /*字体加粗*/
        display:block;               /*块级元素*/
        float:left;                  /*向左浮动*/
        width:68px;
        text-align:right;
```

```css
        padding:0 7px 0 0
}
.line{                              /*表单每行内容的样式*/
    display:block;                  /*块级元素*/
    float:left;                     /*向左浮动*/
    line-height:19px;               /*行高 19px*/
    padding:5px 0 0 0;
    margin:0px;
}
.blocks input{                      /*表单输入标签的样式*/
    width:130px;                    /*输入标签宽 130px*/
    height:15px;                    /*输入标签高 15px*/
    float:left;                     /*向左浮动*/
    border-top:2px inset #808080;       /*上边框为 2px 深灰色内阴影线*/
    border-left:2px inset #808080;      /*左边框为 2px 深灰色内阴影线*/
    border-right:1px solid #CDCDCD;     /*右边框为 1px 浅灰色实线*/
    border-bottom:1px solid #CDCDCD     /*下边框为 1px 浅灰色实线*/
}
.more{                              /*更多信息文字的样式*/
    display:block;                  /*块级元素*/
    float:left;                     /*向左浮动*/
    color:#0283DD;                  /*青色文字*/
    text-decoration:underline;      /*加下画线*/
    margin:15px 0 0 0
}
.reg{                               /*注册文字的样式*/
    color:#0283DD;                  /*青色文字*/
    text-decoration:underline;      /*加下画线*/
    margin:0 11px;
}
.reg:link,.reg:visited, .more:link,.more:visited{  /*注册链接和更多信息链接的样式*/
    color: #0283DD;
    text-decoration:underline
}
.reg:hover, .more:hover{            /*注册和更多信息鼠标悬停链接的样式*/
    text-decoration:none            /*链接无修饰*/
}
.center{                            /*设置表单元素居中对齐的样式*/
    width:218px;
    text-align:center               /*文字居中对齐*/
}
.pad20 img{                         /*设置登录按钮图片的样式*/
    margin-top:15px;                /*上外边距 15px*/
}
#news{                              /*设置最新消息区域的样式*/
    padding:0 5px 5px 13px;
    float:left;                     /*向左浮动*/
}
#right .date{                       /*设置消息发布日期的样式*/
    display:block;                  /*块级元素*/
```

```css
        width:100px;
        line-height:19px;              /*行高19px*/
        margin:11px 0 12px 0;
        text-align:center;             /*文字居中对齐*/
        font-family:Arial;
        font-size:12px;
        font-weight:normal;            /*文字正常粗细*/
        color:#272727;
        background-image:url(../images/date.gif);
        background-position:top left;
        background-repeat:no-repeat;
    }
    #news p{                           /*设置最新消息区域中段落的样式*/
        display:block;                 /*块级元素*/
        float:left;                    /*向左浮动*/
        width:195px;
        text-indent: 2em;              /*首行缩进*/
    }
    #friend{                           /*设置友情链接区域的样式*/
        width:200px;
        margin:10px 0;
        padding:0px;
    }
    #friend li{                        /*设置友情链接列表项的样式*/
        list-style-type:none;          /*不显示列表项目符号*/
        line-height:20px;              /*行高20px*/
        padding:0 0 0 13px;
    }
    #friend a{                         /*设置友情链接区域超链接的样式*/
        color:#565656;
        text-decoration:none;          /*链接无修饰*/
    }
    #friend a:hover{                   /*设置友情链接区域鼠标悬停链接的样式*/
        color:#565656;
        text-decoration:underline      /*加下画线*/
    }
```

7. 页面底部区域的制作

页面底部区域的内容被放置在名为 footer 的 DIV 容器中，用来显示版权信息和支付配送信息，如图 9-15 所示。

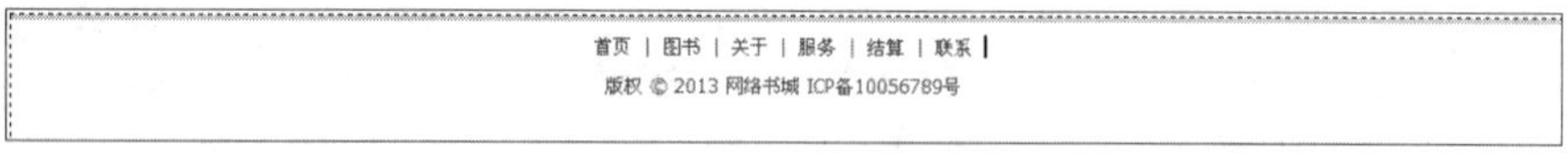

图 9-15　页面底部区域

页面底部区域的 CSS 代码如下：

```css
/*---------页面底部版权区域---------*/
#footer {                              /*设置底部版权区域的样式*/
    clear: both;                       /*清除所有浮动*/
    border-top:3px solid #B7C1C4;      /*设置上边框为3px 实线*/
```

```css
        padding:8px 0 17px 0;
        text-align:center;               /*文字居中对齐*/
        color:#323232;                   /*深灰色文字*/
    }
    #footer a{                           /*设置版权区域链接的样式*/
        color:#323232;                   /*深灰色文字*/
        text-decoration:none;            /*链接无修饰*/
        margin:0 3px;
    }
    #footer p{                           /*设置版权区域段落的样式*/
        padding:10px 0 0 0               /*上、右、下、左的内边距依次为 10px,0px,0px,0px*/
    }
```

8．网页结构文件

在当前文件夹中，用记事本新建一个名为 index.html 的网页文件，代码如下：

```html
<!doctype html>
<html>
<head>
<meta charset="gb2312">
<title>网络书城首页</title>
<link rel="stylesheet" type="text/css" href="css/style.css" />
</head>
<body>
    <div id="header">
        <a href="index.html" class="float"><img src="images/logo.jpg" width="171" height="73" /></a>
        <div class="topblock">
            语言:<br />        
            <a href="#">简体中文</a>
            <a href="#">繁体中文</a>
            <a href="#">英文</a>
        </div>
        <div class="topblock">
            <img src="images/shopping.gif" alt="" width="24" height="24" class="shopping" />
            <p><a href="#">购物车</a></p> <p><strong>3</strong> <span>个商品</span></p>
        </div>
    </div>
    <div id="menu_tab">
        <ul class="menu">
            <li><a href="index.html" class="nav">首页</a></li>
            <li class="divider"></li>
            <li><a href="product.html" class="nav">图书</a></li>
            <li class="divider"></li>
            <li><a href="about.html" class="nav">关于</a></li>
            <li class="divider"></li>
            <li><a href="faqs.html" class="nav">服务</a></li>
            <li class="divider"></li>
            <li><a href="checkout.html" class="nav">结算</a></li>
            <li class="divider"></li>
            <li><a href="contact.html" class="nav">联系</a></li>
        </ul>
```

```html
        </div>
        <div id="container">
            <div id="left" class="column">
                <div class="block">
                    <h1>图书分类</h1>
                    <ul id="navigation">
                        <li class="color"><a href="#">文艺</a></li>
                        <li><a href="#">社科</a></li>
                        <li class="color"><a href="#">生活</a></li>
                        <li><a href="#">教育</a></li>
                        <li class="color"><a href="#">人文</a></li>
                        <li><a href="#">军事</a></li>
                        <li class="color"><a href="#">管理</a></li>
                        <li><a href="#">财经</a></li>
                        <li class="color"><a href="#">科技</a></li>
                        <li><a href="#">期刊</a></li>
                        <li class="color"><a href="#">青春</a></li>
                        <li><a href="#">少儿</a></li>
                        <li class="color"><a href="#">美术</a></li>
                        <li><a href="#">体育</a></li>
                        <li class="color"><a href="#">工业</a></li>
                        <li><a href="#">农业</a></li>
                        <li class="color"><a href="#">医学</a></li>
                    </ul>
                </div>
                <div class="title_box">特别推荐</div>
                <div class="special">
                    <ul id="recommend">
                        <li><a href="#">文化访谈录（一）</a></li>
                        <li><a href="#">文化访谈录（二）</a></li>
                        <li><a href="#">文化访谈录（三）</a></li>
                        <li><a href="#">文化访谈录（四）</a></li>
                        <li><a href="#">中国古典文学（一）</a></li>
                        <li><a href="#">中国古典文学（二）</a></li>
                        <li><a href="#">中国古典文学（三）</a></li>
                        <li><a href="#">中国古典文学（四）</a></li>
                    </ul>
                </div>
            </div>
            <div id="center" class="column">
                <a href="#" class="banner"><img src="images/bigbanner.jpg" alt="" width="572" height="176" /></a><br />
                <div id="content">
                    <img src="images/title2.gif" alt="" width="540" height="29" /><br />
                    <p>网络书城是全国最大的综合性中文网上购物……（此处省略文字）</p>
                    <img src="images/title3.gif" alt="" width="540" height="26" class="pad25" />
                    <div class="stuff">
                        <div class="item">
                            <a href="productdetail.html">
                                <img src="images/product/book1.jpg" alt="" width="124" height="175" />
```

```html
                                </a>
                                <span><a href="#" class="name">作者：张晓蕾</a></span>
                                <span>清华大学出版社</span>
                                <span style="color:#E27C0E">定   ；价：&yen;36</span>
                                <span style="color:#E27C0E">书城价：&yen;31</span>
                                <span>积分：50</span>
                                <div class="prod_details_tab"> <a href="cart.html" class="prod_buy">加入购物车</a> <a href="productdetail.html" class="prod_details">详细信息</a></div>
                            </div>
                            <div class="item">
                                <a href="productdetail.html">
                                <img src="images/product/book2.jpg" alt="" width="124" height="175" />
                                </a>
                                <span><a href="#" class="name">作者：张兵义</a></span>
                                <span>机械工业出版社</span>
                                <span style="color:#E27C0E">定   价：&yen;34</span>
                                <span style="color:#E27C0E">书城价：&yen;29</span>
                                <span>积分：50</span>
                                <div class="prod_details_tab"> <a href="cart.html" class="prod_buy">加入购物车</a> <a href="productdetail.html" class="prod_details">详细信息</a></div>
                            </div>
                            <div class="item">
                                <a href="productdetail.html">
                                <img src="images/product/book3.jpg" alt="" width="124" height="175" />
                                </a>
                                <span><a href="#" class="name">作者：刘瑞新</a></span>
                                <span>机械工业出版社</span>
                                <span style="color:#E27C0E">定   价：&yen;33</span>
                                <span style="color:#E27C0E">书城价：&yen;28</span>
                                <span>积分：50</span>
                                <div class="prod_details_tab"> <a href="cart.html" class="prod_buy">加入购物车</a> <a href="productdetail.html" class="prod_details">详细信息</a></div>
                            </div>
                            <div class="item">
                                <a href="productdetail.html">
                                <img src="images/product/book4.jpg" alt="" width="124" height="175" />
                                </a>
                                <span><a href="#" class="name">作者：刘瑞新</a></span>
                                <span>清华大学出版社</span>
                                <span style="color:#E27C0E">定   价：&yen;32</span>
                                <span style="color:#E27C0E">书城价：&yen;27</span>
                                <span>积分：50</span>
                                <div class="prod_details_tab"> <a href="cart.html" class="prod_buy">加入购物车</a> <a href="productdetail.html" class="prod_details">详细信息</a></div>
                            </div>
                        </div>
                    </div>
                </div>
                <div id="right" class="column">
                    <div class="rightblock">
```

```html
            <img src="images/title4.gif" alt="" width="223" height="29" /><br />
            <div class="blocks">
                <img src="images/top_bg.gif" alt="" width="218" height="12" />
                <form action="#">
                    <p class="line"><span>账号:</span> <input type="text" /></p>
                    <p class="line"><span>密码:</span> <input type="text" /></p>
                    <p class="line center"><a href="#" class="reg">注册</a> | <a href="#" class="reg">忘记密码?</a></p>
                    <p class="line center pad20"><a href="#"><img src="images/enter.gif" alt="" width="69" height="25" /></a></p>
                </form>
                <img src="images/bot_bg.gif" alt="" width="218" height="10" /><br />
            </div>
            <div class="blocks">
                <img src="images/top_bg.gif" alt="" width="218" height="12" />
                <div id="news">
                    <img src="images/title5.gif" alt="" width="201" height="28" />
                    <span class="date">2013年12月1日</span>
                    <p>网络书城连续三年获得了新闻……（此处省略文字）</p>
                    <a href="#" class="more">更多信息</a>
                </div>
                <img src="images/bot_bg.gif" alt="" width="218" height="10" /><br />
            </div>
            <div class="blocks">
                <img src="images/top_bg.gif" alt="" width="218" height="12" />
                <div id="news">
                    <img src="images/title6.gif" alt="" width="201" height="28" />
                    <ul id="friend">
                        <li><a href="http://www.baidu.com">百度  http://www.baidu.com</a></li>
                        <li><a href="http://www.tmall.com">天猫  http://www.tmall.com</a></li>
                        <li><a href="http://www.dangdang.com">当当  http://www.dangdang.com</a></li>
                        <li><a href="http://www.amazon.cn">亚马逊  http://www.amazon.cn</a></li>
                        <li><a href="http://www.jd.com">京东商城  http://www.jd.com</a></li>
                    </ul>
                </div>
                <img src="images/bot_bg.gif" alt="" width="218" height="10" /><br />
            </div>
        </div>
      </div>
    </div>
    <div id="footer">
        <a href="index.html">首页</a> | <a href="product.html">图书</a> | <a href="about.html">关于</a> | <a href="faqs.html">服务</a> | <a href="checkout.html">结算</a> | <a href="contact.html">联系</a>
        <p>版权 &copy; 2013 网络书城 ICP备10056789号</p>
    </div>
</body>
</html>
```

至此，网络书城首页制作完毕，读者可以在此基础上根据自己的喜好修改相关的CSS规则，进一步美化页面。

9.4 制作商品展示页

首页完成以后，其他页面在制作时就有章可循，相同的样式和结构可以复用，所以在实现其他页面的实际工作量会大大小于首页制作。

商品展示页用于显示商品展示列表，页面效果如图 9-16 所示，布局示意图如图 9-17 所示。

图 9-16　商品展示页的效果

列表页的布局与首页有极大的相似之处，例如网站的 Logo、导航、版权区域等，图书列表的实现在第 5 章的综合案例中已经讲解，这里不再赘述其实现过程，而是重点讲解如何实现图书列表的翻页效果。

1. 前期准备

（1）新建网页。在当前文件夹中，用记事本新建一个名为 product.html 的网页文件。

（2）建立存放展示商品图片的文件夹。在网站的 images 文件夹中建立一个名为 product 的文件夹，专门用于存储展示商品的图片，以区别于网站所有页面公用的图片素材。

（3）添加 CSS 规则。打开网站 css 目录下的样式表文件 style.css，在首页的样式之后准备添加翻页效果的 CSS 规则。

2. 制作页面

制作过程如下：

（1）在 style.css 中添加一个 pagination 类的 DIV 容器，用于对整个翻页区域进行控制，CSS 代码如下：

```css
.pagination {                    /*翻页区域的 CSS 规则*/
    width:780px;
    height:31px;
    float:left;                  /*向左浮动*/
    padding:2px 0 2px 10px;
    line-height:31px;            /*行高 31px*/
    font-size:12px;
}
```

（2）网页结构文件。在页面 product.html 中创建一个应用 pagination 类的 DIV 容器，容器中添加无序列表及列表项，代码如下：

```html
<div class="pagination">
    <ul>
    <li>上一页</li>
    <li>1</li>
    <li><a href="#">2</a></li>
    <li><a href="#">3</a></li>
    <li><a href="#">4</a>...</li>
    <li><a href="#">5</a></li>
    <li><a href="#">6</a></li>
    <li><a href="#">7</a></li>
    <li><a href="#">8</a></li>
    <li><a href="#">下一页</a></li>
    </ul>
</div>
```

应用 pagination 类的翻页区域的初始效果如图 9-18 所示。

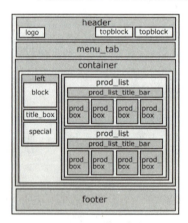

图 9-17 布局示意图　　　　图 9-18 翻页区域的初始效果

（3）为了使列表横向排列，需要对无序列表定义 CSS 规则，CSS 代码如下：

```css
.pagination ul {                 /*翻页区域无序列表的 CSS 规则*/
    margin: 0;                   /*外边距为 0px*/
    padding: 0;                  /*内边距为 0px*/
    text-align: right;
```

```css
        font-size: 12px;
    }
    .pagination li {              /*翻页区域无序列表项的 CSS 规则*/
        list-style-type: none;    /*不显示列表类型*/
        display: inline;          /*定义为行内元素*/
        padding-bottom: 1px;      /*下内边距为 1px*/
    }
```

对无序列表应用 CSS 规则后的翻页区域效果如图 9-19 所示。

（4）为了进一步美化翻页按钮，接下来创建无序列表中<a>标签的伪类，CSS 代码如下：

```css
    .pagination a, .pagination a:visited {    /*未访问和访问链接的 CSS 规则*/
        padding: 0 5px;
        border: 1px solid #9aafe5;            /*边框为浅蓝色细实线*/
        text-decoration: none;
        color: #2e6ab1;
    }
    .pagination a:hover, .pagination a:active {  /*鼠标悬停和激活状态的 CSS 规则*/
        border: 1px solid #2b66a5;            /*边框为深蓝色细实线*/
        color: #000;
        background-color: #ffc;
    }
```

美化后的翻页按钮效果如图 9-20 所示。

上一页 1 2 3 4 ... 5 6 7 8 下一页   上一页 1 2 3 4 ... 5 6 7 8 下一页

图 9-19 对无序列表应用 CSS 后的效果    图 9-20 美化后的翻页按钮效果

（5）如果当前所在页面的页数为"1"时，则前面不再有任何链接页面，此时需要添加新的 CSS 规则实现这样的页面效果。这里定义一个 disablepage 类来解决这个问题，CSS 代码如下：

```css
    .pagination li.disablepage {
        padding: 0 5px;                   /*上、下内边距为 0px，右、左内边距为 5px*/
        border: 1px solid #929292;
        color: #929292;
    }
```

同时，在网页的结构代码中将刚创建的 disablepage 类应用在无序列表"上一页"所在的<li>标签中，代码如下：

```html
    <li class="disablepage">上一页</li>
```

如果当前所在页面的页数为"1"时，则鼠标指向"上一页"时不再显示链接的手型，而是正常的鼠标指针形状，页面的效果如图 9-21 所示。

（6）由于当前所在页面的数字要区别于其他数字，这里需要单独进行定义。这里定义一个 currentpage 类来解决这个问题，CSS 代码如下：

```css
    .pagination li.currentpage {
        font-weight: bold;
        padding: 0 5px;                   /*上、下内边距为 0px，右、左内边距为 5px*/
```

```
        border: 1px solid navy;              /*边框为海军蓝细实线*/
        background-color: #2e6ab1;
        color: #fff;
    }
```

同时，在网页的结构代码中将刚创建的 currentpage 类应用在当前页面数字所在的<li>标签中，代码如下：

```
<li class="currentpage">1</li>
```

此时，页面效果如图 9-22 所示。

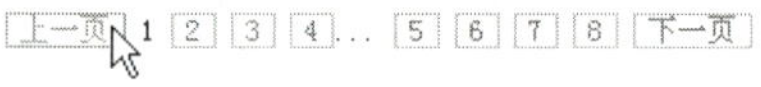

图 9-21　应用 disablepage 类后的页面效果 　　　　图 9-22　应用 currentpage 类后的页面效果

至此，使用 CSS 规则实现翻页效果的制作过程完成。

9.5　制作商品详细信息页

商品详细信息页面是客户查看商品细节时显示的页面，商品明细区域包括图书的图文介绍和相关图书信息，页面效果如图 9-23 所示，布局示意图如图 9-24 所示。

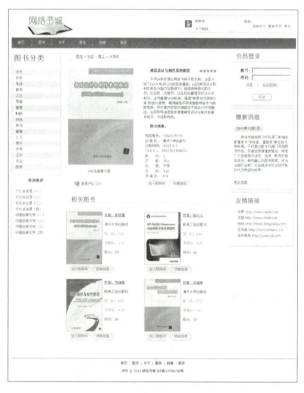

图 9-23　商品详细信息页的效果

商品详细信息页的布局与首页有极大的相似之处，例如网站的 Logo、导航、版权区域等，相关图书区域的制作在第 4 章的案例中已经讲解，这里不再赘述其实现过程，而是重点讲解

商品图文介绍区域的 CSS 布局和页面结构代码。

1．前期准备

（1）新建网页。在当前文件夹中，用记事本新建一个名为 productdetail.html 的网页文件。

（2）添加 CSS 规则。打开网站 css 目录下的样式表文件 style.css，在首页的样式之后准备添加商品详细信息的 CSS 规则。

2．制作页面

（1）添加 CSS 规则。商品详细信息的内容被放置在左、右两个 DIV 容器中，左边的容器（photos）中显示图书的图片，右边的容器（description）显示图书的文字介绍及详细的规格参数，其 CSS 布局如图 9-25 所示。

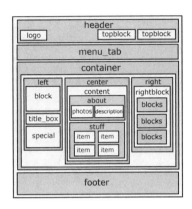

图 9-24　布局示意图

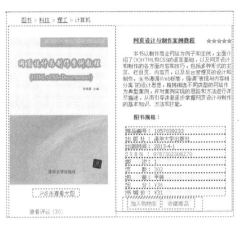

图 9-25　商品详细信息区域的布局

商品详细信息区域的 CSS 代码如下：

```
#about{                              /* 商品详细信息容器的样式*/
    width:517px;                     /*容器宽度 517px*/
    padding:0 0 0 5px;
    float:left;                      /*向左浮动*/
    margin:0 0 0 0;
}
#about .description p{               /* 商品详细信息容器中段落的样式*/
    padding:0 0 15px 0;              /*上、右、下、左的内边距依次为 0px,0px,15px,0px*/
}
.tree{                               /*当前页面所在目录树等级的样式*/
    width:100%;
    height:20px;
    border-bottom:1px solid #BABABA;  /*下边框 1px 灰色实线*/
    padding:0 0 3px 0;
}
.tree a{                             /*目录树超链接的样式*/
    color:#4A4A4A;
    text-decoration:underline        /*加下画线*/
}
.tree a:visited{                     /*目录树访问过链接的样式*/
    text-decoration:underline        /*加下画线*/
}
```

```css
.tree a:hover{                              /*目录树悬停链接的样式*/
    text-decoration:none                    /*链接无修饰*/
}
.photos{                                    /*左侧区域的样式*/
    width:227px;
    float:left;                             /*向左浮动*/
    padding:25px 17px 0 0
}
.moreph{                                    /*点击查看大图链接的样式*/
    display:block;                          /*块级元素*/
    width:92px;
    line-height:17px;                       /*行高 17px*/
    color:#565656;
    text-decoration:none;                   /*链接无修饰*/
    padding:0 0 0 14px;
    margin:10px 10px 20px 55px
}
.comments{                                  /*查看评论链接的样式*/
    background-image:url(../images/bulb.jpg);  /*背景图像*/
    background-position:top left;           /*背景图像顶端左对齐*/
    background-repeat:no-repeat;            /*背景图像无重复*/
    padding:0 0 5px 29px;
    margin:0 0 0 18px;
    color:#0283DD;                          /*青色文字*/
    line-height:25px;                       /*行高 25px*/
    text-decoration:underline               /*加下画线*/
}
.comments:visited{                          /*查看评论访问过链接的样式*/
    text-decoration:underline               /*加下画线*/
}
.comments:hover{                            /*查看评论悬停链接的样式*/
    text-decoration:none                    /*链接无修饰*/
}
.description{                               /*右侧区域的样式*/
    width:253px;
    float:left;                             /*向左浮动*/
    padding:25px 0 0 17px;
    position:relative                       /*相对定位*/
}
.description u{                             /*右侧区域中图书标题的样式*/
    font-size:12px;
    color:#4A4A4A;                          /*深灰色文字*/
    font-weight:bold                        /*字体加粗*/
}
.star{                                      /*右侧区域顶端右侧图书星级的样式*/
    position:absolute;                      /*绝对定位*/
    top:28px;                               /*距离容器顶端 28px*/
    right:0px;                              /*距离容器右侧 0px*/
    color:#E27C0E;
    font-size:12px;
```

```
            font-weight:bold                /*字体加粗*/
        }
        #features li{                       /*列表项的样式*/
            list-style-type:none;           /*不显示项目符号*/
            line-height:17px;               /*行高 17px*/
            padding:0 0 0 7px;
            width:230px;
        }
        #features span{                     /*列表项文字的样式*/
            width:230px;
            display:block;                  /*块级元素*/
            float:left;                     /*向左浮动*/
        }
```

（2）网页结构文件。在页面 productdetail.html 中添加商品详细信息区域的网页结构代码，代码如下：

```html
<div id="about">
    <p class="tree"><a href="#">图书</a><a href="#">科技</a><a href="#">理工</a>计算机</p>
    <div class="photos">
        <img src="images/detail.jpg" alt="" width="227" height="326" /><br />
        <a href="#" class="moreph"><img src="images/zoom.gif" width="10" height="10">点击查看大图</a>
        <a href="#" class="comments">查看评论 (30)</a>
    </div>
    <div class="description">
        <p><u>网页设计与制作案例教程</u> <span class="star"><img src="images/star_red.gif" width="12" height="12"><img src="images/star_red.gif" width="12" height="12"><img src="images/star_red.gif" width="12" height="12"><img src="images/star_red.gif" width="12" height="12"><img src="images/star_red.gif" width="12" height="12"></span></p>
        <p>本书以制作商业网站为例子和主线，全面介绍了……（此处省略文字）</p>
        <p><strong>图书规格：</strong></p>
        <ul id="features">
            <li class="color"><span>商品编号： 1057039233</span></li>
            <li><span>出 版 社： 清华大学出版社</span></li>
            <li class="color"><span>出版时间： 2013-4-1</span></li>
            <li><span>I S B N  ： 9787302308270</span></li>
            <li class="color"><span>版    次： 1</span></li>
            <li><span>页    数： 302</span></li>
            <li class="color"><span>包    装： 平装</span></li>
            <li><span>定    价： &yen;36</span></li>
            <li class="color"><span>书 城 价 ： &yen;31</span></li>
        </ul>
        <div class="prod_details_tab">
            <a href="cart.html" class="prod_buy">加入购物车</a><a href="#" class="prod_like">收藏商品</a>
        </div>
    </div>
</div>
```

本页面中使用了左、右容器布局商品图文介绍区域，这种方法很适用于布局类似产品说明、图文教程之类的页面。

9.6 制作查看购物车页

当客户单击页面中的"购物车"链接或"加入购物车"按钮时,将打开查看购物车页面。页面中显示添加到购物车中的商品信息及金额,客户可以修改购买商品的数量,还可以删除某款商品。页面的效果如图 9-26 所示,布局示意图如图 9-27 所示。

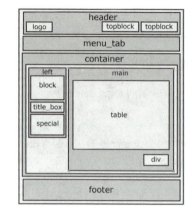

图 9-26 查看购物车页的效果　　　　　图 9-27 布局示意图

查看购物车页的布局与首页有极大的相似之处,例如网站的 Logo、导航、版权区域等,这里不再赘述其实现过程,而是重点讲解购物车中商品信息的 CSS 布局和页面结构代码。

1. 前期准备

(1) 新建网页。在当前文件夹中,用记事本新建一个名为 cart.html 的网页文件。

(2) 准备图片素材。网站 images 文件夹中有一个名为 remove_x.gif 的图片,该图标用于显示删除某款商品的标志。

2. 制作页面

(1) 添加 CSS 规则。购物车中商品的信息被放置在名为 main 的 DIV 容器中。上方的内容采用传统的表格布局,显示购物车中商品的信息;右下方的内容采用 DIV 布局,显示结算、继续购物等信息,其 CSS 布局如图 9-28 所示。

购物车容器的 CSS 代码如下:

```
#main{                              /*购物车容器的样式*/
    padding:0px 12px 30px 20px;
    width:780px;                    /*容器宽度 780px*/
}
#main a:link,#main a:visited{       /*购物车容器中超链接的样式*/
    color: #0283DD;                 /*青色文字*/
}
```

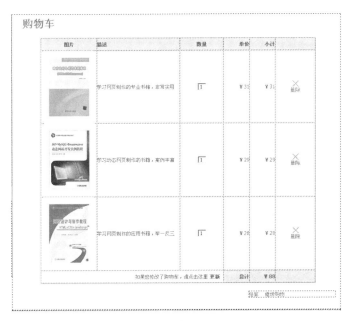

图 9-28 购物车中商品信息的布局

（2）网页结构文件。在页面 cart.html 中添加购物车中商品信息区域的网页结构代码，代码如下：

```html
<div id="main" class="float_r">
  <h1>购物车</h1>
  <table width="680px" align="center" cellpadding="5" cellspacing="0">
    <tr style="background:#ddd;">
        <th width="130" height="30" align="center">图片</th>
        <th width="180" align="left">描述</th>
        <th width="100" align="center">数量</th>
        <th width="60" align="right">单价</th>
        <th width="60" align="right">小计</th>
        <th width="90"> </th>
    </tr>
    <tr>
        <td align="center"><img src="images/product/cart1.jpg" alt="image 1" /></td>
        <td>学习网页制作的专业书籍，非常实用</td>
        <td align="center"><input type="text" value="1" style="width: 20px; text-align: right" /> </td>
        <td align="right">￥33</td>
        <td align="right">￥33</td>
        <td align="center">
           <a href="#"><img src="images/remove_x.gif" alt="remove" /><br />删除</a>
        </td>
    </tr>
    <tr>
        <td align="center"><img src="images/product/cart2.jpg" alt="image 2" /> </td>
        <td>学习动态网页制作的书籍，案例丰富</td>
```

```html
            <td align="center"><input type="text" value="1" style="width: 20px; text-align: right" /> </td>
            <td align="right">￥29</td>
            <td align="right">￥29</td>
            <td align="center">
              <a href="#"><img src="images/remove_x.gif" alt="remove" /><br />删除</a>
            </td>
          </tr>
          <tr>
            <td align="center"><img src="images/product/cart3.jpg" alt="image 3" /> </td>
            <td>学习网页制作的应用书籍，举一反三</td>
            <td align="center"><input type="text" value="1" style="width: 20px; text-align: right" /> </td>
            <td align="right">￥28</td>
            <td align="right">￥28</td>
            <td align="center">
              <a href="#"><img src="images/remove_x.gif" alt="remove" /><br />删除</a>
            </td>
          </tr>
          <tr>
            <td colspan="3" align="right" height="30px">如果您修改了购物车，请点击这里 <a href="shoppingcart.html"><strong>更新</strong></a>  </td>
            <td align="right" style="background:#ddd; font-weight:bold"> 总计 </td>
            <td align="right" style="background:#ddd; font-weight:bold">￥90</td>
            <td style="background:#ddd; font-weight:bold"> </td>
          </tr>
        </table>
        <div style="float:right; width: 215px; margin-top: 20px;">
          <a href="checkout.html">结算</a> <a href="javascript:history.back()">继续购物</a>
        </div>
      </div>
```

细心的读者一定注意到，本页面中的表格并未使用外部样式表，而是结合表格的结构，使用行内样式进行布局。之所以这样布局，是因为表格布局技术只适合页面局部布局，并且页面中也很少使用表格大量地显示网页内容。因此，设计人员可以在使用表格布局页面内容的时候，结合行内样式修饰表格中的行和单元格，进而美化页面效果。

至此，网络书城前台的主要页面制作完毕，读者可以在此基础上根据自己的喜好修改相关的 CSS 规则，进一步美化页面。

另外，前台页面还包括其余 4 个页面，分别是关于页面（about.html）、服务页面（faqs.html）、结算页面（checkout.html）和联系页面（contact.html）。这几个页面和已经讲解的上述页面在网站的 Logo、导航、版权区域等方面非常相似，局部内容的布局和页面制作在前面的章节中已分别讲解，请读者结合本章所学内容，从页面整体布局的角度重新制作完整的页面。

习题 9

1. 综合使用 DIV+CSS 技术制作家具商城首页，如图 9-29 所示。
2. 综合使用 DIV+CSS 技术制作家具商城商品展示页，如图 9-30 所示。

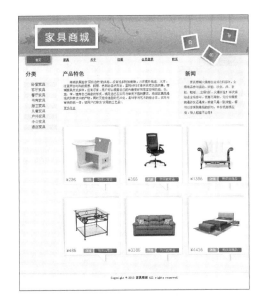

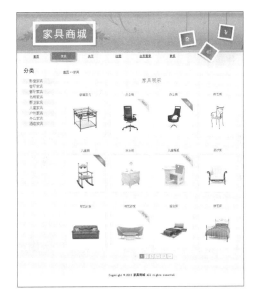

图 9-29　题 1 图　　　　　　　　　　图 9-30　题 2 图

3．综合使用 DIV+CSS 技术制作家具商城商品详细信息页，如图 9-31 所示。

4．综合使用 DIV+CSS 技术制作家具商城联系页，如图 9-32 所示。

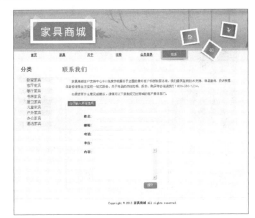

图 9-31　题 3 图　　　　　　　　　　图 9-32　题 4 图

5．扫描二维码（如图 9-33 所示），对本章部分知识点进行测验。

图 9-33　题 5 二维码

第 10 章　网络书城后台管理页面

前面的章节主要讲解的是网络书城前台页面的制作，一个完整的商城网站还应该包括后台管理页面。管理员登录后台管理页面之后，可以进行商品管理、订单管理、会员管理、广告管理和网店设置等操作。本章主要讲解网络书城后台管理登录页面、图书查询页面、图书修改页面和图书添加页面的制作。

10.1　制作后台管理登录页面

书城后台管理登录页面是管理员在登录表单中输入用户名、密码和验证码进而登录系统的页面，该页面的效果如图 10-1 所示，布局示意图如图 10-2 所示。

图 10-1　书城后台管理登录页面的效果

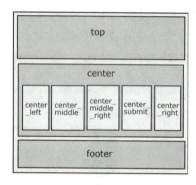

图 10-2　页面的布局示意图

在实现了后台管理登录页面的布局后，接下来就要完成页面的制作。制作过程如下。

1. 前期准备

（1）建立目录。后台管理页面需要单独存放在一个目录中，以区别于前台页面。首先在网站根目录中新建一个名为 admin 的目录，该目录将存放后台管理的页面和子目录。另外，在 admin 目录中还需要建立后台管理页面存放图片的目录 images 和样式表目录 css，网站的整体目录结构如图 10-3 所示。

图 10-3　网站的整体目录结构

需要说明的是，这里新建的 images 目录虽然与网站根目录下的相应目录同名，但其位于 admin 目录中，二者互不影响。设计人员在制作后台管理页面时，要注意使用相对路径访问相关文件。

（2）新建网页。在 admin 目录下新建后台管理登录页面 login.html、图书查询页面 search.html、图书修改页面 update.html 和图书添加页面 add.html。

（3）页面素材。将后台管理页面需要使用的图像素材存放在新建的 images 目录下。

（4）外部样式表。在新建的 css 目录下分别建立登录页使用的样式表 login.css 和管理页使用的样式表 style.css。

2．制作页面

从图 10-2 中可以看出，登录页面的布局结构相对比较简单，主要包含 3 个大的 DIV 容器，分别是顶部容器 top、主体内容容器 center 和底部容器 footer，如图 10-4 所示。

图 10-4　登录页面的布局结构

login.css 的代码如下：

```css
body {                                    /*页面整体样式*/
    margin:0;                             /*外边距 0px*/
    padding:0;                            /*内边距 0px*/
    overflow:hidden;                      /*溢出隐藏*/
    background:url(../images/login_03.gif) repeat-x;   /*背景图像水平重复*/
    font-size: 12px;
    color: #adc9d9;
}
#top {                                    /*顶部容器样式样式*/
    margin: 0 auto;                       /*页面自动居中*/
    clear:both;                           /*清除所有浮动*/
    height:318px;
    width:847px;
    background:url(../images/login_04.gif) no-repeat;  /*背景图像无重复*/
}
#center {                                 /*主体内容容器的样式*/
    height:84px;
    text-align:center;                    /*文字居中对齐*/
}
#center_left {                            /*主体内容左侧区域的样式*/
    margin-left:216px;                    /*左外边距 216px*/
    float:left;                           /*向左浮动*/
    background:url(../images/login_06.gif) no-repeat;  /*背景图像无重复*/
    height:84px;
    width:381px;
}
#center_middle {                          /*主体内容中间区域的样式*/
    float:left;                           /*向左浮动*/
    background:url(../images/login_07.gif) no-repeat;  /*背景图像无重复*/
    height:84px;
    width:162px;
```

```css
}
.user {                                 /*用户登录区域的样式*/
        margin: 6px auto;               /*上下外边距 6px，左右居中对齐*/
}
form {                                  /*登录表单的样式*/
        margin:0;                       /*外边距 0px*/
        padding:0;                      /*内边距 0px*/
}
input {                                 /*输入元素的样式*/
        width:100px;
        height:17px;
        background-color:#87adbf;       /*浅蓝色背景*/
        border:solid 1px #153966;       /*边框为 1px 深灰色实线*/
        font-size:12px;                 /*文字大小 12px*/
        color:#283439;                  /*深灰色文字*/
}
.chknumber {                            /*验证码区域的样式*/
        margin-bottom:3px;              /*下外边距 3px*/
        text-align:left;                /*文字左对齐*/
        padding-left:3px                /*左内边距 3px*/
}
.chknumber_input {                      /*验证码区域中输入框的样式*/
        width:40px;                     /*输入框宽 40px*/
}
img {                                   /*验证码图像的样式*/
        border:none;                    /*不显示边框*/
        cursor:pointer;                 /*鼠标经过图像手形显示*/
}
#center_middle_right {                  /*主体内容中间与右侧间隔区域的样式*/
        float:left;                     /*向左浮动*/
        background:url(../images/login_08.gif) no-repeat;/*背景图像无重复*/
        height:84px;
        width:26px;
}
#center_submit {                        /*主体内容提交与重置按钮区域的样式*/
        float:left;                     /*向左浮动*/
        background:url(../images/login_09.gif) no-repeat;/*背景图像无重复*/
        height:84px;
        width:67px;
}
.button {
        margin: 15px auto;
}
#center_right {                         /*主体内容右侧区域的样式*/
        float:left;                     /*向左浮动*/
        background:url(../images/login_10.gif) no-repeat;/*背景图像无重复*/
        height:84px;
        width:211px;
}
#footer {                               /*底部容器的样式*/
```

```
        margin:0 auto;              /*页面自动居中*/
        background:url(../images/login_11.gif) no-repeat;/*背景图像无重复*/
        height:206px;
        width:847px;
    }
```

在当前文件夹中，用记事本新建一个名为 login.html 的网页文件，代码如下：

```html
<!doctype html>
<html>
<head>
<meta charset="gb2312">
<title>书城后台登录页</title>
<link rel="stylesheet" type="text/css" href="css/login.css"/>
</head>
<body>
<div id="top"> </div>
<form id="login" name="login" method="post">
  <div id="center">
    <div id="center_left"></div>
    <div id="center_middle">
      <div class="user">
        <label>用户名：
        <input type="text" name="user" id="user" />
        </label>
      </div>
      <div class="user">
        <label>密  码：
        <input type="password" name="pwd" id="pwd" />
        </label>
      </div>
      <div class="chknumber">
        <label>验证码：
        <input    name="chknumber"    type="text"    id="chknumber"    maxlength="4" class="chknumber_input" />
        </label>
        <img src="images/checkcode.png" id="safecode" />
      </div>
    </div>
    <div id="center_middle_right"></div>
    <div id="center_submit">
      <div class="button"> <img src="images/dl.gif" width="57" height="20"> </div>
      <div class="button"> <img src="images/cz.gif" width="57" height="20"> </div>
    </div>
    <div id="center_right"></div>
  </div>
</form>
<div id="footer"></div>
</body>
</html>
```

至此，后台管理登录页面制作完毕，读者可以在此基础上根据自己的喜好修改相关的 CSS 规则，进一步美化页面。

10.2 图书查询页面的制作

当管理员成功登录书城后台管理系统后，就可以执行后台管理常见的操作，例如图书查询、图书添加、图书修改以及会员管理等。

图书查询页面是管理员在搜索栏中输入关键字后，通过系统搜索找出符合条件的商品列表页面。图书查询页面的效果如图 10-5 所示，布局示意图如图 10-6 所示。

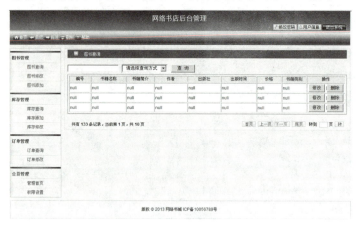

图 10-5 图书查询页面

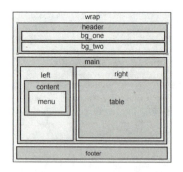

图 10-6 布局示意图

1．前期准备

打开 css 目录下的新建的样式表文件 style.css，准备添加图书查询页面使用的 CSS 规则。

2．制作页面

样式表 style.css 中各区域的样式设计如下。

（1）页面整体的制作。页面整体样式包括页面 body、图像、浮动及清除浮动、wrapper 容器的 CSS 定义，CSS 代码如下：

```
body {                              /*页面整体样式*/
    font:12px Arial, Helvetica, sans-serif;
    color: #000;                    /*黑色文字*/
    background-color: #EEF2FB;      /*浅色背景*/
    width:1002px;                   /*页面宽 1002px*/
    margin:0px auto;                /*页面自动居中对齐*/
}
img {
    border:none;                    /*图像无边框*/
}
img.valign {
    vertical-align:bottom           /*图像和文字垂直对齐方式为底端对齐*/
```

```css
}
.float_r{
    float:right;              /*向右浮动*/
}
.float_l{
    float:left;               /*向左浮动*/
}
#wrapper{                     /*页面容器的样式*/
    width:1002px;             /*容器宽 1002px*/
}
```

（2）页面顶部区域的制作。页面顶部区域分为上、下两个部分，上面部分包括标题文字及右对齐的功能链接，下面部分包括横向导航菜单，如图 10-7 所示。

图 10-7　页面顶部区域

页面顶部区域的 CSS 代码如下：

```css
#header{                      /*页面顶部容器的样式*/
    width:100%;               /*容器宽度相对单位*/
}
#header .bg_one{              /*页面顶部上面背景的样式*/
    height:57px;
    background:url(../images/main_03.gif) repeat-x;/*背景图像水平重复*/
    text-align:center;        /*文字居中对齐*/
}
.main_title{                  /*页面顶部标题的样式*/
    padding:10px 0 0 0;       /*上、右、下、左的内边距依次为 10px,0px,0px,0px*/
    color:#fff;               /*白色文字*/
    font-family:"华文细黑";
    font-size:20px;
}
.right_button{                /*右侧功能按钮区域的样式*/
    padding:0px 10px 0 0;     /*上、右、下、左的内边距依次为 0px,10px,0px,0px*/
}
#header .bg_two{              /*页面顶部下面背景的样式*/
    height:40px;
    background:url(../images/main_10.gif) repeat-x    /*背景图像水平重复*/
}
.left_button{                 /*左侧导航按钮区域的样式*/
    width:260px;
    padding:12px 0 0 10px;    /*上、右、下、左的内边距依次为 12px,0px,0px,10px*/
}
#header a{                    /*页面顶部容器中超链接的样式*/
    color:#fff;               /*白色文字*/
    text-decoration:none;     /*链接无修饰*/
}
#header a:hover{              /*页面顶部容器中悬停链接的样式*/
```

```
         text-decoration:underline    /*加下画线*/
}
```

（3）页面主体内容区域的制作。页面主体内容区域被放置在名为 main 的 DIV 容器中，包括左侧的导航菜单和右侧的相关信息两个部分。导航菜单被放置在名为 left 的 DIV 容器中，右侧的相关信息被放置在名为 right 的 DIV 容器中，如图 10-8 所示。

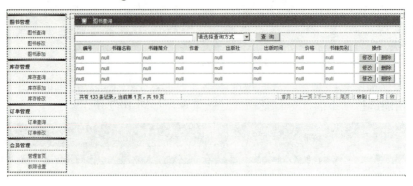

图 10-8　页面主体内容区域

页面主体内容区域的 CSS 代码如下：

```
#main{                              /*页面主体容器的样式*/
    clear:both;                     /*清除所有浮动*/
    padding:10px 0px;               /*上、右、下、左的内边距依次为 10px,0px,10px,0px*/
}
#left{                              /*主体容器左侧区域的样式*/
    width: 150px;                   /*左侧宽度为 150px*/
    float:left;                     /*向左浮动*/
    border:1px solid #c5c5c5;       /*边框为 1px 浅灰色实线*/
}
.content{                           /*左侧区域内容的样式*/
    width: 150px;
}
.menu {                             /*左侧菜单的样式*/
    width: 150px;                   /*菜单宽度为 150px*/
    margin: 0px;                    /*外边距 0px*/
    padding: 0px;                   /*内边距 0px*/
}
.menu ul {                          /*菜单列表的样式*/
    list-style-type: none;          /*不显示项目符号*/
    margin: 0px;
    padding: 0px;
    display: block;                 /*块级元素*/
}
.menu li {                          /*菜单列项表的样式*/
    font-family: Arial, Helvetica, sans-serif;
    font-size: 12px;
    line-height: 26px;              /*行高 26px*/
    color: #333333;                 /*深灰色文字*/
    list-style-type: none;          /*不显示项目符号*/
    display: block;                 /*块级元素*/
```

```css
    text-decoration: none;              /*链接无修饰*/
    height: 26px;
    width: 150px;
    padding-left: 0px;
    background-image: url(../images/menu_bg1.gif);/*背景图像*/
    background-repeat: no-repeat;                 /*背景图不重复像*/
}
li.title{                               /*顶级菜单项的样式*/
    width: 145px;                       /*设置宽度145px 是为了预留左内边距5px*/
    padding:0 0 0 5px;                  /*左内边距5px*/
    text-align:left;                    /*文字左对齐*/
    font-weight:bold;                   /*字体加粗*/
    background-image: url(../images/menu_bg1.gif);/*背景图像*/
    background-repeat: no-repeat;                 /*背景图不重复像*/
}
.menu a:link {                          /*菜单链接的样式*/
    font-family: Arial, Helvetica, sans-serif;
    font-size: 12px;
    line-height: 26px;                  /*行高26px*/
    color: #333333;                     /*深灰色文字*/
    height: 26px;
    width: 150px;
    display: block;                     /*块级元素*/
    text-align: center;                 /*文字居中对齐*/
    margin: 0px;
    padding: 0px;
    overflow: hidden;                   /*溢出隐藏*/
    text-decoration: none;              /*链接无修饰*/
}
.menu a:visited {                       /*菜单访问过链接的样式*/
    font-family: Arial, Helvetica, sans-serif;
    font-size: 12px;
    line-height: 26px;
    color: #333333;                     /*深灰色文字*/
    display: block;                     /*块级元素*/
    text-align: center;                 /*文字居中对齐*/
    margin: 0px;
    padding: 0px;
    height: 26px;
    width: 150px;
    text-decoration: none;              /*链接无修饰*/
}
.menu a:active {                        /*菜单激活链接的样式*/
    font-family: Arial, Helvetica, sans-serif;
    font-size: 12px;
    line-height: 26px;
    color: #333333;                     /*深灰色文字*/
    height: 26px;
    width: 150px;
    display: block;                     /*块级元素*/
```

```css
        text-align: center;
        margin: 0px;
        padding: 0px;
        overflow: hidden;              /*溢出隐藏*/
        text-decoration: none;         /*链接无修饰*/
    }
    .menu a:hover {                    /*菜单悬停链接的样式*/
        font-family: Arial, Helvetica, sans-serif;
        font-size: 12px;
        line-height: 26px;
        font-weight: bold;             /*字体加粗*/
        color: #006600;                /*绿色文字*/
        text-align: center;
        display: block;                /*块级元素*/
        margin: 0px;
        padding: 0px;
        height: 26px;
        width: 150px;
        text-decoration: none;         /*链接无修饰*/
    }
    #right{                            /*主体容器右侧区域的样式*/
        width: 832px;                  /*宽度 832px*/
        float:left;                    /*向左浮动*/
        padding:0 3px;                 /*上、右、下、左的内边距依次为 0px,3px, 0px,3px*/
        margin:0 0 0 10px;             /*上、右、下、左的外边距依次为 0px,0px, 0px,10px*/
        border:1px solid #c5c5c5;      /*边框为 1px 浅灰色实线*/
    }
    #right form{                       /*右侧区域表单的样式*/
        margin:15px 0;                 /*上、右、下、左的外边距依次为 15px,0px,15px,0px*/
    }
    #right .title{                     /*右侧区域上端标题的样式*/
        color:#fff;                    /*白色文字*/
    }
    table.line_table{                  /*右侧区域细线表格的样式*/
        border:1px solid #5c5c5c;      /*边框为 1px 浅灰色实线*/
        margin-top:5px;                /*上外边距 5px*/
        padding:3px;                   /*四周内边距 3px*/
    }
```

（4）页面底部区域的制作。页面底部区域的内容被放置在名为 footer 的 DIV 容器中，用来显示版权信息，如图 10-9 所示。

> 版权 © 2013 网络书城 ICP备 10056789号

图 10-9　页面底部区域

页面底部区域的 CSS 代码如下：

```css
    #footer{                           /*页面底部容器的样式*/
        clear:both;                    /*清除所有浮动*/
```

```css
        width:100%;
        float:left;                    /*向左浮动*/
        margin:8px 0 0 0;              /*上、右、下、左的外边距依次为 8px,0px,0px,0px*/
        height:50px;
        text-align:center;             /*文字居中对齐*/
        border:1px solid #c5c5c5;      /*设置上边框为 1px 实线*/
}
#footer p{    /*页面底部容中段落器的样式*/
        padding:5px 0 0 0              /*上、右、下、左的内边距依次为 5px,0px,0px,0px*/
}
```

（5）网页结构文件。在当前文件夹中，用记事本新建一个名为 search.html 的网页文件，代码如下：

```html
<!doctype html>
<html>
<head>
<meta charset="gb2312">
<title>书城后台 - 图书查询</title>
</head>
<link type="text/css" href="css/style.css"  rel="stylesheet" />
<body>
  <div id="wrapper">
    <div id="header">
      <div class="bg_one">
        <div class="main_title">网络书店后台管理</div>
        <div class="float_r">
          <span class="right_button">
            <a href="#"><img src="images/pass.gif" width="69" height="17" /></a>
            <a href="#"><img src="images/user.gif" width="69" height="17" /></a>
            <a href="#"><img src="images/quit.gif" width="69" height="17" /></a>
          </span>
        </div>
      </div>
      <div class="bg_two">
        <div class="float_l">
          <span class="float_l left_button">
            <a href="#"><img src="images/main_13.gif" class="valign"/>首页</a>
            <a href="#"><img src="images/main_15.gif" class="valign"/>后退</a>
            <a href="#"><img src="images/main_17.gif" class="valign"/>前进</a>
            <a href="#"><img src="images/main_19.gif" class="valign"/>刷新</a>
            <a href="#"><img src="images/main_21.gif" class="valign"/>帮助</a>
          </span>
        </div>
      </div>
    </div>
    <div id="main">
      <div id="left">
        <div class="content">
          <img src="images/menu_topline.gif" width="150" height="5" />
          <ul class="menu">
```

```html
        <li class="title">图书管理</li>
        <li><a href="search.html">图书查询</a></li>
        <li><a href="update.html">图书修改</a></li>
        <li><a href="add.html">图书添加</a></li>
    </ul>
</div>
<div class="content">
    <img src="images/menu_topline.gif" width="150" height="5" />
    <ul class="menu">
        <li class="title">库存管理</li>
        <li><a href="#">库存查询</a></li>
        <li><a href="#">库存添加</a></li>
        <li><a href="#">库存修改</a></li>
    </ul>
</div>
<div class="content">
    <img src="images/menu_topline.gif" width="150" height="5" />
    <ul class="menu">
        <li class="title">订单管理</li>
        <li><a href="#">订单查询</a></li>
        <li><a href="#">订单修改</a></li>
    </ul>
</div>
<div class="content">
    <img src="images/menu_topline.gif" width="150" height="5" />
    <ul class="menu">
        <li class="title">会员管理</li>
        <li><a href="#">管理首页</a></li>
        <li><a href="#">权限设置</a></li>
    </ul>
</div>
</div>
<div id="right">
    <table width="820" border="0" align="center" cellpadding="0" cellspacing="0">
        <tr>
            <td height="30">
                <table width="100%" border="0" cellspacing="0" cellpadding="0">
                    <tr>
                        <td height="24" bgcolor="#353c44">
                            <table width="100%" border="0" cellspacing="0" cellpadding="0">
                                <tr>
                                    <td>
                                        <table width="100%" border="0" cellspacing="0" cellpadding="0">
                                            <tr>
                                                <td width="6%" height="19" valign="bottom">
                                                    <div align="center">
                                                        <img src="images/tb.gif" width="14" height="14" />
                                                    </div>
                                                </td>
                                                <td width="94%" valign="bottom">
```

```html
                    <span class="title">图书查询</span>
                  </td>
                </tr>
              </table>
            </td>
          </tr>
        </table>
      </td>
    </tr>
  </table>
</td>
</tr>
<tr>
  <td>
    <form>
      <table  width="100%" border="0" cellpadding="0" cellspacing="0" >
        <tr>
          <td><input type="text" name="textfield" width="300"/>  
            <select name="" style="border-width:3px;">
              <option value="" selected> 请选择查询方式 </OPTION>
              <option value="0">---书籍类型---</option>
              <option value="0">---书名查询---</option>
              <option value="0">---作者---</option>
              <option value="0">---出版社---</option>
            </select>   
            <input type="button" value="  查  询  " />
          </td>
        </tr>
      </table>
      <table width="100%" border="1" class="line_table">
        <tr style="background:#d3eaef">
          <td width="8%" align="center">编号</td>
          <td width="13%" align="center">书籍名称</td>
          <td width="10%" align="center">书籍简介</td>
          <td width="12%" align="center">作者</td>
          <td width="12%" align="center">出版社</td>
          <td width="13%" align="center">出版时间</td>
          <td width="9%" align="center">价格</td>
          <td width="9%" align="center">书籍类别</td>
          <td width="14%" align="center">操作</td>
        </tr>
        <tr style="background:#fff">
          <td width="8%">null</td>
          <td width="13%">null</td>
          <td width="10%">null</td>
          <td width="12%">null</td>
          <td width="12%">null</td>
          <td width="13%">null</td>
          <td width="9%">null</td>
          <td width="9%">null</td>
```

```html
                    <td width="14%" align="center">
                        <input name="submit" type="button" value="修改" />
                        |<input name="submit" type="button" value="删除" />
                    </td>
                </tr>
                <tr style="background:#fff">
                    <td width="8%">null</td>
                    <td width="13%">null</td>
                    <td width="10%">null</td>
                    <td width="12%">null</td>
                    <td width="12%">null</td>
                    <td width="13%">null</td>
                    <td width="9%">null</td>
                    <td width="9%">null</td>
                    <td width="14%" align="center">
                        <input name="submit" type="button" value="修改" />
                        |<input name="submit" type="button" value="删除" />
                    </td>
                </tr>
                <tr style="background:#fff">
                    <td width="8%">null</td>
                    <td width="13%">null</td>
                    <td width="10%">null</td>
                    <td width="12%">null</td>
                    <td width="12%">null</td>
                    <td width="13%">null</td>
                    <td width="9%">null</td>
                    <td width="9%">null</td>
                    <td width="14%" align="center">
                        <input name="submit" type="button" value="修改" />
                        |<input name="submit" type="button" value="删除" /></td>
                </tr>
            </table>
        </form>
    </td>
</tr>
<tr>
    <td height="30">
        <table width="100%" border="0" cellspacing="0" cellpadding="0">
            <tr>
                <td width="33%"><div align="left"><span>     共 有 <strong> 133</strong> 条记录,当前第<strong> 1</strong> 页,共 <strong>10</strong> 页</span></div>
                </td>
                <td width="67%">
                    <table width="312" border="0" align="right" cellpadding="0" cellspacing="0">
                        <tr>
                            <td width="49"><div align="center"><img src="images/main_54.gif" width="40" height="15" /></div></td>
                            <td width="49"><div align="center"><img src="images/main_56.gif" width="45" height="15" /></div></td>
```

```html
                        <td width="49"><div align="center"><img src="images/main_58.gif" width="45" height="15" /></div></td>
                        <td width="49"><div align="center"><img src="images/main_60.gif" width="40" height="15" /></div></td>
                        <td width="37"><div align="center">转到</div></td>
                        <td width="22">
                          <div align="center">
                            <input type="text" name="textfield" id="textfield" style="width:20px; height:12px; font-size:12px; border:solid 1px #7aaebd;"/>
                          </div>
                        </td>
                        <td width="22"><div align="center">页</div></td>
                        <td width="35">
                          <img src="images/main_62.gif" width="26" height="15" />
                        </td>
                      </tr>
                    </table>
                  </td>
                </tr>
              </table>
            </td>
          </tr>
        </table>
      </div>
    </div>
    <div id="footer">
      <p>版权 &copy; 2013 网络书城 ICP 备 10056789 号</p>
    </div>
  </div>
</body>
</html>
```

在前面的章节中，已经讲到表格布局仅适用于页面中数据规整的局部布局。在本页面主体内容右侧相关信息区域就用到了表格的布局，读者一定要明白表格布局的适用场合，即只适用于局部布局，而不适用于全局布局。

至此，图书查询页面制作完毕，读者可以在此基础上根据自己的喜好修改相关的 CSS 规则，进一步美化页面。

10.3 图书添加页面的制作

图书添加页面是管理员通过表单输入新的商品数据，然后提交到网站数据库中的页面。图书添加页面的效果如图 10-10 所示，布局示意图如图 10-11 所示。

1. 前期准备

当用户需要根据日期来查询商品情况时，如果直接在日期输入框中输入日期操作起来比较麻烦，这里采用 JavaScript 脚本来解决这个问题。用户只需要单击日期输入框就可以弹出一个选择日期的小窗口，进而方便地选择日期。实现这个功能的操作将在本页的制作过程中讲解，由于该脚本的代码较长，这里采用链接 JavaScript 脚本到页面中的方法来实现这一功能。

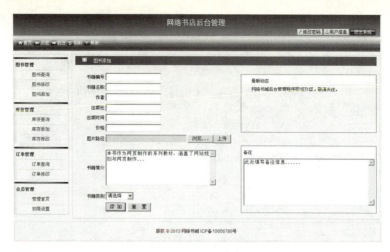

图 10-10　图书添加页面

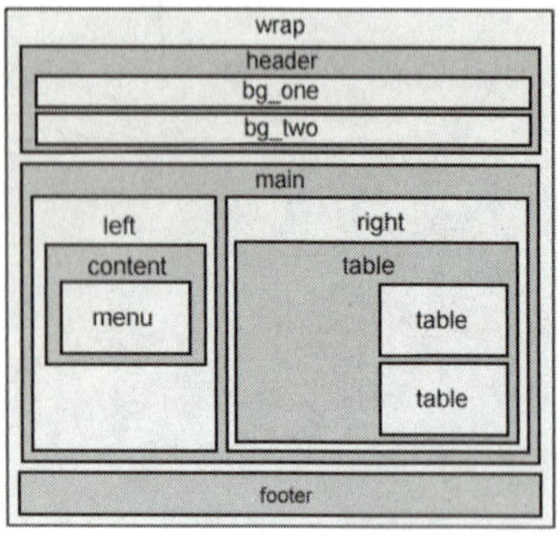

在建立商城首页的准备工作中，用户曾经在网站根目录中建立了一个专门存放 JavaScript 脚本的目录 js，这里提前将图书添加页面中需要用到的脚本文件 calender.js 复制到目录 js 中。

2．制作页面

图书添加页面的布局与图书查询页面有极大的相似之处，这里不再赘述相同部分的实现过程，而是重点讲解页面不同部分的制作。

上述两个页面的不同之处在于页面主体内容右侧相关信息的内容不同，右侧的相关信息被放置在名为 right 的 DIV 容器中，如图 10-12 所示。

图 10-11　布局示意图

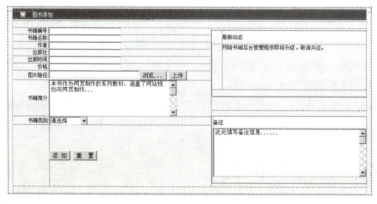

图 10-12　右侧相关信息

（1）网页结构文件。在当前文件夹中，用记事本新建一个名为 add.html 的网页文件。其中，右侧相关信息的页面结构代码如下：

```
<div id="right">
    <table width="820" border="0" align="center" cellpadding="0" cellspacing="0">
      <tr>
        <td height="30">
```

```html
<table width="100%" border="0" cellspacing="0" cellpadding="0">
  <tr>
    <td height="24" bgcolor="#353c44">
      <table width="100%" border="0" cellspacing="0" cellpadding="0">
        <tr>
          <td>
            <table width="100%" border="0" cellspacing="0" cellpadding="0">
              <tr>
                <td width="6%" height="19" valign="bottom">
                  <div align="center">
                    <img src="images/tb.gif" width="14" height="14" />
                  </div>
                </td>
                <td width="94%" valign="bottom">
                  <span class="title"> 图书添加</span>
                </td>
              </tr>
            </table>
          </td>
        </tr>
      </table>
    </td>
  </tr>
</table>
</td>
</tr>
<tr>
<td>
<form>
  <table width="100%" border="0" cellpadding="0" cellspacing="0">
    <tr>
      <td width="11%" align="right">书籍编号:</td>
      <td width="46%"><input type="text" name="no"></td>
      <td width="43%" rowspan="10" valign="top">
        <table  width="100%" height="166%" border="0" >
          <tr>
            <td height="140">
              <table width="100%" height="144" border="0"class="line_table">
                <tr>
                  <td width="7%" height="27" background="images/news-title-bg.gif">
                    <img src="images/news-title-bg.gif" width="2" height="27">
                  </td>
                  <td width="93%" background="images/news-title-bg.gif">最新动态</td>
                </tr>
                <tr>
                  <td height="102" valign="top"> </td>
                  <td height="102" valign="top">
                    网络书城后台管理程序即将升级，敬请关注。
                  </td>
                </tr>
                <tr>
```

```html
                    <td height="5" colspan="2"> </td>
                </tr>
            </table>
        </td>
    </tr>
    <tr>
        <td height="30"> </td>
    </tr>
    <tr>
        <td height="171">
            <table width="100%" height="144" class="line_table">
                <tr>
                    <td width="7%" height="27" background="images/news-title-bg.gif">
                        <img src="images/news-title-bg.gif" width="2" height="27">
                    </td>
                    <td width="93%" background="images/news-title-bg.gif">备注</td>
                </tr>
                <tr>
                    <td height="102" valign="top"> </td>
                    <td height="102" valign="top">
                        <textarea name="textarea" cols="48" rows="8">
                            此处填写备注信息......
                        </textarea>
                    </td>
                </tr>
                <tr>
                    <td height="5" colspan="2"> </td>
                </tr>
            </table>
        </td>
    </tr>
</table>
</td>
</tr>
<tr><td width="11%" align="right">书籍名称:</td><td width="46%"><input type="text" name="name"></td></tr>
<tr><td width="11%" align="right">作 者:</td><td width="46%"><input type="text" name="author"></td></tr>
<tr><td width="11%" align="right">出 版 社:</td><td width="46%"><input type="text" name="press"></td></tr>
<tr><td width="11%" align="right">出版时间:</td><td width="46%"><input type="text" name="date"></td></tr>
<tr><td width="11%" align="right">价 格:</td><td width="46%"><input type="text" name="price"></td></tr>
<tr><td width="11%" align="right">图片路径:</td>
    <td width="46%"><input type="file" name="file" size="30"><input type="button" name="upload" value="上传"></td>
</tr>
<tr><td width="11%" align="right">书籍简介:</td>
    <td width="46%"><textarea name="textarea" rows="6" cols="40">本书作为网页制作的系列教材，涵盖了网站规划与网页制作...</textarea></td>
```

```html
            </tr>
                <tr><td width="11%" align="right">书籍类别:</td>
                    <td width="46%"><select>
                        <option value="" selected>请选择</option>
                        <option value="社科图书">社科图书</option>
                        <option value="人文图书">人文图书</option>
                    </select>
                    </td>
                </tr>
                <tr>
                <td width="11%"> </td>
                    <td width="46%"><input type="submit" value="添 加">  <input type="reset" value="重 置"></td>
                </tr>
                </table>
                </form>
            </td>
        </tr>
    </table>
</div>
```

（2）添加 JavaScript 脚本实现网页特效。以上制作过程完成了网页的结构和布局，接下来可以在此基础上添加 JavaScript 脚本实现日期输入框的简化输入。制作过程如下。

① 首先，链接外部 JavaScript 脚本文件到页面中。在页面的<head>和</head>代码之间添加以下代码：

```html
<script type="text/javascript" src="../js/calender.js"></script>
```

② 定位到日期输入框的代码，增加日期输入框获得焦点时的 onFocus 事件代码，调用 calender.js 中定义的设置日期函数 HS_setDate()。代码如下：

```html
<input type="text" name="date" onFocus="HS_setDate(this)">
```

需要注意的是，函数 HS_setDate()的大小写一定要正确。

以上操作完成后，重新打开页面预览，当浏览者单击日期输入框时就可以看到弹出的选择日期窗口，进而便捷地选择日期，如图 10-13 所示。

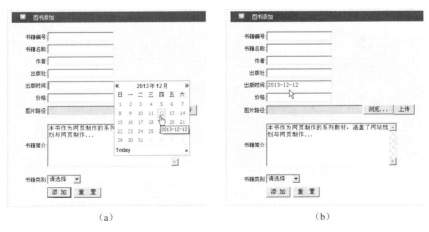

图 10-13 使用选择日期窗口选择日期

至此，图书添加页面制作完毕，读者可以在此基础上根据自己的喜好修改相关的 CSS 规则，进一步美化页面。

10.4 图书修改页面的制作

在图书修改页面中，管理员可以选择要修改的图书，然后在图书修改表单中重新定义图书的各个规格参数。图书修改页面的效果如图 10-14 所示，布局示意图如图 10-15 所示。

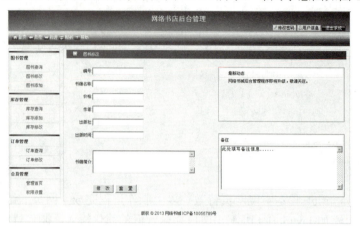

图 10-14　图书修改页面

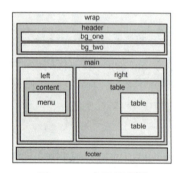

图 10-15　布局示意图

图书修改页面的布局与图书添加页面有极大的相似之处，这里不再赘述相同部分的实现过程，而是重点讲解页面不同部分的制作。

上述两个页面的不同之处在于页面主体内容右侧相关信息的内容不同，右侧的相关信息被放置在名为 right 的 DIV 容器中，如图 10-16 所示。

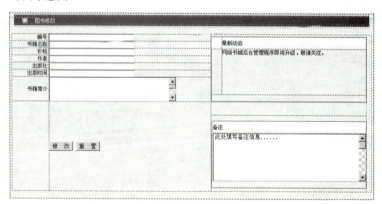

图 10-16　右侧相关信息

在当前文件夹中，用记事本新建一个名为 update.html 的网页文件。其中，右侧相关信息的页面结构代码如下：

```html
<div id="right">
    <table width="820" border="0" align="center" cellpadding="0" cellspacing="0">
      <tr>
        <td height="30">
          <table width="100%" border="0" cellspacing="0" cellpadding="0">
            <tr>
              <td height="24" bgcolor="#353c44">
                <table width="100%" border="0" cellspacing="0" cellpadding="0">
                  <tr>
                    <td>
                      <table width="100%" border="0" cellspacing="0" cellpadding="0">
                        <tr>
                          <td width="6%" height="19" valign="bottom">
                            <div align="center">
                              <img src="images/tb.gif" width="14" height="14" />
                            </div>
                          </td>
                          <td width="94%" valign="bottom">
                            <span class="title">图书修改</span>
                          </td>
                        </tr>
                      </table>
                    </td>
                  </tr>
                </table>
              </td>
            </tr>
          </table>
        </td>
      </tr>
    </table>
    <form>
      <table width="820" border="0" cellpadding="0" cellspacing="0" >
        <tr>
          <td width="11%" align="right">编号:</td>
          <td width="46%" ><input type="text" name="id" width="200px"></td>
          <td width="43%"   rowspan="10" valign="top">
            <table   width="100%" height="166%" border="0" cellpadding="0" cellspacing="0">
              <tr>
                <td height="140">
                  <table width="100%" height="144" border="0" class="line_table">
                    <tr>
                      <td width="7%" height="27" background="images/news-title-bg.gif">
                        <img src="images/news-title-bg.gif" width="2" height="27">
                      </td>
                      <td width="93%" background="images/news-title-bg.gif">最新动态</td>
                    </tr>
                    <tr>
                      <td height="102" valign="top"> </td>
                      <td height="102" valign="top">网络书城后台管理程序……</td>
```

```html
            </tr>
            <tr><td height="5" colspan="2"> </td></tr>
          </table>
        </td>
      </tr>
      <tr><td height="30"> </td></tr>
      <tr><td height="171">
          <table width="100%" height="144" border="0" class="line_table">
            <tr>
              <td width="7%" height="27" background="images/news-title-bg.gif">
                <img src="images/news-title-bg.gif" width="2" height="27">
              </td>
              <td width="93%" background="images/news-title-bg.gif">备注</td>
            </tr>
            <tr>
              <td height="102" valign="top"> </td>
              <td height="102" valign="top">
                <textarea name="textarea" cols="48" rows="8" class="left_txt">
                此处填写备注信息......
                </textarea>
              </td>
            </tr>
            <tr><td height="5" colspan="2"> </td></tr>
          </table>
        </td>
      </tr>
    </table>
  </td>
</tr>
<tr>
  <td width="11%" align="right">书籍名称:</td>
  <td width="46%" ><input type="text" name="name" width="200px"></td>
</tr>
<tr>
  <td width="11%" align="right">价格:</td>
  <td width="46%" ><input type="text" name="id" width="200px"></td>
</tr>
<tr>
  <td width="11%" align="right">作者:</td>
  <td width="46%" ><input type="text" name="id" width="200px"></td>
</tr>
<tr>
  <td width="11%" align="right">出版社:</td>
  <td width="46%" ><input type="text" name="id" width="200px"></td>
</tr>
<tr>
  <td width="11%" align="right">出版时间:</td>
  <td width="46%" ><input type="text" name="id" width="200px"></td>
</tr>
<tr>
  <td width="11%" align="right">书籍简介:</td>
```

```
                <td width="46%" ><textarea name="introduct"cols="40" rows="4"></textarea></td>
            </tr>
            <tr>
                <td width="11%" align="right">    </td>
                <td width="46%" align="left" ><input type="submit" value=" 修    改
">  <input type="reset" value="重  置"></td>
            </tr>
        </table>
    </form>
</div>
```

至此，图书修改页面制作完毕，读者可以在此基础上根据自己的喜好修改相关的 CSS 规则，进一步美化页面。

10.5 页面的整合

在前面讲解的网络书城的相关示例中，都是按照某个栏目进行页面制作的，并未将所有的页面整合在一个统一的站点之下。读者完成网络书城所有栏目的页面之后，需要将这些栏目页面整合在一起形成一个完整的站点。

这里以网络书城环保社区页面为例，讲解一下整合栏目的方法。由于在最后两章的综合案例中建立了网站的站点，其对应的文件夹是 D:\web\ch9，因此可以按照栏目的含义在 D:\web\ch9 下建立环保社区栏目的文件夹 protect，然后将前面章节中做好的环保社区页面及素材一起复制到文件夹 protect 中。

采用类似的方法，读者可以完成所有栏目的整合，这里不再赘述。最后还要说明的是，当这些栏目整合完成之后，记得正确地设置各级页面之间的链接，使之有效地完成各个页面的跳转。

习题 10

1. 物业管理系统包括后台登录页面、后台管理首页、普通短信、群发短信等页面，读者练习制作其中的后台登录页面，如图 10-17 所示。

图 10-17 题 1 图

2. 制作后台管理首页，如图 10-18 所示。

图 10-18　题 2 图

3. 扫描二维码（如图 10-19 所示），对本章部分知识点进行测验。

图 10-19　题 3 二维码

参 考 文 献

[1] 宜亮. DIV+CSS 网页样式与布局实战详解. 北京：清华大学出版社，2013.
[2] 任昱衡. HTML+CSS 网页设计详解. 北京：清华大学出版社，2013.
[3] 谢英辉. HTML+CSS+JavaScript 网页客户端程序设计. 北京：电子工业出版社，2014.
[4] 崔敬东，徐雷. Web 标准网页设计原理与制作技术. 北京：清华大学出版社，2013.
[5] 张洪斌. 基于工作过程的网页设计与制作教程. 北京：机械工业出版社，2010.
[6] 李军. 网页制作教程——HTML、CSS、JavaScript. 北京：清华大学出版社，2012.
[7] 陆凌牛. HTML5 与 CSS3 权威指南. 北京：机械工业出版社，2011.
[8] 任昱衡. HTML+CSS 网页设计详解. 北京：清华大学出版社，2014.
[9] 梁海利，赵永冕. 网页设计与制作. 北京：电子工业出版社，2014.
[10] 吕凤顺. HTML+CSS+JavaScript 网页制作实用教程. 北京：清华大学出版社，2011.

反侵权盗版声明

电子工业出版社依法对本作品享有专有出版权。任何未经权利人书面许可，复制、销售或通过信息网络传播本作品的行为；歪曲、篡改、剽窃本作品的行为，均违反《中华人民共和国著作权法》，其行为人应承担相应的民事责任和行政责任，构成犯罪的，将被依法追究刑事责任。

为了维护市场秩序，保护权利人的合法权益，我社将依法查处和打击侵权盗版的单位和个人。欢迎社会各界人士积极举报侵权盗版行为，本社将奖励举报有功人员，并保证举报人的信息不被泄露。

举报电话：（010）88254396；（010）88258888
传　　真：（010）88254397
E-mail：　dbqq@phei.com.cn
通信地址：北京市万寿路173信箱
　　　　　电子工业出版社总编办公室
邮　　编：100036